高等学校计算机专业系列教材

Python程序设计与数据分析基础

李辉 金晓萍 李丽芬 主编

清华大学出版社
北京

内容简介

Python作为编程语言的一种，具有高效率、可移植、可扩展、可嵌入、易于维护等优点；Python语法简洁，代码高度规范，功能强大且简单易学，是程序开发人员必学的语言之一。

本书注重基础、循序渐进，内容丰富、结构合理、思路清晰、语言简练流畅、示例丰富，系统地讲述了Python程序设计开发相关基础知识。本书分为12章，主要包括Python与编程环境、Python语法基础、程序基本流程控制、典型序列数据结构、函数与函数式编程、面向对象编程基础、Python文件操作、使用模块与库编程、NumPy数值计算、Pandas数据处理分析、Matplotlib库与数据可视化、学生成绩数据处理与分析实战等内容。

为提升学习效果，书中结合实际应用提供了大量案例进行说明和训练，并配以完善的学习资料和支持服务，包括教学PPT、教学大纲、微视频等，为读者带来全方位的学习体验。

本书既可作为高等院校计算机程序设计或通识类课程教材，也可作为自学者使用的辅助教材，是一本适用于程序开发初学者的入门级教材。

图书在版编目(CIP)数据

Python程序设计与数据分析基础/李辉，金晓萍，李丽芬主编. —北京：清华大学出版社，2023.1
(2024.8重印)
高等学校计算机专业系列教材
ISBN 978-7-302-62590-2

Ⅰ. ①P… Ⅱ. ①李… ②金… ③李… Ⅲ. ①软件工具－程序设计－高等学校－教材
Ⅳ. ①TP311.561

中国国家版本馆CIP数据核字(2023)第022858号

责任编辑：龙启铭
封面设计：何凤霞
责任校对：徐俊伟
责任印制：宋　林

出版发行：清华大学出版社
网　　址：https://www.tup.com.cn, https://www.wqxuetang.com
地　　址：北京清华大学学研大厦A座　　**邮　　编**：100084
社 总 机：010-83470000　　**邮　　购**：010-62786544
投稿与读者服务：010-62776969，c-service@tup.tsinghua.edu.cn
质量反馈：010-62772015，zhiliang@tup.tsinghua.edu.cn
课件下载：https://www.tup.com.cn，010-83470236
印 装 者：三河市君旺印务有限公司
经　　销：全国新华书店
开　　本：185mm×260mm　　**印　　张**：19.5　　**字　　数**：466千字
版　　次：2023年3月第1版　　**印　　次**：2024年8月第4次印刷
定　　价：59.00元

产品编号：098668-01

前言

Python 语言于 20 世纪 90 年代初由荷兰人 Guido van Rossum 首次公开发布，经过历次版本的修正，不断演化改进，目前已成为最受欢迎的程序设计语言之一。近年来，Python 多次登上诸如 TIOBE、PYP、StackOverFlow、GitHub、Indeed、Glassdoor 等各大编程语言社区排行榜。根据 TIOBE 最新排名，Python 与 Java、C 语言排在全球流行语言的前三位。

Python 语言之所以如此受欢迎，其主要原因是它拥有简洁的语法、良好的可读性以及功能的可扩展性。在各高校及行业应用中，采用 Python 作为教学、科研、应用开发的机构日益增多。在高校，一些国际知名大学采用 Python 语言来教授课程设计，典型的有美国麻省理工学院的“计算机科学及编程导论”、卡内基-梅隆大学的“编程基础”、加州大学伯克利分校的“人工智能”等课程。在行业应用方面，Python 已经渗透数据分析、互联网开发、工业智能化、游戏开发等重要的工业应用领域。

本书是 2021 年北京红亚华宇科技有限公司支持的教育部产学合作协同育人项目——“基于新工科的‘数据分析及可视化’课程资源研发”项目成果，按以下 3 个原则进行编写：

(1) 适应原则。Python 语言具有自己独特的语法。本书以程序开发者的角度，在编程语言的大框架下，分析编程语言的细节差异，读者能够很好地适应 Python 的学习。

(2) 科学原则。本书既是知识产品的再生产、再创造，也是编者教学经验的总结和提高。其覆盖范围广、内容新，既有面的铺开，又有点的深化，举例符合题意，读者学习起来事半功倍。

(3) 实用原则。本书融合了计算机程序设计与数据分析的教学内容，并以数据分析应用为目的，旨在通过编程语言的学习和应用，培养学生的基本编程能力和计算思维，通过数据分析方法的学习和应用，培养学生的基本数据分析能力。

本书从基础和实践两个层面引导读者学习 Python，系统、全面地讨论 Python 编程的思想和方法。第 1～3 章主要介绍 Python 的基本知识和理论基础。第 4～8 章详细介绍 Python 编程的核心技术，着眼于控制语句与函数、模块、包以及库的使用、类和继承、文件操作和数据处理的重点知识使用场景以及注意事项的描述，每章节都给出了详细的 Python 示例程序，让读者全面理解 Python 编程。其中第 6 章是程序开发的进阶，着重介绍了类、对象、属性、方法、继承等知识点，并针对每个知识点给出了详细的示例。第 9～11 章涵盖从数据的科学计算、数据处理分析到数据可视化。第 12 章通过从 Python 编程到 Pandas 库，对学生成绩数据进行处理与分析实战，有利于读者对数据处理与分析知识的应用。本书可以让读者在学习 Python 基础知识的同时，也能够掌握数据的分析与可视化知识。

本书的参考课时为 32～48 学时，可作为高等院校计算机程序设计或通识类课程教材，也适合从事相关工作的人员阅读。

本书由李辉、金晓萍、李丽芬主编。在编写过程中，张标、孙鑫鑫、朱玲、王静、杨建平、程新荣、白玉艳、代爱妮、王美丽、贺细平、张晶、王传安等老师提供了宝贵的修改意见和建议，在此表示感谢。

由于编者水平有限，加之 Python 语言的发展日新月异，书中难免会有疏漏和不妥之处，敬请广大读者批评指正。

编　者

2023 年 2 月

目录

第 1 章 Python 与编程环境 /1

1.1 计算机程序与编程语言 …… 1
1.1.1 计算机程序 …… 1
1.1.2 计算机编程语言 …… 1
1.1.3 计算机编程语言编译和解释 …… 2
1.2 Python 语言概述 …… 2
1.2.1 Python 的起源与发展 …… 2
1.2.2 Python 的特点 …… 3
1.2.3 Python 的应用领域与发展趋势 …… 3
1.3 Python 与 PyCharm 的安装及其配置 …… 4
1.3.1 Python 语言的解释器 …… 4
1.3.2 Python 3.9.0 的下载与安装 …… 5
1.3.3 Python 开发环境 IDLE 及其使用 …… 8
1.3.4 Python 集成开发环境 PyCharm 的安装与配置 …… 10
本章小结 …… 19
思考与练习 …… 19

第 2 章 Python 语法基础 /21

2.1 编码规范 …… 21
2.2 标识符与保留字 …… 22
2.2.1 标识符 …… 22
2.2.2 保留字 …… 23
2.3 变量和赋值 …… 23
2.3.1 变量的定义 …… 23
2.3.2 变量的命名 …… 24
2.3.3 变量值的存储 …… 25
2.4 数据类型 …… 26
2.4.1 常见的数据类型 …… 26
2.4.2 数据类型的判断方法 …… 28
2.4.3 数据类型转换 …… 29

2.5 基本输入与输出 …… 30
2.5.1 input()函数 …… 30
2.5.2 print()函数 …… 31
2.5.3 字符串的格式化输出 …… 32
2.6 运算符和表达式 …… 35
2.6.1 运算符 …… 35
2.6.2 表达式 …… 36
本章小结 …… 38
思考与练习 …… 38

第3章 程序基本流程控制 /40

3.1 选择结构语句 …… 40
3.1.1 单分支结构 …… 40
3.1.2 双分支结构 …… 41
3.1.3 多分支结构 …… 42
3.1.4 嵌套分支结构 …… 43
3.2 循环结构语句 …… 44
3.2.1 while循环 …… 44
3.2.2 for循环 …… 45
3.2.3 循环嵌套 …… 46
3.3 break、continue与else语句 …… 48
3.4 pass语句 …… 51
3.5 程序的错误与异常处理 …… 51
3.5.1 程序的错误与处理 …… 51
3.5.2 程序的异常与处理 …… 52
本章小结 …… 53
思考与练习 …… 54

第4章 典型序列数据结构 /56

4.1 序列 …… 56
4.1.1 序列概述 …… 56
4.1.2 序列的基本操作 …… 56
4.2 列表的创建与操作 …… 62
4.2.1 创建列表 …… 63
4.2.2 获取列表元素 …… 64
4.2.3 常用的列表操作方法 …… 64
4.3 元组的创建与操作 …… 67
4.3.1 创建元组 …… 68

4.3.2 获取元组元素 …… 69
4.3.3 元组操作 …… 69
4.4 字典的创建与操作 …… 70
4.4.1 创建字典 …… 71
4.4.2 获取元素 …… 72
4.5 集合的创建与操作 …… 74
4.5.1 创建集合 …… 75
4.5.2 集合操作 …… 75
4.6 推导式与生成器推导式 …… 76
4.6.1 列表推导式 …… 76
4.6.2 字典推导式 …… 78
4.6.3 集合推导式 …… 80
4.6.4 元组的生成器推导式 …… 80
4.7 数据结构的判断与转换 …… 81
4.7.1 列表和元组转换 …… 81
4.7.2 列表、元组和集合的转换 …… 82
4.8 字符串操作与正则表达式应用 …… 82
4.8.1 字符串的常见操作 …… 82
4.8.2 正则表达式处理字符串的步骤 …… 84
4.8.3 Python 支持的正则表达式语法 …… 85
4.8.4 使用正则表达式处理字符串 …… 87
本章小结 …… 92
思考与练习 …… 92

第 5 章 函数与函数式编程 /95

5.1 内置函数 …… 95
5.2 自定义函数与调用 …… 95
5.2.1 函数的定义 …… 96
5.2.2 函数的调用 …… 96
5.2.3 函数的返回值 …… 96
5.3 函数参数的传递 …… 97
5.3.1 固定参数传递 …… 98
5.3.2 默认参数传递 …… 98
5.3.3 未知参数个数传递 …… 99
5.3.4 关键字参数传递 …… 100
5.4 变量的作用域 …… 101
5.4.1 局部变量 …… 101
5.4.2 全局变量 …… 101

5.5 函数的递归与嵌套 …… 102
5.5.1 函数的递归函数 …… 102
5.5.2 函数的嵌套 …… 104
5.6 函数式编程 …… 104
5.6.1 lambda匿名函数 …… 104
5.6.2 map()函数 …… 106
5.6.3 reduce()函数 …… 107
5.6.4 filter()函数 …… 108
5.6.5 zip()函数 …… 108
本章小结 …… 109
思考与练习 …… 110

第6章 面向对象编程基础 /111

6.1 类和对象 …… 111
6.2 类的定义和实例化 …… 111
6.2.1 类的定义 …… 112
6.2.2 类的实例化 …… 112
6.3 实例与类的对象属性 …… 113
6.3.1 实例对象属性 …… 113
6.3.2 类对象属性 …… 114
6.3.3 类对象属性与实例对象属性的区别与联系 …… 115
6.4 成员属性与成员方法 …… 116
6.4.1 成员属性 …… 116
6.4.2 成员方法 …… 118
6.5 类的继承与多态 …… 122
6.5.1 类的继承与多重继承 …… 122
6.5.2 多态与多态性 …… 125
本章小结 …… 127
思考与练习 …… 127

第7章 Python文件操作 /129

7.1 文件与文件操作 …… 129
7.1.1 文件数据的组织形式 …… 129
7.1.2 文件的操作方法 …… 130
7.2 CSV文件读取与写入操作 …… 133
7.2.1 读取CSV文件 …… 133
7.2.2 CSV文件的写入与关闭 …… 134
7.3 文件操作的应用 …… 135

7.3.1 数据的维度 …… 135
7.3.2 一维数据和二维数据的读写 …… 135
本章小结…… 137
思考与练习…… 138

第8章 使用模块与库编程 /139

8.1 模块的使用与创建 …… 139
8.1.1 模块概述 …… 139
8.1.2 模块的导入 …… 140
8.1.3 模块自定义与使用 …… 141
8.2 包的创建与使用 …… 143
8.2.1 创建包 …… 143
8.2.2 使用包 …… 143
8.3 常见标准库的使用 …… 145
8.3.1 turtle 库的使用 …… 145
8.3.2 random 库的使用…… 148
8.3.3 时间和日期库的使用 …… 151
8.4 常见的第三方库 …… 154
8.4.1 第三方库的安装 …… 155
8.4.2 中文处理相关库 …… 157
8.4.3 网络爬虫相关库 …… 161
8.4.4 其他第三方库简介 …… 166
本章小结…… 171
思考与练习…… 172

第9章 NumPy数值计算 /173

9.1 数组的创建与访问 …… 173
9.1.1 创建数组 …… 173
9.1.2 查看数组属性 …… 177
9.1.3 访问数组 …… 178
9.1.4 修改数组 …… 181
9.2 数组的运算 …… 184
9.2.1 数组的转置 …… 184
9.2.2 数组的算术运算 …… 184
9.2.3 数组的布尔运算 …… 188
9.2.4 数组的点积运算 …… 189
9.2.5 数组的统计运算 …… 189
9.3 数组的操作 …… 191

9.3.1 数组的排序 …… 191
9.3.2 数组的合并 …… 193
本章小结 …… 195
思考与练习 …… 195

第 10 章 Pandas 数据处理分析 /196

10.1 Pandas 基本数据结构 …… 196
10.1.1 Series 数据结构定义与操作 …… 196
10.1.2 DataFrame 数据结构定义与操作 …… 200
10.1.3 访问 DataFrame 数据元素 …… 203
10.1.4 修改与删除 DataFrame 数据元素 …… 206
10.1.5 DataFrame 数据元素的排序 …… 209
10.2 数据分析的基本流程 …… 212
10.3 数据的导入与导出 …… 213
10.3.1 数据的导入 …… 213
10.3.2 数据的导出 …… 216
10.4 数据预处理 …… 217
10.4.1 缺失值处理 …… 218
10.4.2 异常值处理 …… 221
10.4.3 重复值处理 …… 222
10.4.4 其他处理 …… 224
10.5 数据分析方法 …… 227
10.5.1 基本统计分析 …… 227
10.5.2 分组分析 …… 229
10.5.3 分布分析 …… 231
10.5.4 交叉分析 …… 233
10.5.5 结构分析 …… 234
10.5.6 相关分析 …… 235
10.6 DataFrame 对象的合并与连接 …… 236
10.6.1 DataFrame 对象的合并 …… 236
10.6.2 DataFrame 对象的连接 …… 236
本章小结 …… 238
思考与练习 …… 238

第 11 章 Matplotlib 库与数据可视化 /240

11.1 数据可视化概述 …… 240
11.1.1 常见的数据可视化图表类型 …… 240
11.1.2 数据可视化图表的基本构成 …… 244

11.1.3 数据可视化方式选择依据 …… 246
11.1.4 常见的数据可视化库 …… 246
11.2 Matplotlib 库的概述 …… 247
11.2.1 Matplotlib 库的导入与设置 …… 247
11.2.2 Matplotlib 库绘图的层次结构 …… 248
11.3 Matplotlib 库绘图的基本流程 …… 249
11.3.1 创建简单图表的基本流程 …… 249
11.3.2 绘制子图的基本流程 …… 251
11.4 使用 Matplotlib 库绘制常用图表 …… 253
11.4.1 绘制直方图 …… 253
11.4.2 绘制散点图 …… 254
11.4.3 绘制柱形图 …… 256
11.4.4 绘制折线图 …… 257
11.4.5 绘制饼图 …… 259
11.4.6 绘制面积图 …… 263
11.4.7 绘制热力图 …… 264
11.4.8 绘制箱形图 …… 265
11.4.9 绘制雷达图 …… 269
11.4.10 绘制 3D 图 …… 270
11.5 图表辅助元素的设置 …… 273
11.5.1 设置坐标轴的标签、刻度范围和刻度标签 …… 273
11.5.2 添加标题和图例 …… 275
11.5.3 显示网格 …… 276
11.5.4 添加参考线和参考区域 …… 277
11.5.5 添加注释文本 …… 278
11.5.6 添加表格 …… 279
11.5.7 图表辅助元素设置综合应用 …… 280
本章小结 …… 283
思考与练习 …… 283

第 12 章 学生成绩数据处理与分析实战 /285

12.1 数据集准备 …… 285
12.2 编程实现数据处理分析 …… 285
12.2.1 数据探索 …… 285
12.2.2 处理数据 …… 286
12.3 Pandas 库实现成绩数据处理与分析 …… 287
12.3.1 数据探索 …… 287
12.3.2 数据预处理 …… 290

12.3.3　数据选取 …… 293
12.3.4　数据分析 …… 295
12.3.5　数据可视化 …… 297
12.3.6　数据输出 …… 298
本章小结 …… 298
思考与练习 …… 298

参考文献　/299

第1章 Python与编程环境

计算机编程语言是程序设计中最重要的工具，Python、C、C++、C#和Java等编程语言深受编程爱好者的青睐。本章将先对计算机程序与Python语言进行简要介绍，然后讲解如何搭建Python编程环境IDLE，重点介绍PyCharm的安装和基本使用。

1.1 计算机程序与编程语言

电子计算机的诞生是科学技术发展史上一个重要的里程碑，也是20世纪人类伟大的发明创造之一。随着现代科技的日益发展，计算机以崭新的姿态伴随人类迈入了新的世纪，它以快速、高效、准确等特性成为人们日常生活与工作的得力助手。利用计算机编程语言能够提高工作效率和优化问题、解决新思路等。

1.1.1 计算机程序

计算机程序又称为“计算机软件”，是指为了得到某种结果而可以由计算机等具有信息处理能力的装置所执行的代码化指令序列，也可以理解为能够被自动转换成代码化指令序列的符号化指令序列或者符号化语句序列。

1.1.2 计算机编程语言

人与人之间的交流需要通过语言进行。人与计算机交流信息也要解决语言问题，需要创造一种计算机和人都能识别的语言，这就是计算机编程语言。计算机编程语言经历了以下3个发展阶段。

1. 机器语言

机器语言是由二进制0、1代码指令构成，不同的CPU具有不同的指令系统。机器语言程序难编写、难修改、难维护，需要用户直接对存储空间进行分配，编程效率极低。这种语言已经渐渐被大家淘汰了。

2. 汇编语言

汇编语言指令是机器指令的符号化，与机器指令存在着直接的对应关系，所以汇编语言同样存在着难学难用、容易出错、维护困难等缺点。但汇编语言也有自己的优点：可直接访问系统接口，由汇编程序翻译成的机器语言程序的运行效率高。从软件工程角度来看，只有在高级语言不能满足设计要求，或不具备支持某种特定功能的技术性能（如特殊的输入输出)时,才会考虑使用汇编语言。

3. 高级语言

高级语言是面向用户的、基本上独立于计算机种类和结构的语言。其最大的优点是:形式上接近于算术语言和自然语言,概念上接近于人们通常使用的概念。高级语言的一个命令可以代替几条、几十条甚至几百条汇编语言的指令。因此,高级语言易学易用,通用性强,应用广泛。

目前,广泛使用的C、C++、Python、Java、PHP、C#等语言均属于高级语言。

1.1.3 计算机编程语言编译和解释

根据计算机执行机制的不同,高级语言可分成两类:静态语言和脚本语言,其中静态语言采用编译方式执行,脚本语言采用解释方式执行。例如,C语言是静态语言,Python语言是脚本语言。无论哪种执行方式,用户使用方法可以是一致的,比如通过鼠标双击执行一个程序。

编译是将源代码转换成目标代码的过程。通常,源代码是高级语言代码,目标代码是机器语言代码,执行编译的计算机程序称为编译器(compiler)。编译器将源代码转换成目标代码,计算机可以立即或稍后运行这个目标代码。

解释是将源代码逐条转换成目标代码的同时,逐条运行目标代码的过程。执行解释的计算机程序称为解释器(interpreter)。其中,高级语言源代码与数据一同输入解释器,然后输出运行结果。

编译和解释的区别在于编译是一次性地翻译,一旦程序被编译,不再需要编译程序或者源代码。解释则在每次程序运行时都需要解释器和源代码。这两者的区别类似于外语资料的翻译和同声传译。

简单来说,解释执行方式是逐条运行用户编写的代码,没有纵览全部代码的性能优化过程,因此执行性能略低,但它支持跨硬件或操作系统平台,对升级维护十分有利,适合非性能关键的程序运行场景。

采用编译方式执行的编程语言是静态语言,如C语言、Java语言等;采用解释方式执行的编程语言是脚本语言,如JavaScript语言、PHP语言等。

Python语言是一种被广泛使用的高级通用脚本编程语言,采用解释方式执行,但它的解释器也保留了编译器的部分功能,随着程序运行,解释器也会生成一个完整的目标代码。这种将解释器和编译器结合的新解释器是现代脚本语言为了提升计算性能的一种有益演进。

1.2 Python语言概述

1.2.1 Python的起源与发展

Python由荷兰人Guido van Rossum于20世纪90年代初设计,作为ABC语言的替代品。1989年圣诞节期间,在阿姆斯特丹,Guido为了打发圣诞节的无趣,决心开发一个

新的脚本解释程序，作为ABC语言的一种继承。之所以选中Python(大蟒蛇的意思)作为该编程语言的名字，是取自英国20世纪70年代首播的电视喜剧《蒙提·派森的飞行马戏团》(*Monty Python's Flying Circus*)。

Python提供了高效的高级数据结构，还能简单有效地面向对象编程。Python语法和动态类型，以及解释型语言的本质，使它成为多数平台上编写脚本和快速开发应用的编程语言，随着版本的不断更新和语言新功能的添加，逐渐被用于独立的、大型项目的开发。

Python解释器易于扩展，可以使用C或C++(或者其他可以通过C调用的语言)扩展新的功能和数据类型。Python也可用于定制化软件中的扩展程序语言。Python丰富的标准库，提供了适用于各个主要系统平台的源码或机器码。

Python已经成为最受欢迎的程序设计语言之一。自从2004年以后，Python的使用率呈线性增长。Python 2于2000年10月16日发布，稳定版本是Python 2.7。Python 3于2008年12月3日发布，不完全兼容Python 2。目前Python 3是主流版本。自从20世纪90年代初Python语言诞生至今，它已被逐渐广泛应用于系统管理任务的处理和Web编程等方面。

1.2.2 Python的特点

Python秉承优雅、明确、简单的设计理念，具有以下特点。

1. 简单易学

Python是一种解释型的编程语言，语法简单、易学、易读、易维护。

2. 功能强大(可扩展、可嵌入)

Python既属于脚本语言，也属于高级程序设计语言，所以，Python具有脚本语言(如Perl、Tcl和Scheme等)的简单、易用的特点，也具有高级程序设计语言(如C、C++和Java等)的强大功能。

3. 具有良好的跨平台特性(可移植)

基于其开源本质，Python已经被移植到许多平台上，包括Linux、UNIX、Windows、Macintosh等。用户编写的Python程序，如果未使用依赖于系统的特性，无须修改就可以在任何支持Python的平台上运行。

4. 面向对象编程

面向对象(Object-Oriented，OO)是现代高级程序设计语言的一个重要特征。Python既支持面向过程的编程，也支持面向对象的编程。Python支持继承和重载，有利于源代码的复用。

5. 免费的开源自由软件

Python是FLOSS(自由/开放源码软件)之一，允许自由地发布此软件的副本、阅读和修改其源代码，并将其一部分用于新的自由软件中。

1.2.3 Python的应用领域与发展趋势

Python作为一种高级通用语言，可以应用在人工智能、数据分析、网络爬虫、金融量化、云计算、Web开发、自动化运维和测试、游戏开发、网络服务、图像处理等众多领域。目前，业内几乎所有的大中型互联网企业都在使用Python。

1. 数据分析

在大量数据的基础上，结合科学计算、机器学习等技术对数据进行清洗、去重、规格化和针对性的分析是大数据行业的基石。Python是数据分析的主流语言之一。

2. 操作系统管理

Python作为一种解释型的脚本语言，特别适合于编写操作系统管理脚本。Python编写的操作系统管理脚本在可读性、性能、源代码重用度、扩展性等方面都优于普通的Shell脚本。

3. 文本处理

Python提供的re模块能支持正则表达式，还提供SGML、XML分析模块，许多程序员利用Python进行XML程序的开发。

4. 图形用户界面(GUI)开发

Python支持GUI开发，使用Tkinter、wxPython或者PyQt库，可以用于开发跨平台的桌面软件。

5. Web编程应用

Python经常用于Web开发。通过Web框架库，例如Django、Flask、FastAPI等，可以快速开发各种规模的Web应用程序。

6. 网络爬虫

网络爬虫也称为网络蜘蛛，是大数据行业获取数据的核心工具。网络爬虫可以自动、智能地在互联网上爬取免费的数据。Python是目前编写网络爬虫所使用的主流编程语言之一，其Scripy爬虫框架的应用非常广泛。

1.3 Python与PyCharm的安装及其配置

在使用Python语言之前，首先要进行Python环境的安装与配置。Python目前包含两个主要版本，即Python 2和Python 3。大多数针对早期Python版本设计的程序都无法在Python 3上正常运行。使用Python 3，一般也不能直接调用Python 2所开发的库，而必须使用相应的Python 3版本的库。鉴于Python 2不是目前主流版本，因此本书使用的是Python 3.9.0软件版本。

计算机只能理解二进制代码，不能理解用Python语言编写的源代码。因此，Python环境就是Python解释器，它像翻译官一样把程序代码翻译成机器能够理解的二进制代码，然后才可以运行。

1.3.1 Python语言的解释器

Python 2和Python 3规定相应版本的Python的语法规则。实现Python语法的解

释程序就是 Python 的解释器。

Python 解释器用于解释和执行 Python 语句和程序。常用的 Python 解释器如下。

(1) CPython。使用 C 语言实现的 Python,即原始的 Python 实现。这是最常用的 Python 版本,也称之为 ClassicPython。通常所说的 Python 就是指 CPython,需要区别的时候才使用 CPython。

(2) Jython。使用 Java 语言实现的 Python,原名为 JPython。Jython 可以直接调用 Java 的类库,适用于 Java 平台的开发。

(3) IronPython。面向.NET 的 Python 实现。IronPython 能够直接调用.NET 平台的类,适用于.NET 平台的开发。

(4) PyPy。使用 Python 语言实现的 Python。

1.3.2　Python 3.9.0 的下载与安装

(1) 从 Python 官网(https://www.python.org/downloads/)下载与用户 Windows 操作系统位数(32 位或 64 位)相对应的 Python 3.9.0 版本(支持 Windows 8 及以上操作系统)。

- 32 位 Windows 下载 Python 3.9.0 Windows x86 executable installer。
- 64 位 Windows 下载 Python 3.9.0 Windows x86-64 executable installer。

此时下载文件是 python-3.9.0.exe(32 位)或 python-3.9.0-amd64.exe(64 位)的可执行的 Python 安装程序。

(2) 如果用户的计算机是 64 位 Windows 操作系统,则双击 python-3.9.0-amd64.exe 可执行的 Python 安装文件,在安装界面上,勾选"Add Python 3.9 to PATH"选项,如图 1-1 所示。

图 1-1　Python 3.9.0 安装界面

(3) 在安装界面上，选择 Customize installation(自定义安装)选项，进入选项功能界面，如图 1-2 所示。勾选选项功能界面上的所有选项，进入高级选项界面，如图 1-3 所示。

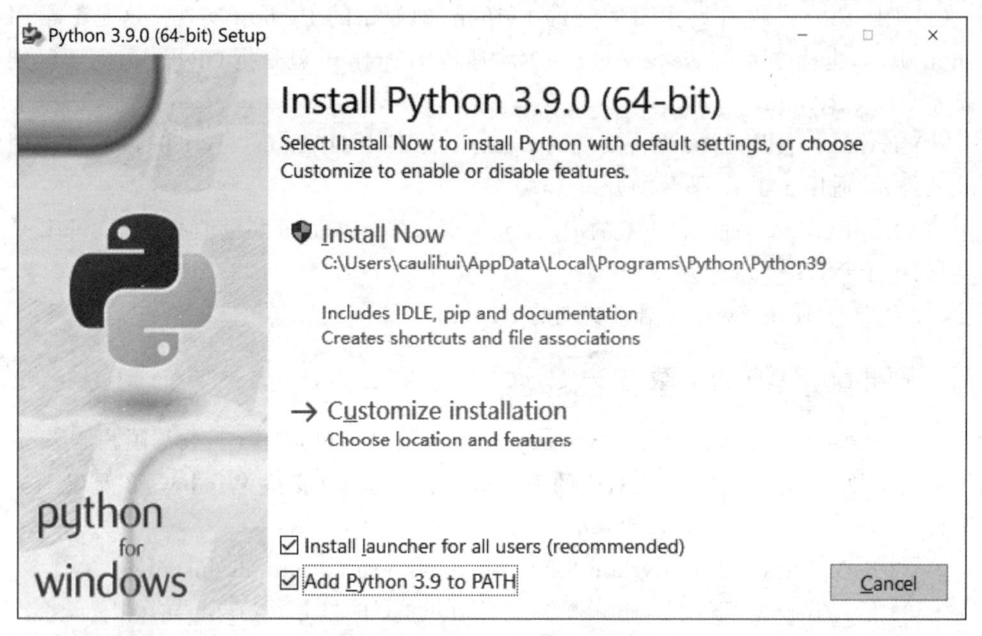

图 1-2　Python 3.9.0 选项功能界面

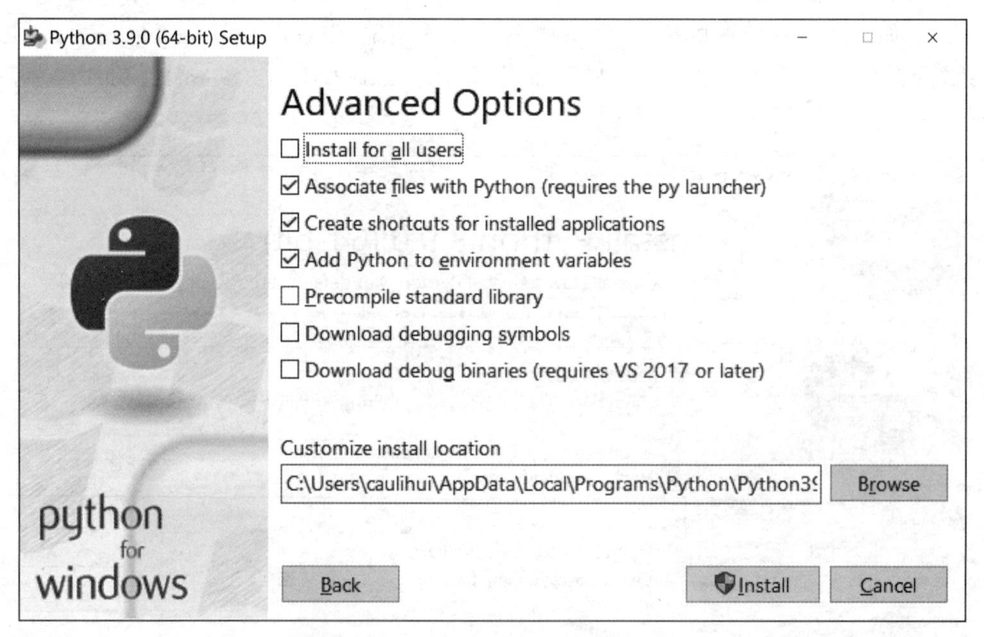

图 1-3　Python 3.9.0 高级选项界面

(4) 在高级选项界面上，勾选 Associate files with Python (requires the py launcher)、Create shortcuts for installed applications 和 Add Python to environment

variables 这3个选项。单击 Browse 按钮，更改 Python 软件安装的路径为 C:\Python(此路径可以根据读者自己计算机的实际情况选定)。若单击 Back 按钮，可返回到选项功能界面；单击 Install 按钮，则开始软件安装。这里选择 Install 按钮。

(5) 软件安装进度界面如图1-4所示。软件安装成功后，弹出软件安装成功界面，如图1-5所示。单击 Close 按钮完成安装。

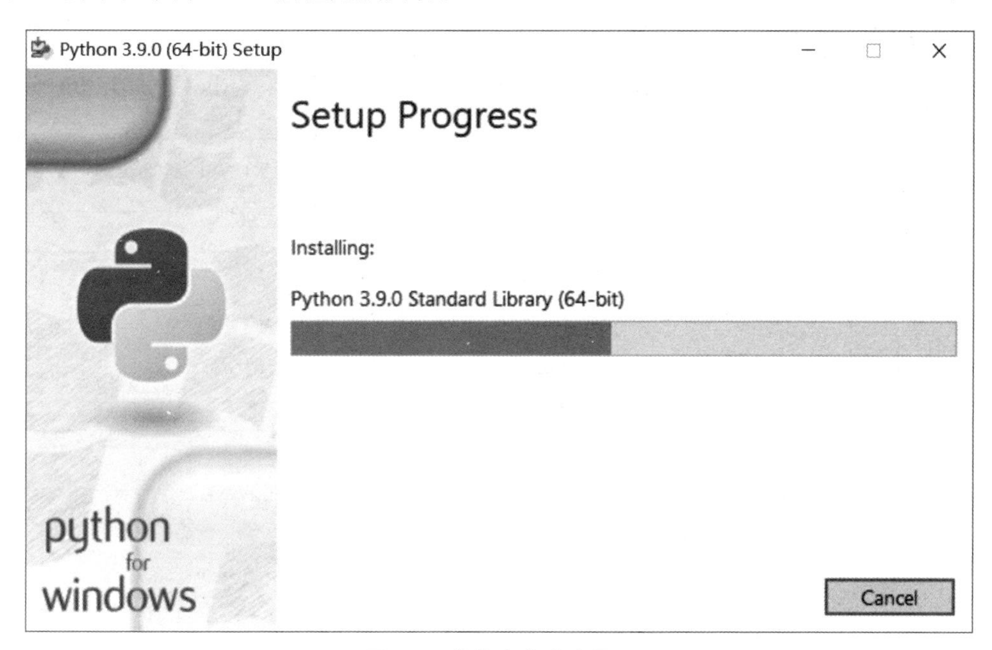

图1-4 软件安装进度界面

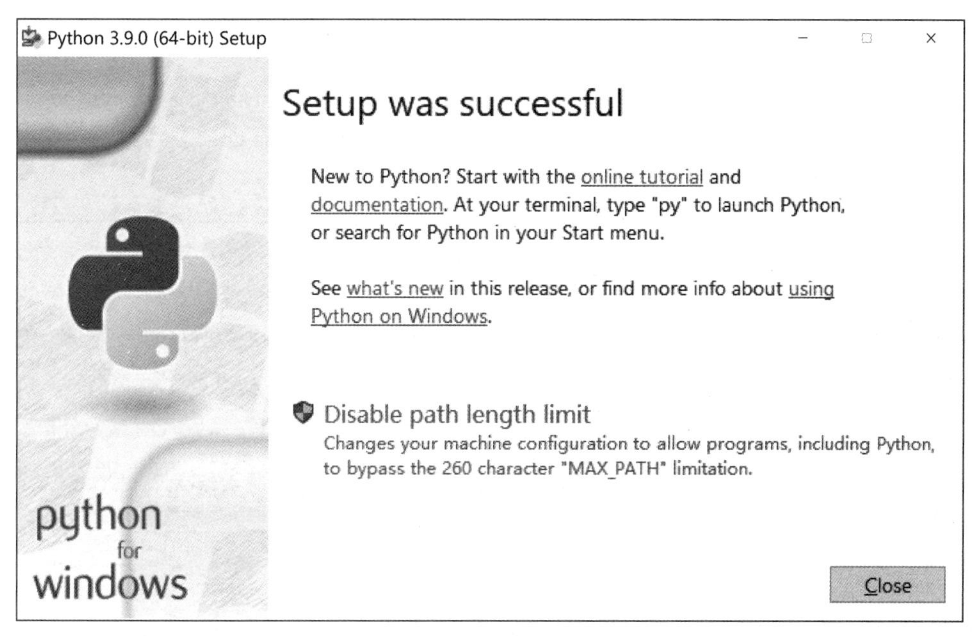

图1-5 软件安装成功界面

1.3.3 Python 开发环境 IDLE 及其使用

安装 Python 后会自动安装 IDLE(集成开发环境),该软件包含文本处理程序,用于编写和修改 Python 代码。IDLE 有两个窗口可以供开发者使用: Shell 窗口可以直接输入并执行 Python 语句,编辑窗口可以输入和保存程序。

1. IDLE 的启动

在 Windows 系统的“开始”菜单中选择 Python 3.9→IDLE (Python 3.9 64-bit)选项就可以启动 IDLE。

启动 IDLE 后,进入图 1-6 所示的 Shell 界面。“>>>”是 Python 命令提示符,在提示符后可以输入 Python 语句。窗口的菜单栏列出了常用的操作选项。

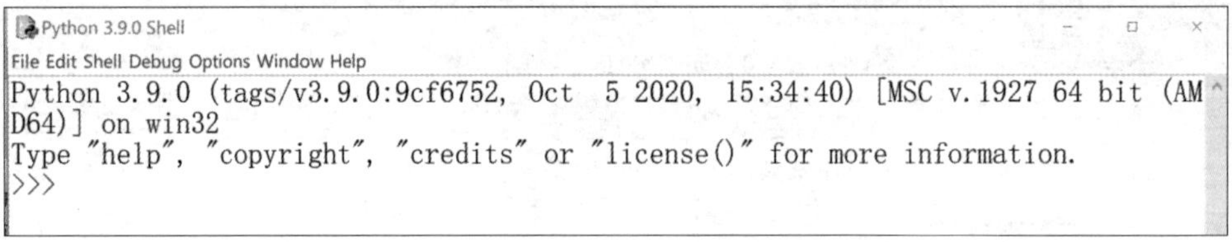

```
Python 3.9.0 Shell
File Edit Shell Debug Options Window Help
Python 3.9.0 (tags/v3.9.0:9cf6752, Oct  5 2020, 15:34:40) [MSC v.1927 64 bit (AM
D64)] on win32
Type "help", "copyright", "credits" or "license()" for more information.
>>>
```

图 1-6 IDLE 界面

2. 开发和运行 Python 程序的两种方式

开发和运行 Python 程序一般包括以下两种方式。

1) 交互式

在 Python 解释器命令行窗口中,输入 Python 代码,解释器及时响应并输出结果。交互式一般适用于调试少量代码。Python 解释器包括 Python、IDLE Shell、IPython(第三方包)等。

Shell 窗口提供了一种交互式的使用环境。在“>>>”提示符后输入一条语句,按回车键后会立刻执行,如图 1-7 所示。如果输入的是带有冒号和缩进的复合语句(如 if 语句、while 语句、for 语句等),则需要按两次回车键。

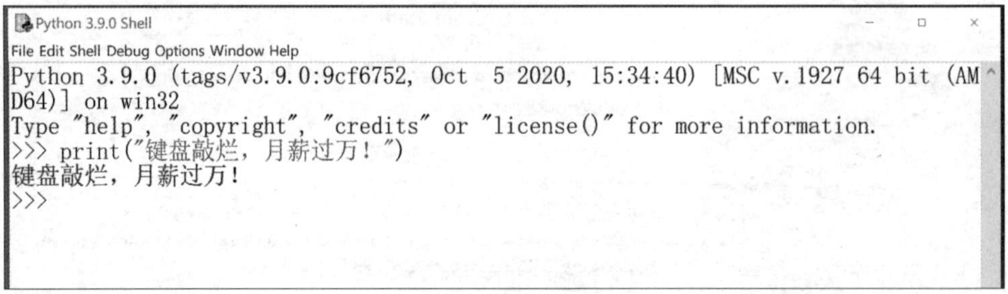

```
Python 3.9.0 Shell
File Edit Shell Debug Options Window Help
Python 3.9.0 (tags/v3.9.0:9cf6752, Oct  5 2020, 15:34:40) [MSC v.1927 64 bit (AM
D64)] on win32
Type "help", "copyright", "credits" or "license()" for more information.
>>> print("键盘敲烂,月薪过万!")
键盘敲烂,月薪过万!
>>>
```

图 1-7 Shell 窗口

2) 文件式

Shell 窗口无法保存代码。关闭 Shell 窗口后,输入的代码就被清除了。所以在进行程序开发时,通常都需要使用文件编辑方式进行代码的编写、保存与执行。

将 Python 程序编写并保存在一个或者多个源代码文件中,然后通过 Python 解释器来编译执行。文件式适用于较复杂应用程序的开发。

(1) 创建 Python 源文件。在 IDLE Shell 窗口的菜单栏中选择 File→New File 选项可以打开文件编辑窗口,在该窗口中可以直接编写和修改 Python 程序,当输入一行代码后,按回车键可以自动换行。用户可以连续输入多条命令语句,不要在行尾添加分号“;”,也不要用分号将两条命令放在同一行。标题栏中的“Untitled”表示文件未命名,带“*”号表示文件未保存。

(2) 保存程序文件。在“文件编辑”窗口中选择 File→Save 选项或者按快捷键 Ctrl+S 会弹出“另存为”对话框,选择文件的存放位置并输入文件名,例如 firstProg.py,即可保存文件。Python 文件的扩展名为“.py”。

(3) 运行程序。此过程是将 Python 源文件编译成字节码程序文件,即扩展名为.pyc 的文件,例如 firstProg.pyc。Python 的编译是一个自动过程,用户一般不会在意它的存在。

编译成字节码可以节省加载模块的时间,提高运行效率。编写 Python 源文件,通过 Python 编译器/解释器执行程序。

具体操作是在菜单栏中选择 Run→Run Module 选项或者按快捷键 F5 即可运行程序,运行结果会在 Shell 窗口中输出。

3. 代码书写要求

Python 程序对于代码(命令语句)格式有严格的语法要求,书写代码时需要注意以下 5 点。

(1) 在 Shell 窗口中,所有语句都必须在命令提示符“>>>”后输入,按回车键执行。

(2) 语句中的所有符号都必须是半角字符(在英文输入法下输入的字符),因此需要特别注意括号、引号、逗号等符号的格式。

(3) Python 用代码缩进和冒号“:”区分代码之间的层次。用相同的缩进表示同一级别的语句块,不正确的缩进会导致程序逻辑错误。

(4) Python 在表示缩进时可以使用 Tab 键或空格,但不要将两者混合使用。一般以 4 个空格作为基本缩进单位。

(5) 对关键代码可以添加必要的注释。

注释是指在程序代码中对程序代码进行解释说明的文字。

注释的作用:注释不是程序,不能被执行,只是对程序代码进行解释说明,让别人可以看懂程序代码的作用,能够大大增强程序的可读性。

注释的分类如下。

- 单行注释:以#开头,#右边的所有文字当作说明,而不是真正要执行的程序,起辅助说明作用。
- 多行注释:以三对单引号或三对双引号引起来(""" 解释说明 """)来解释说明一段代码的作用和使用方法。

4. 帮助功能

IDLE 环境提供了诸多帮助功能,常见的有以下 4 种。

(1) Python 关键字使用不同的颜色标识。例如,print 关键字默认使用紫色标识。

(2) 输入函数名或方法名,再输入紧随的左括号"("时,会出现相应的语法提示。

(3) 使用 Python 提供的 help()函数可以获得相关对象的帮助信息。例如,可以获得 print()函数的帮助信息,包括该函数的语法、功能描述和各参数的含义等。

(4) 输入模块名或对象名,再输入紧随的句点"."时,会弹出相应的元素列表框。例如,输入 import 语句,导入 random 模块,按回车键执行,然后输入"random.",就会弹出一个列表框,列出了该模块包含的所有 random 函数等对象,可以直接从列表中选择需要的元素,代替手动输入。

5. Shell 窗口中的错误提示

如果代码中有语法错误,那么在执行后会在 Shell 窗口显示错误提示。

6. 常用快捷键

在程序开发过程中,合理使用快捷键可以降低代码的错误率,提高开发效率。在 IDLE 中,选择 Options→Configure IDLE 选项,打开 Settings 对话框,在 Keys 选项卡中列出了常用的快捷键。

1.3.4 Python 集成开发环境 PyCharm 的安装与配置

安装好 Python 后,可以直接在 Shell(Python 或 IPython)中编写代码。除此之外,还可以采用 Python 的集成开发环境(Integrated Development Environment,IDE)或交互式开发环境来编写代码。Python 常用的集成开发环境有 PyCharm 和 JupyterNotebook 等。其中,PyCharm 适合用于开发 Python 的项目程序。下面将分别介绍 PyCharm 集成开发软件的安装与使用。

1. PyCharm 简介

PyCharm 是由 JetBrains 公司开发的一款 Python 的 IDE 软件,该软件除了具备一般 IDE 的功能(如调试、语法高亮、项目管理、代码跳转、智能提示、自动完成、单元测试和版本控制)外,还提供了一些高级功能,用于支持 Django 框架下的专业 Web 开发。同时,PyCharm 还支持 Google AppEngine 和 IronPython。由于 PyCharm 是一款专门服务于 Python 程序开发的 IDE,又具有配置简单、功能强大、使用方便等优点,因而已成为 Python 专业开发人员和初学者经常使用的工具。

PyCharm 有免费的社区版和付费的专业版两个版本。专业版额外增加了项目模板、远程开发、数据库支持等高级功能,而对于个人学习者而言,使用免费的社区版即可。

2. PyCharm 的安装

(1) 从 JetBrains 官网下载社区版本的 PyCharm 软件(建议登录 https://www.jetbrains.com/zh-cn/pycharm/),如图 1-8 所示,下载 PyCharm Community Edition 2021.2.3。

图 1-8　PyCharm 下载页面

(2) 双击 PyCharm Community Edition 2021.2.3.exe，打开 PyCharm 软件安装界面，如图 1-9 所示，单击 Next 按钮。

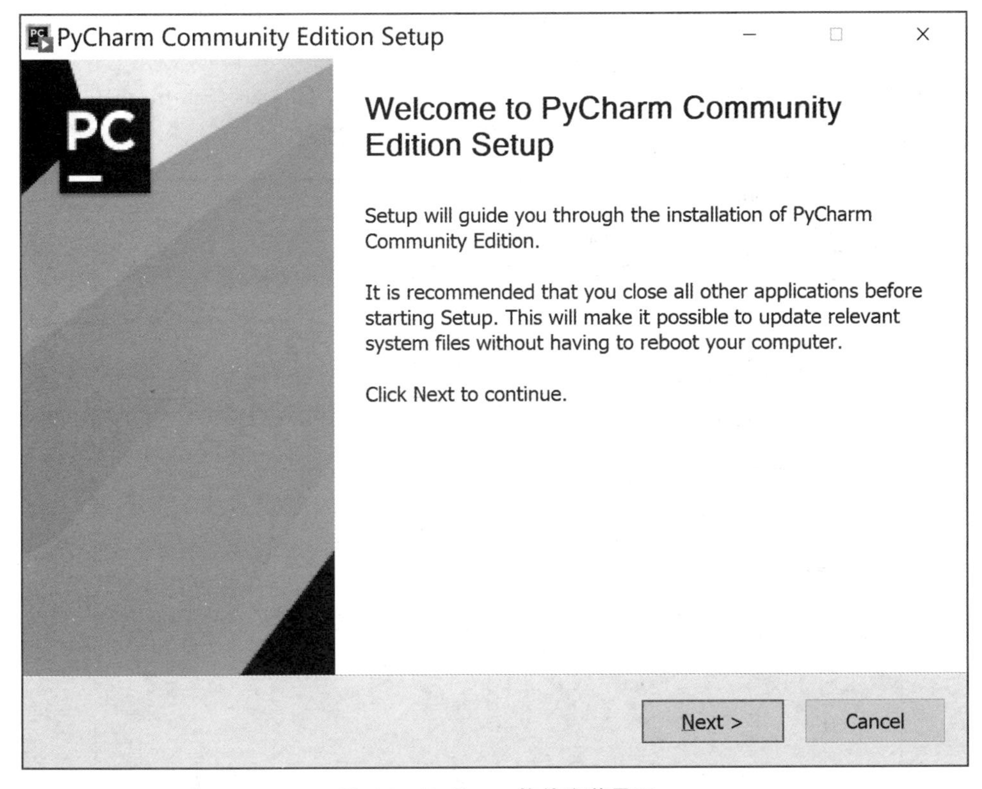

图 1-9　PyCharm 软件安装界面

(3) 进入选择安装位置界面,如图 1-10 所示,再单击 Next 按钮。

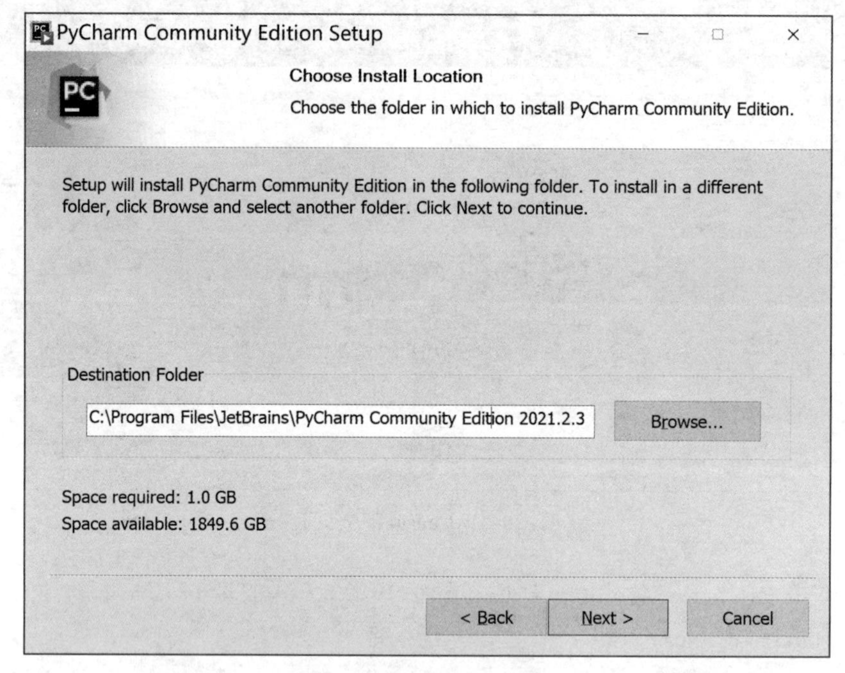

图 1-10　选择安装位置

(4) 进入安装选项界面,如图 1-11 所示,建议勾选 PyCharm Community Edition、Add "bin" folder to the PATH 和.py 选项,再单击 Next 按钮。

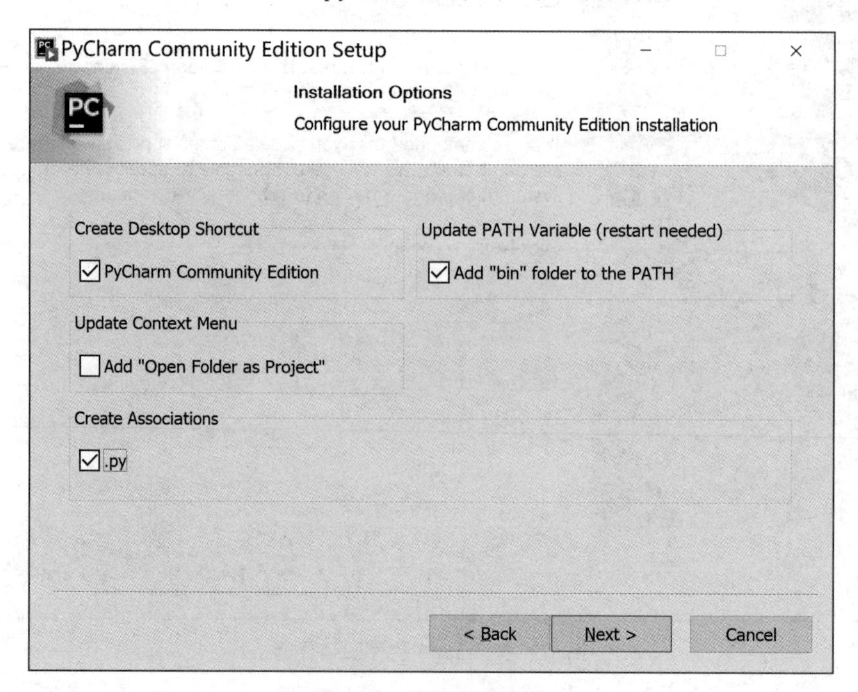

图 1-11　选择安装选项

(5) 进入选择“开始”菜单界面,如图1-12所示,单击Install按钮。

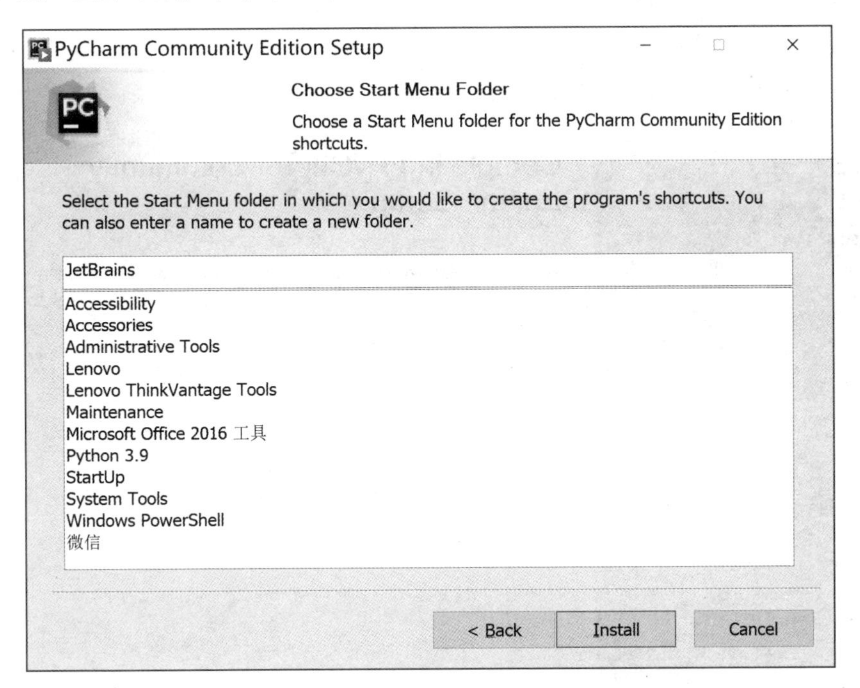

图1-12 选择“开始”菜单

(6) 进入程序安装进度界面,如图1-13所示。

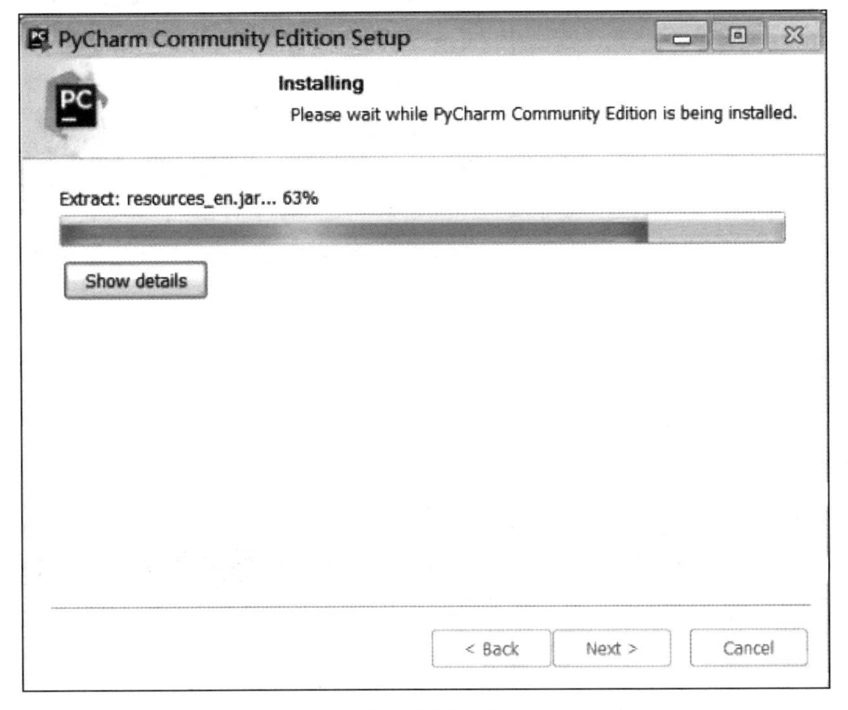

图1-13 程序安装进度

(7) 之后进入程序安装完成界面，如图 1-14 所示，单击 Finish 按钮，完成 PyCharm 的安装，并询问重启方式。

图 1-14　程序安装完成界面

(8) 双击桌面上的 PyCharm 快捷启动图标，将弹出如图 1-15 所示的对话框，会确认是否接受用户协议。这里必须选择复选框，并继续。进入 PyCharm 启动界面，如图 1-16 所示。

在 PyCharm 启动界面上既可以选择 New Project 选项创建新项目，也可以选择 Open 选项打开已有的项目，或通过 Check out from Version Control 选项进行项目的版本控制。

3. PyCharm 的简单设置

为了提升编程的舒适度以及选择项目解释器的需要，可以对 PyCharm 进行简单的设置。通常有以下 5 种常用设置。

① 更换主题

如果要修改软件的界面，可以采用更换主题的方法。

操作步骤：选择菜单栏 File→Settings→Appearance&Behavior→Appearance→theme，可在下拉列表中选择主题，如选择 Darcula，单击 OK 按钮，将主题设置为背景为黑色的经典样式。

② 修改源代码字体大小

操作步骤：选择菜单栏 File→Settings→Editor→Font，修改 Font 和 Size 选项，可调

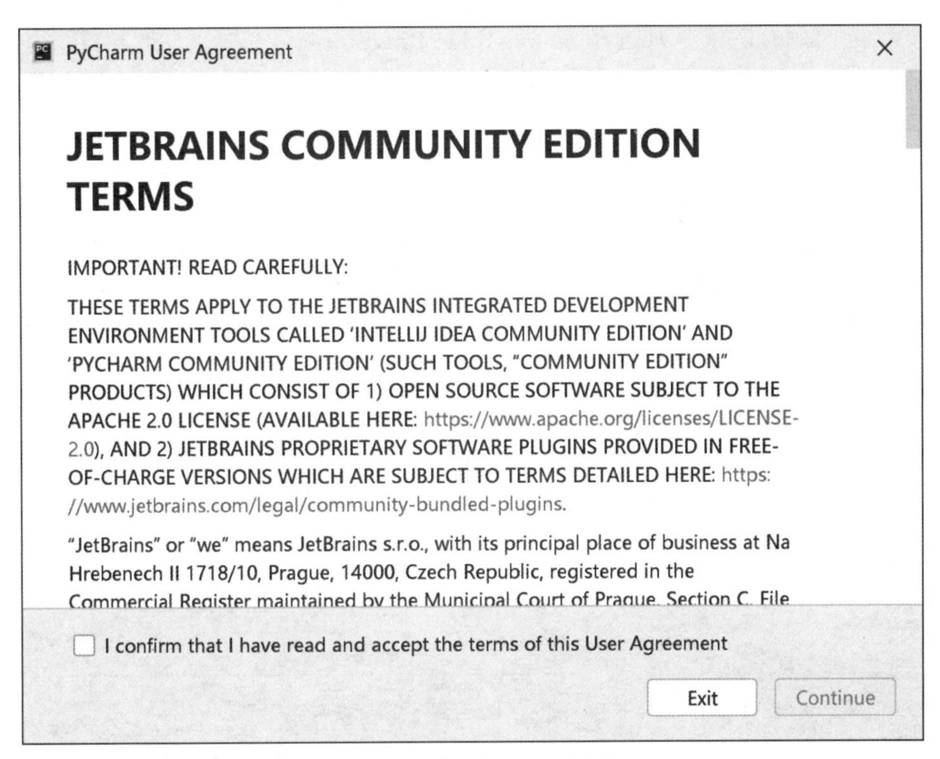
PyCharm User Agreement

JETBRAINS COMMUNITY EDITION TERMS

IMPORTANT! READ CAREFULLY:

THESE TERMS APPLY TO THE JETBRAINS INTEGRATED DEVELOPMENT ENVIRONMENT TOOLS CALLED 'INTELLIJ IDEA COMMUNITY EDITION' AND 'PYCHARM COMMUNITY EDITION' (SUCH TOOLS, "COMMUNITY EDITION" PRODUCTS) WHICH CONSIST OF 1) OPEN SOURCE SOFTWARE SUBJECT TO THE APACHE 2.0 LICENSE (AVAILABLE HERE: https://www.apache.org/licenses/LICENSE-2.0), AND 2) JETBRAINS PROPRIETARY SOFTWARE PLUGINS PROVIDED IN FREE-OF-CHARGE VERSIONS WHICH ARE SUBJECT TO TERMS DETAILED HERE: https://www.jetbrains.com/legal/community-bundled-plugins.

"JetBrains" or "we" means JetBrains s.r.o., with its principal place of business at Na Hrebenech II 1718/10, Prague, 14000, Czech Republic, registered in the Commercial Register maintained by the Municipal Court of Prague, Section C, File

I confirm that I have read and accept the terms of this User Agreement

Exit Continue

图 1-15 确认是否接受协议

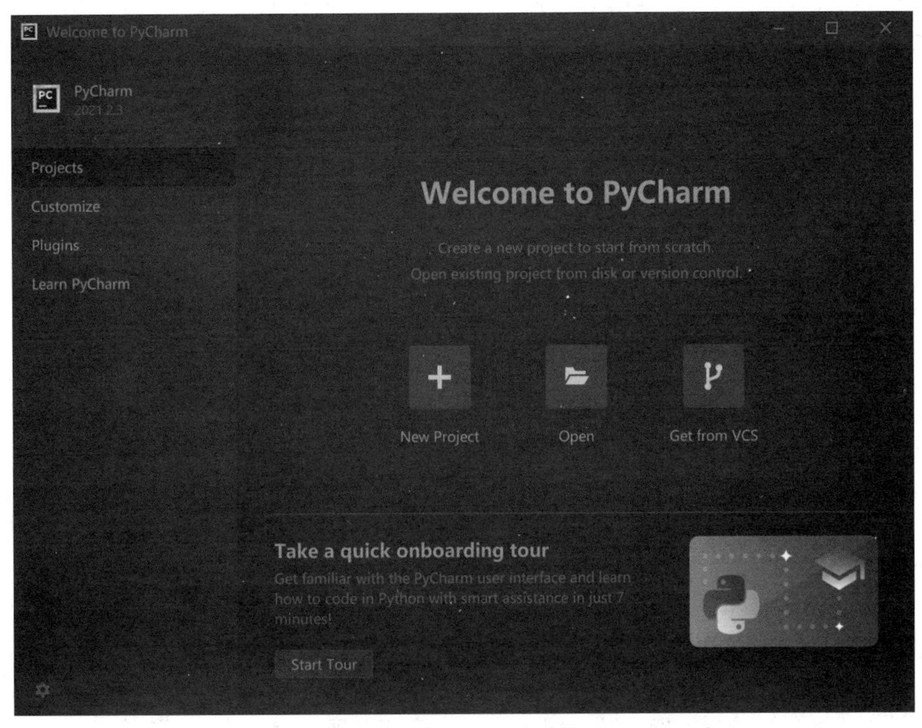

图 1-16 PyCharm 启动界面

整字号大小。例如，Font 选项选择 Source Code Pro，Size 选项选择 20，单击 OK 按钮，将源代码字号设置为 20。

③ 修改编码设置

PyCharm 使用编码设置的 3 处分别是 IDE Encoding、Project Encoding 和 Property Files。

操作步骤：选择菜单栏 File→Settings→Editor→File Encodings，调整 Global Encoding、Project Encoding 和 Default encoding for properties files 这 3 个选项的文件编码方式。例如，Project Encoding 选项选择为 UTF-8，单击 OK 按钮，可将项目编码设置为 UTF-8。

④ 选择解释器设置

如果在计算机上安装了多个 Python 的版本，当需要更改解释器设置时，其操作步骤为：选择菜单栏 File→Settings→Project：untitled→Project Interpreter，将弹出如图 1-17 所示的选择解释器"设置"对话框。

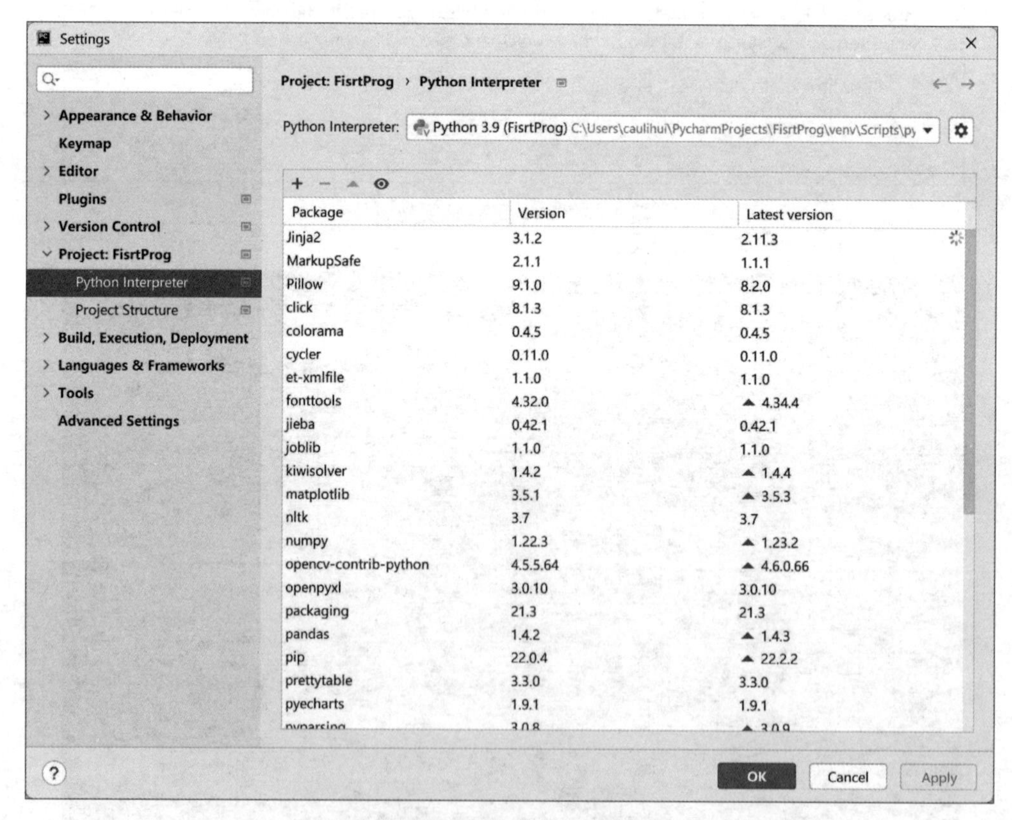

图 1-17　选择解释器设置

首先通过 Project Interpreter 栏的下拉列表按钮，选择解释器；然后通过 Project Interpreter 栏的下拉列表按钮右边的"　"按钮，创建虚拟环境或添加新的 Python 路径；通过对话框右侧的"+"按钮或"-"按钮可添加库或卸载库。当单击"　"按钮时，将会弹出上下文菜单，选择 Add Local 菜单，将弹出如图 1-18 所示的创建虚拟环境对话框。

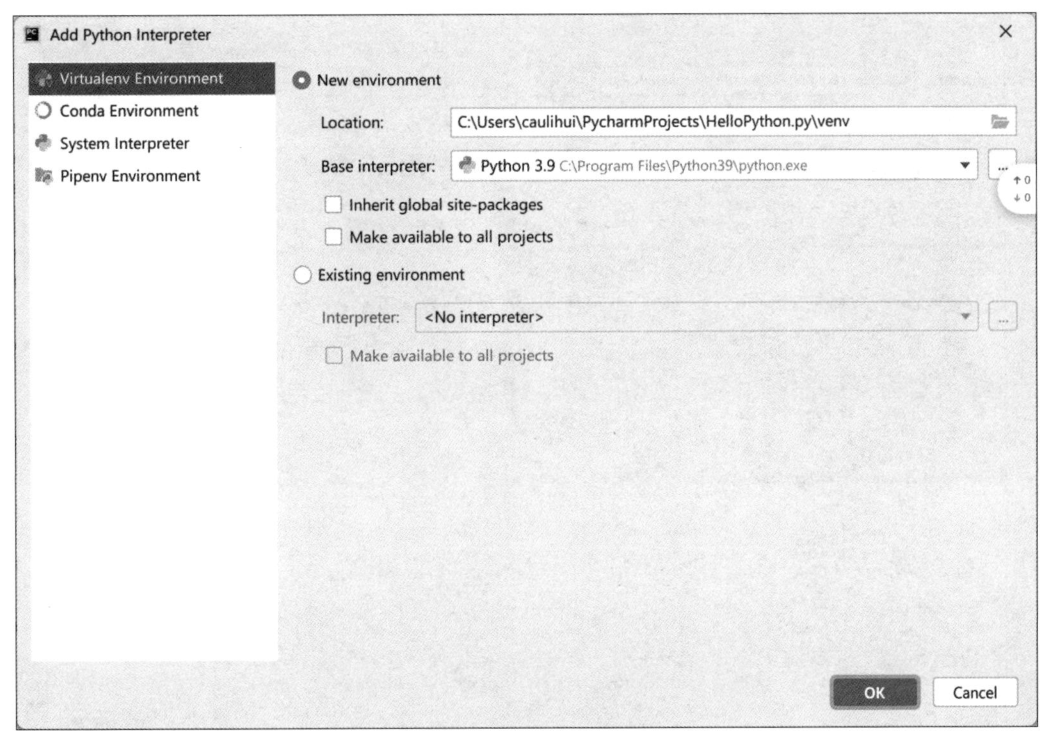

图 1-18　创建虚拟环境对话框

⑤ 设置快捷键方案

PyCharm 可以为不同平台的用户提供不同的定制快捷键方案，其操作步骤为：选择菜单栏 File→Settings→Keymap，单击 Keymap 的下拉列表按钮，可选择一个快捷键配置方案，单击 Apply 按钮，保存更改。

4. PyCharm 的使用

① 新建项目

操作步骤：打开 PyCharm，选择菜单栏 File→New→Project，弹出如图 1-19 所示的 Create Project 对话框，在此对话框中，可选择项目的路径和项目解释器(Python 的安装路径)与项目的虚拟环境，然后单击 Create 按钮，弹出如图 1-20 所示的 Open Project 对话框。选择 This Window 选项，单击 OK 按钮，进入创建项目界面，完成新建项目。

② 创建 Python 文件

操作步骤：右击项目名称，选择 New→Python File，弹出 New Python file 对话框，如图 1-21 所示，输入 Python 文件名为 HelloPython，单击 OK 按钮，创建 HelloPython.py 文件。

③ 编写和运行 Python 程序

打开 PyCharm 集成开发环境，如图 1-22 所示，双击项目目录区的 HelloPython.py 文件，在右边的代码编辑区中输出一行 Python 代码：

```
print("Hello Python!");
```

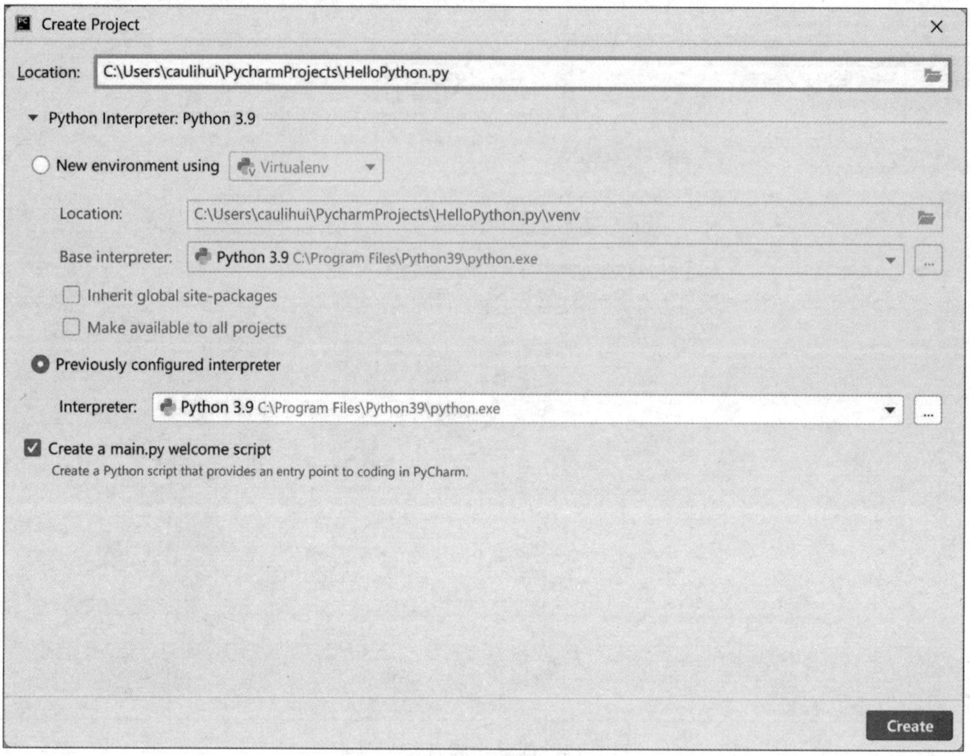

图 1-19 【创建新项目】对话框

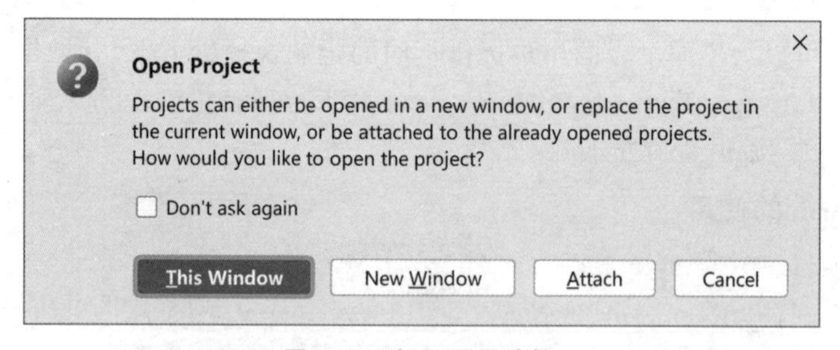

图 1-20 打开项目选择

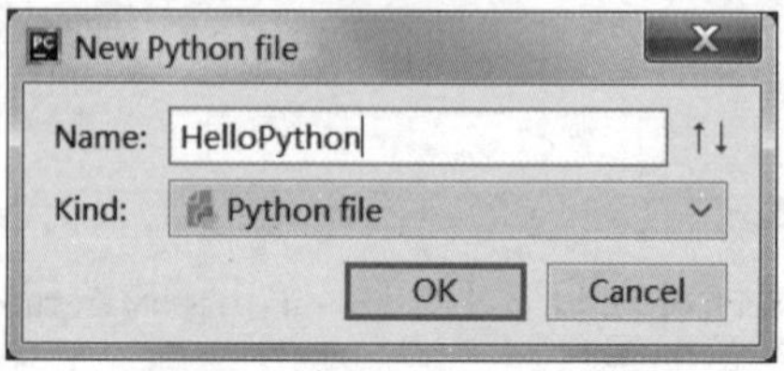

图 1-21 创建 Python 文件

然后，右击代码编辑区，在弹出的快捷菜单中选择 Run test 或者单击右上角(左侧下方)的绿色三角形按钮，就可运行这一行 Python 代码，并在控制台上输出“Hello Python!”字符串。

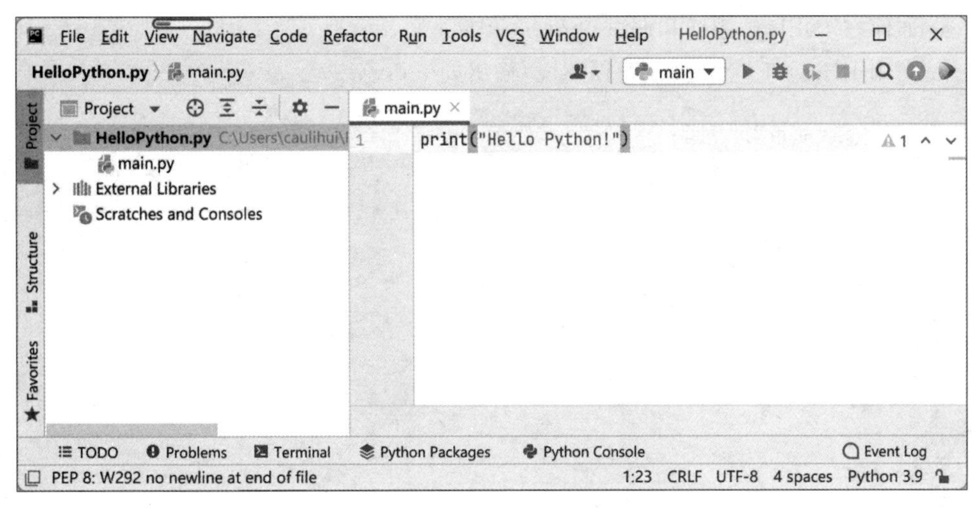

图 1-22　PyCharm 集成开发环境

本章小结

本章介绍了计算机程序与编程语言的概念、Python 语言的特点和 Python 环境的安装使用，主要内容如下。

(1) 计算机程序又称为“计算机软件”，是指为了得到某种结果而可以由计算机等具有信息处理能力的装置执行的代码化指令序列。

(2) 计算机编程语言经历了 3 个发展阶段：机器语言、汇编语言和高级语言。

(3) 计算机编程语言由源程序转换为机器语言有编译和解释两种方式，其中 Python 属于解释方式。

(4) Python 由 Guido van Rossum 于 1990 年设计，秉承优雅、明确、简单的设计理念。

(5) Python 可以应用于人工智能、数据分析、网络爬虫、金融量化、云计算、Web 开发、自动化运维和测试、游戏开发、网络服务、图像处理等众多领域。

(6) IDLE 是 Python 官方提供的集成开发环境，有两种使用方式。在 Shell 窗口中可以直接输入并执行 Python 指令，进行交互式编程；使用文件编辑方式则是先编写并保存代码，以后可以多次执行文件中的代码程序。

(7) PyCharm 是由 JetBrains 公司开发的一款 Python 的 IDE 软件，具备调试、语法高亮、项目管理、代码跳转、智能提示、自动完成、单元测试和版本控制等功能。

思考与练习

1. Python 语言有哪些特点，应用领域都有哪些？
2. 简述 Python 程序的运行过程。
3. 简述程序的编译方式和解释方式的区别。

4. 如何在 IDLE 中运行和调试 Python 程序?

5. 利用 IDLE 和 PyCharm 编程环境,输出如下信息。

```
      鲜食美美超市购物清单
******************************
单号:DH20220901
日期:2022-09-01 08:00:00
******************************
名称   数量(斤)  单价   金额
苹果      3       6      18
香蕉      2       5      10
葡萄      3       7      21
******************************
总数:8        总额: 49
折后总额: 49
实收:50   找零:1
收银:管理员
```

第2章 Python语法基础

Python 语言是一个语法简洁、跨平台和可扩展的开源通用脚本语言，具有结构简单、语法清晰的特点。本章介绍 Python 语言中的变量、表达式、数据类型等基本概念及其使用方法，它们是学习 Python 程序设计的基础。

2.1 编码规范

在编写代码时，遵循一定的代码编写规则和命名规范可以使代码更加规范化，并对代码的理解与维护起到至关重要的作用。

Python 中采用 PEP 8 作为编码规范，其中 PEP 是 Python Enhancement Proposal 的缩写，意为 Python 增强建议书。下面给出在编程中应该严格遵守的一些 PEP 8 编码规范。

(1) 不要在行尾添加分号“;”，也不要用分号将两条命令放在同一行。

(2) 建议每行不超过 80 个字符，如果超过，建议使用小括号“()”将多行内容隐式地连接起来，而不推荐使用反斜杠“\”进行连接。

(3) 关于空行和空格的规定。

- 使用必要的空行可以增加代码的可读性。一般在顶级定义(如函数或者类的定义)之间空两行，而在方法定义之间空一行。另外，在用于分隔某些功能的位置也可以空一行。
- 通常情况下，运算符两侧、函数参数之间、逗号“,”的两侧建议使用空格进行分隔。

(4) 应该避免在循环中使用“+”和“+=”运算符累加字符串。这是因为字符串是不可变的，这样做会创建不必要的临时对象。推荐的作法是将每个子字符串加入列表，然后在循环结束后使用 join()方法连接列表。

(5) 适当使用异常处理结构以提高程序容错性，但不能过多依赖异常处理结构，适当的显式判断还是必要的。

(6) 命名规范在编写代码中起到很重要的作用，使用命名规范可以更加直观地了解代码所代表的含义。

(7) Python 最具特色的就是使用缩进来表示代码块，不是使用花括号{}。缩进的空格数是可变的(一般为 4 个空格)，但同一个代码块的语句必须包含相同的缩进空格数。

【例 2-1】 输入一个整数，判断该数如果是奇数则显示奇数，否则显示偶数。

实现代码如下。

```
number = int(input("请输入整数:")) #提示"请输入整数:",并把输入结果转换成整数类型
if number % 2 != 0:                 #if … else … 属于条件判断
    print(number,"是奇数")            #print()为输出函数
else:
    print(number,"是偶数")
```

运行结果如下。

```
请输入整数:6
6 是偶数
```

一般来说,在编写代码时应尽量不要使用过长的语句,保证一行代码不超过屏幕宽度。如果语句确实太长,Python 允许在行尾使用续行符"\"来表示下一行代码仍属于本条语句,或者使用圆括号把多行代码括起来表示是一条语句。另外,Python 代码中有两种常用的注释形式,即井号"#"和三引号。井号"#"用于单行注释,表示本行中井号"#"以后的内容不作为代码运行;三引号常用于大段说明性的文本注释。

2.2 标识符与保留字

2.2.1 标识符

现实生活中,每种事物都有自己的名称,从而与其他事物区分开。例如,每种交通工具都用一个名称来标识。在 Python 语言中,同样也需要通过对程序中各个元素命名来加以区分,这种用来标识变量、函数、类等元素的符号称为标识符,通俗地讲就是名字。

Python 合法的标识符必须遵守以下规则:

(1) 由一串字符组成,必须以下画线(_)或字母开头,后面接任意数量的下画线、字母(a~z和 A~Z)或数字(0~9)。Python 3.x 支持 Unicode 字符,所以汉字等各种非英文字符也可以作为变量名。例如,_abs、r_1、X、var1、FirstName、高度等,都是合法的标识符。

注意:在 Python 语言中允许使用汉字作为标识符,如"我的大学 = "中国农业大学"",在程序运行时并不会出错误,但建议读者尽量不要使用汉字作为标识符,以减少因反复切换而带来错误的概率。

(2) 在 Python 中,标识符中的字母是严格区分大小写的,两个同样的单词,如果大小写格式不一样,所代表的意义是完全不同的。例如,Sum 和 sum 是两个不同的标识符。

(3) 禁止使用 Python 保留字(或称关键字)。不能定义与关键字同名的标识符。关键字也称为保留字,是被语言保留起来具有特殊含义的词,不能再作为标识符。

(4) Python 中以下画线开头的标识符有特殊意义,一般应避免使用相似的标识符。

- 以单下画线开头的标识符(_width)表示不能直接访问的类属性,不能通过"from xxx import *"导入。
- 以双下画线开头的标识符(如__add)表示类的私有成员。
- 以双下画线开头和结尾的是 Python 里专用的标识,例如,__init__()表示构造函数。

注意：

- 开头字符不能是数字。
- 标识符中唯一能使用的标点符号只有下画线，不能含有其他标点符号（包括空格、括号、引号、逗号、斜线、反斜线、冒号、句号、问号等）以及@、%和 $ 等特殊字符。例如，stu-score、First Name、2 班平均分等都是不合法的标识符。

2.2.2　保留字

保留字（keyword），也称关键字，指被编程语言内部定义并保留使用的标识符。保留字是 Python 语言中已经被赋予特定意义的一些字词，在开发程序时，不能把这些保留字作为变量、函数、类、模块和其他对象的名称来使用。Python 中的保留字可以通过 keyword.kwlist 代码查看。

【例 2-2】 通过 keyword.kwlist 查看 Python 中的保留字。

实现代码如下。

```
import keyword
print(keyword.kwlist)
```

运行结果如下。

```
['False', 'None', 'True', 'and', 'as', 'assert', 'break', 'class', 'continue',
'def', 'del', 'elif', 'else', 'except', 'finally', 'for', 'from', 'global',
'if', 'import', 'in', 'is', 'lambda', 'nonlocal', 'not', 'or', 'pass', 'raise',
'return', 'try', 'while', 'with', 'yield']
```

Python 中所有保留字是区分字母大小写的。例如，True、if 是保留字，但是 TURE、IF 就不属于保留字。

如果在开发程序时，使用 Python 中的保留字作为模块、类、函数或者变量等的名称，则会提示错误信息“invalid syntax”。

2.3　变量和赋值

变量是指其值可以改变的量。编写程序时，需要使用变量来保存要处理的各种数据。例如，可以使用一个变量（比如 item_name）存放商品的名称，使用另一个变量（比如 price）存放商品的单价。与变量相对应的常量是指不需要改变也不能改变的量，例如圆周率（π）等的值不会发生改变，就可以定义为常量。

2.3.1　变量的定义

Python 中的变量通过赋值方式创建，并通过变量名标识。

```
变量名 = 值
```

变量创建时不需要声明数据类型的，变量的类型是所指的内存中被赋值对象的类型，例如：

```
item_name = "苹果"                          #字符串类型
price = 8                                   #整数类型
weight= 6.5                                 #浮点数类型
z = 5+6j                                    #复数类型
```

同一变量可以反复赋值，而且可以赋不同类型的值，这也是 Python 语言被称为动态语言的原因，例如：

```
var = "18岁"                                #字符串类型
var = 18                                    #整数类型
var = 96.5                                  #浮点数类型
var = 3+4j                                  #复数类型
```

并且，Python 也允许同时为多个变量赋值(多重赋值)。

【例 2-3】 多变量赋值示例，同时为 name、age、score 三个变量赋值。

实现代码如下。

```
name, age, score = '初心', 18, 96.5
print(name, age, score)
```

运行结果如下。

```
初心 18 96.5
```

程序代码是按照书写顺序依次执行的，所有变量必须先定义后使用，否则会报错。

2.3.2 变量的命名

在 Python 中，不需要先声明变量名及其类型，直接赋值即可创建各种类型的变量。对于变量的命名并不是任意的，建议遵循以下 4 条规则。

(1) 变量名必须是一个有效的标识符。

(2) 变量名不能使用 Python 的保留字。

(3) 慎用小写字母 i 和大写字母 O，否则不方便辨识。

(4) 变量名称应见名知义。例如，表示学生年龄的变量可以定义为 student_age。推荐采用这种以下画线分割的命名方式。

例如，下列变量名都是不合法的命名。

- score,1(变量名中不能有逗号)。
- 6month(变量名中不能以数字开头)。
- x$2(变量名中不能有字符$)。

• for(Python 保留字不能作为变量名)。

2.3.3　变量值的存储

Python 语言中变量存储的是其值在内存中的地址。

赋值语句的执行过程是：首先把等号右侧表达式的值计算出来，然后在内存中寻找一个位置把值存放进去，最后创建变量并指向这个内存地址。每个对象由标识(identity)、类型(type)、value(值)组成。

(1) 标识用于唯一地表示一个对象，通常对应对象在计算机内存中的位置，换句话说，变量是存放变量位置的标识符。使用内置函数 id(obj)可以返回对象 obj 的标识。

变量 fruit_01 赋值为“苹果”，代码如下。

```
fruit_01 = "苹果"
```

其内存的分配情况如图 2-1 所示。

变量 fruit_01 赋值为“苹果”，变量 fruit_02 赋值为“香蕉”，代码如下。

```
fruit_01 = "苹果"
fruit_02 = "香蕉"
```

其内存的分配情况如图 2-2 所示。

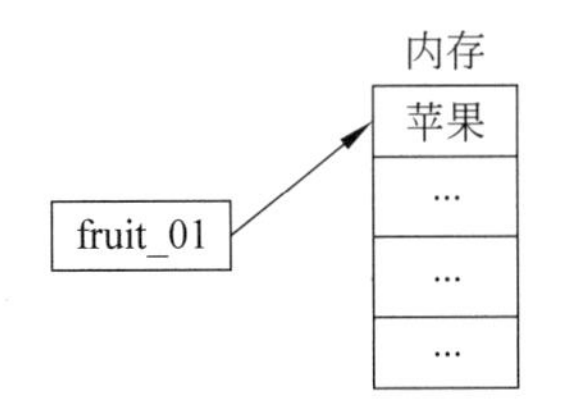

图 2-1　变量赋值内存分配情况(1)

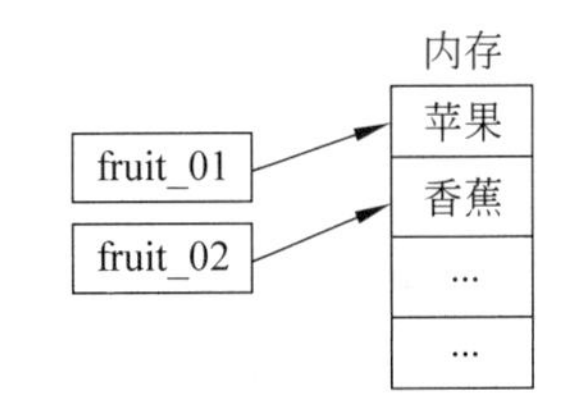

图 2-2　变量赋值内存分配情况(2)

变量 fruit_01 赋值为“苹果”，变量 fruit_02 的值等于 fruit_01，代码如下。

```
fruit_01 = "苹果"
fruit_02 = fruit_01
```

其内存的分配情况如图 2-3 所示。

(2) 类型用于标识对象所属的数据类型(类)，数据类型用于限定对象的取值范围以及允许执行的处理操作。使用内置函数 type(obj)可以返回对象 obj 所属的数据类型。

(3) 值用于表示对象的数据类型的值。使用内置函数 print(obj)可以返回对象 obj 的值。

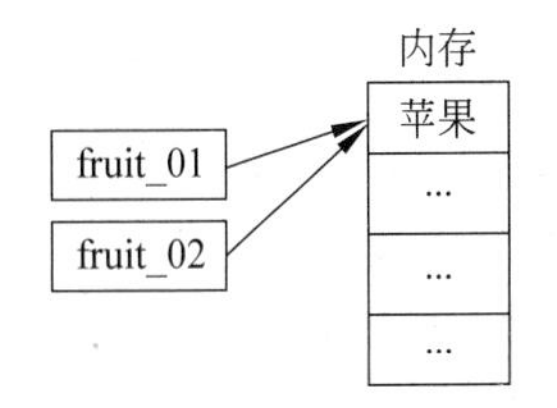

图 2-3　变量赋值内存分配情况(3)

Python 是一种动态类型的语言。也就是说，变量的数据类型可以随时变化。

【例 2-4】 使用内置函数 type()、id()和 print()查看 myvalue 变量对象。

实现代码如下。

```
myvalue = "学习强国"
print(id(myvalue))
print(type(myvalue))
print(myvalue)
myvalue = 123
print(id(myvalue))
print(type(myvalue))
print(myvalue)
```

运行结果如下。

```
35995344
<class 'str'>
学习强国
8791221138064
<class 'int'>
123
```

2.4 数据类型

人能够很容易地区分数字、字符并进行计算或者字符处理，但计算机不能自动区分它们，编写程序时需要以特定的形式告诉计算机存储的是数字还是字符。数据类型用来解决不同形式的数据在程序中的表达、存储和操作问题。

Python 采用基于值的内存管理模式，变量中存储了值的内存地址或者引用，因此随着变量值的改变，变量的数据类型也可以动态改变，Python 解释器会根据赋值结果自动推断变量类型。

2.4.1 常见的数据类型

Python 3 中有 6 种标准的数据类型：number(数字)、string(字符串)、list(列表)、tuple(元组)、set(集合)和 dictionary(字典)。其中，不可变数据类型有 number、string、tuple；可变数据类型有 list、set、dictionary。使用 type()函数可以查看对象的数据类型。

Python 3 支持的数字类型有 int(整数)、float(浮点数)、bool(布尔型)、complex(复数)4 种。

在 Python 3 里，只有一种 int 类型，表示为整型，且没有大小限制；float 就是通常所说的小数，可以用科学记数法来表示；bool 型有 True 和 False 两个取值，分别对应的值为 1 和 0，并且可以与数字相加；complex 由实部和虚部两部分构成，用 a+bj 或 complex(a,b)

表示，实数部分 a 和虚数部分 b 都是浮点型。

【例 2-5】 根据身高、体重计算 BMI 指数。这里定义两个变量，一个用于记录身高（单位：m），另一个用于记录体重（单位：kg），根据公式 BMI＝体重/（身高×身高），计算 BMI 指数。

实现代码如下。

```
height = 1.80
print("您的身高:" ,height)
weight = 75.5
print("您的体重:" ,weight)
bmi=weight/(height * height)
print("您的 BMI 指数为:",bmi)
```

运行结果如下。

```
您的身高:1.8
您的体重:75.5
您的 BMI 指数为:23.30246913580247
```

在 Python 中，字符串用单引号(')、双引号(")、三引号(''')作为定界符括起来，且必须配对使用，即字符串开始和结尾使用的引号形式必须一致。

当需要表示复杂的字符串时，还可以嵌套使用引号。不同形式的引号可以嵌套，但是最外层作为定界符的引号必须配对，即必须使用同一种引号形式。

【例 2-6】 字符串定界符的使用。

实现代码如下。

```
mot_title = "我喜欢的一句名言:"
mot_cn = '生活就像一盒巧克力,你永远都不知道你会得到什么'
mot_en = '''Life's like a bar of chocolate.
You'll never know what you are gonna get.
'''
print(mot_title)
print(mot_cn)
print(mot_en)
```

运行结果如下。

```
我喜欢的一句名言:
生活就像一盒巧克力,你永远都不知道你会得到什么
Life's like a bar of chocolate.
You'll never know what you are gonna get.
```

当 Python 字符串中有一个反斜杠时，表示一个转义序列的开始，称反斜杠为转义

符。所谓转义字符，是指那些字符串中存在的有特殊含义的字符。表2-1列出了常用的转义字符。

表2-1 常用的转义字符及说明

转义字符	说明
\n	换行
\\	反斜杠
\"	双引号
\t	制表符

Python允许用r""或者r''的方式表示引号内部的字符串，默认为不转义。

【例2-7】 转义字符的使用。

实现代码如下。

```
print('I love \nyou!')
print(r'I love \nyou!')
```

运行结果如下。

```
I love
you!
I love \nyou!
```

适用于字符串对象的主要Python函数如下。

- str()函数：将其他类型的数据转换为字符串。
- len()函数：获取字符串的长度。
- eval()函数：把任意字符串转换为Python表达式并计算表达式的值。

字符串对象的具体操作请参见第4章。

列表、元组、字典、集合和字符串都是Python中常用的序列数据结构，很多复杂的程序设计都要使用这些数据结构。

不同的序列对象使用不同的定界符或元素形式表示，有序的序列结构支持索引访问；序列结构可变，表示其元素是可以修改的。这些对象类型的详细介绍和使用请参见第4章。

2.4.2 数据类型的判断方法

对象是Python语言中最基本的概念，在Python中处理的一切都是对象，每个对象都有其数据类型，除基本数据类型外，还包括文件、可迭代对象等。不同类型的对象可以用于存储不同形式的数据，支持不同的操作。

Python采用基于值的内存管理模式，变量中存储了值的内存地址或者引用，因此随着变量值的改变，变量的数据类型也可以动态改变，Python解释器会根据赋值结果自动推断变量类型。

要判断对象的类型，可使用type()或isinstance()方法。

(1) type()的用法是type(object)，该方法直接返回对象的类型值。

(2) isinstance()的用法是isinstance(obj ect, class_or_tuple)，其中的class是object的类型，tuple是类型构成的元组。该方法判断对象object是否为class指定的类型或tuple这个元组中的某一个对象类型。是，则返回True；不是，则返回False。该方法的返回值类型为布尔型。

【例2-8】 判断str_1对象的类型。

实现代码如下。

```
str_1 = '初心'
type(str_1)
isinstance(str_1,str)
isinstance(str_1,int)
isinstance(str_1,(int,str))   #若 str_1 类型是元组(int,str)中的某一个就返回 True
```

运行结果如下。

```
<class 'str'>
True
False
True
```

Python官方推荐使用isinstance()方法来判断数据类型，原因是它在多数情况下判断更准确。

2.4.3 数据类型转换

Python是强类型语言。当一个变量被赋值为一个对象后，这个对象的类型就固定了，不能隐式转换成另一种类型。当运算需要时，必须使用显式的变量类型转换。例如input()函数所获得的输入值总是字符串，有时需要将其转换为数值类型，方能进行算术运算。例如，

```
score = int(input('请输入一个整数的成绩：'))
```

变量的类型转换并不是对变量原地进行修改，而是产生一个新的预期类型的对象。

Python以转换目标类型名称提供类型转换内置函数。

(1) float()函数：将其他类型数据转换为浮点数。

(2) str()函数：将其他类型数据转换为字符串。

(3) int()函数：将其他类型数据转换为整型。

(4) round()函数：将浮点型数值圆整为整型。这里的圆整计算总是“四舍”，但并不一定总是“五入”。因为总是逢五向上圆整会带来计算概率的偏差。所以，Python采用的

是“银行家圆整”：将小数 0.5 圆整到最接近的偶数，即“四舍六入五留双”。因此，0.5 可能向下圆整，也可能向上圆整。

(5) bool()函数。将其他类型数据转换为布尔类型。

(6) chr()和 ord()函数：进行整数和字符之间的相互转换：chr()函数将一个整数按 ASCII 码转换为对应的字符；ord()函数是 chr()函数的逆运算，把字符转换成对应的 ASCII 码或 Unicode 值。

(7) eval()函数：将字符串中的数据转换成 Python 表达式原本的数据类型。

【例 2-9】 模拟超市抹零结账行为。要求：先将各个商品金额累加，计算出商品总金额，并转换为字符串输出，然后应用 int()函数将浮点型变量转换为整型，实现抹零后，再转换为字符串输出。

实现代码如下。

```
money_total = 23.2+7.9+8.7+32.65
money_total_str = str(money_total)
print("商品总额为:"+money_total_str)
money_real = int(money_total)              #舍去小数部分
money_real_str = str(money_real)
print("实收金额为:"+money_real_str)
```

运行结果如下。

```
商品总额为:72.44999999999999
实收金额为:72
```

在进行字符串类型与数字类型的相互转换时，需要注意如下问题。

(1) 字符串类型转换为数字类型时，要求转换后的对象必须是数字，如果不是纯粹的字符串对象，则不能转换为数字。例如，字符串'abed'不能转换为数字，而'12'可以。

(2) 字符串类型转换为布尔型时，空字符串返回 False，否则返回 True。

2.5 基本输入与输出

程序执行过程中常常需要进行人机交互，如通过键盘输入数据，或者输出程序的运行结果等。Python 可以使用 input()函数接收键盘的输入，使用 print()函数输出信息。

2.5.1 input()函数

输入语句可以在程序运行时从输入设备获得数据。标准输入设备就是键盘。在 Python 中可以通过 input()函数取键盘输入数据。一般格式为：

```
变量 = input(<提示字符串>)
```

input()函数首先输出提示字符串,然后等待用户键盘输入,直到用户按回车键表示输入结束后,函数返回用户输入的字符串(不包括最后的回车符),并保存于变量中,系统继续运行 input()函数后面的语句。例如:

```
name=input('请输入您的专业:')
```

系统会弹出字符串"请输入您的专业:",等待用户输入,用户输入相应的内容并按回车键后,输入内容将保存到 name 变量中。

在 Python 3.x 中,无论输入的是数字还是字符都将被作为字符串读取。如果想要接收数值,需要把接收到的字符串进行类型转换。例如,若要接收整型的数字并保存到变量 num 中,可以使用下面的代码:

```
num=int(input("请输入您的应收金额:"))
```

因此,如果需要将输入的字符串转换为其他类型(如整型、浮点型等),调用相应的转换函数即可。

【例 2-10】 根据输入的年份,计算年龄大小。

实现根据输入的年份(4 位数字,如 1998),计算目前的年龄,可以使用 input()函数输入年份,使用 datetime 模块获取当前年份,然后用获取的年份减去输入的年份,就得到计算的年龄。

实现代码如下。

```
import datetime
birthyear = input("请输入您的出生年份:")
nowyear = datetime.datetime.now().year
age = nowyear - int(birthyear)
print("您的年龄为: "+ str(age) + "岁")
```

运行程序,提示输入出生年份,出生年份必须是 4 位数字,如输入 1998,按回车键,运行结果如下。

```
请输入您的出生年份:1998
您的年龄为: 24 岁
```

在 Python 中,其输入主要有以下特点:

- 当程序运行 input()函数后,等待用户输入,只有输入完成之后才继续向下运行。
- input()函数接收用户输入后,一般存储到变量中,以方便后面使用。
- input()函数会把用户输入的任意数据都当作字符串处理。

2.5.2 print()函数

在 Python 中,使用内置的 print()函数可以将运行结果输出到 IDLE 或者标准控制台上。print()函数的基本语法格式如下。

```
print(<输出值 1>[,<输出值 2>, … , <输出值 n>, sep=',', end='\n'])
```

通过 print()函数可以将多个输出值转换为字符串并且输出，这些值之间以 sep 为分隔符，最后以 end 结束。sep 默认为空格，end 默认为换行。其中，输出内容可以是数字和字符串（字符串需要使用引号括起来），对此类内容将直接输出；也可以是包含运算符的表达式，对此类内容则是把计算后的结果输出。

在 Python 中，默认情况下一条 print()语句输出后会自动换行，如果想要一次输出多个内容，而且不换行，可以将要输出的内容使用英文半角的逗号分隔。

【例 2-11】 利用 print()函数输出语句示例。

实现代码如下。

```
print('abc',123)
print('abc',123,sep=',')
```

运行结果如下。

```
abc 123
abc,123
```

上述两行输出是两个 print()函数的运行结果。运行结果的第 1 行是由本例第 1 条语句 print('abc',123)输出的，可以看出，两个输出项之间自动添加了空格，这是因为 print()函数的参数 sep 默认值为空格。如果希望输出项之间是逗号，则可以采用本例第 2 条语句的方式。

2.5.3 字符串的格式化输出

当希望按照指定的一种格式输出对应内容时，可以通过字符串格式化来完成。

字符串格式化是指字符串本身通过特定的占位符来确定位置信息，然后按照特定的格式将变量对象传入对应位置，形成新的字符串。字符串格式化主要有如下 3 种方法。

1. 使用%格式化字符串

通过 format% values 的形式传值，其中 format 是包含%规则的字符串，values 是要传入的值，传值可通过位置、字典等方式实现。

格式化字符串是一个输出格式的模板，模板中使用格式符作为占位符（即替换域）来指明该位置上的实际值的数据格式，需要格式化的参数与模板中的格式符一一对应，执行结果就是将参数值代入格式化字符串，并按指定的格式符设置数据格式，最终得到一个新的字符串。常用的格式符及其含义如表 2-2 所示。

表 2-2 常用的格式符及其含义

符号	说 明	辅 助 功 能
%s	格式化字符串	*：定义宽度或小数位精度 -：左对齐 0：在数字前面填充 0 而非空格 m.n：m 是最小总位数，n 是小数点后的位数
%d	格式化整数	
%f	格式化浮点数字，可指定小数点后的精度	
%%	格式化为百分号	

【例 2-12】 使用%运算符设置格式。

实现代码如下。

```
strname, age, score = '初心', 18, 96.5
print('%s 同学的年龄为%d,Python 成绩为:%.1f'%(strname, age, score))
```

运行结果如下。

```
初心同学的年龄为 18,Python 成绩为:96.5
```

上述 print()函数使用了格式化字符串，并设置了两个格式符，%s 表示该位置是一个字符串，%d 表示该位置是一个整数，strname、age 和 score 这 3 个参数分别与%s、%d 和%f 相对应，即 strname 被格式化为字符串，age 被格式化为整数，score 被格式化为一位小数的浮点数。

2. 使用 str.format()格式化字符串

其基本规则是通过 str.format(values)的方法进行格式化，其中 str 是带有{}规则的字符串，values 是要传入的值。使用 format 方法格式化的规则与%相同。

格式化字符串的作用也是一个输出格式的模板，模板中使用大括号"{}"作为占位符(即替换域)来指明该位置上的实际值的数据格式。

大括号内可以使用数字编号(从 0 开始)或关键字对应参数；否则，大括号的个数和位置顺序必须与参数一一对应。

str.format()可通过多种方式灵活获取字符串对应的数值，具体使用方式如下。

(1) 通过默认位置索引获取结果。如果后续的有序列表已经按照大括号中出现的顺序排列好，那么可省略其中的索引值。

(2) 通过位置索引获取结果。位置索引就是通过大括号中不同位置的索引获取对应的值。

(3) 通过关键字获取结果。大括号也支持通过关键字参数的方式获得结果，例如，{key}可以获取参数 key 对应的 value 值。

【例 2-13】 使用 format 方法设置格式字符串输出。

实现代码如下。

```
strname, age, score = '初心', 18, 96.5
```

```
print('大括号方式:{}同学的年龄为{},
      Python成绩为:{}'.format(strname, age, score))
print('大括号+编号方式:{0}同学的年龄为{1},
      Python成绩为:{2}'.format(strname, age, score))
print('大括号+关键字方式:{a}同学的年龄为{b},
      Python成绩为:{c}'.format(a=strname, b=age, c=score))
```

运行结果如下。

```
大括号方式:初心同学的年龄为18,Python成绩为:96.5
大括号+编号方式:初心同学的年龄为18,Python成绩为:96.5
大括号+关键字方式:初心同学的年龄为18,Python成绩为:96.5
```

format方法提供了更强大的格式输出功能,在大括号内的数字格式符前面,可以加详细的格式定义。数字编号和格式定义之间用英文冒号“:”分隔,格式定义形式为:

```
[对齐说明符][符号说明符][最小宽度][.精度][格式符]
```

对齐说明符和符号说明符及其含义如表2-3所示,最小宽度和精度均为整数。

表2-3 对齐说明符和符号说明符及其含义

符　　号		描　　述
对齐说明符	<	左对齐,默认用空格填充右边
	>	右对齐
	^	中间对齐
符号说明符	+	总是显示符号,即数字的正负符号
	-	负数显示-
	空格	若是正数,前边保留空格,负数显示-

【例2-14】 分别对age进行左对齐、右对齐、居中三种形式输出。

实现代码如下。

```
age = 18
print('{0:<10.2f}\n'.format(age))
print('{0:>10.2f}\n'.format(age))
print('{0:^10.2f}\n'.format(age))
```

运行结果如下。

```
18.00
     18.00
18.00
```

3. 使用 f-strings 格式化字符串

格式化的字符串常量(formatted string literals,f-strings)使用 f 或 F 作为前缀,表示格式化设置。f-strings 方式只能用于 Python 3.6 及其以上版本,它与 format 方法类似,但形式更加简洁。

```
print('age={0}, y={1:.1f}'.format(age, score))
```

可以表示为

```
print(f 'age= { age },score={ score:.1f}')
```

运行结果如下。

```
age= 18,score=96.5
```

2.6 运算符和表达式

2.6.1 运算符

Python 是面向对象的编程语言,对象由数据和行为组成,运算符是表示对象行为的一种形式。运算符用于执行程序代码运算,可以针对一个以上操作数来进行运算。

Python 支持算术运算符、关系运算符、逻辑运算符以及位运算符,还支持特有的运算符,如成员测试运算符、集合运算符、同一性测试运算符等。某些运算符对于不同类型数据具有不同的含义和操作,比如“+”对于数值类型和字符串类型操作就不同,前者表示相加,后者表示连接。

算术运算符是处理四则运算的符号,在数字的处理中应用得最多。

比较运算符,也称为关系运算符,用于对变量或表达式的结果进行大小、真假等比较,如果比较结果为真,则返回 True;如果为假,则返回 False。比较运算符通常用在条件语句中作为判断的依据。比较运算符可以连用。

逻辑运算符是对真和假两种布尔值进行运算。逻辑运算符的运算结果为布尔值(True 或 False)。运算符 and 和 or 具有惰性求值的特点,连接多个表达式时只计算必须要计算的值。所谓惰性求值就是从左到右进行计算时,只要当前运算符能得到确定结果就不再计算下去。例如,如果 and 运算符左边的表达式值为 False 时,and 运算的结果一定是 False,所以就没必要对右边的表达式求值;只有当左边的表达式值为 True 时,才会对右边的表达式求值。

成员测试符是指测试一个对象是否为另一个对象的元素,结果为布尔值(True 或 False)。

同一性测试符是指测试是否为同一个对象或内存地址是否相同,结果为布尔值(True 或 False)。

表 2-4 显示了 7 种运算符及其功能。

表 2-4 运算符及其功能

运 算 符	功 能
＋、－、＊、/、%、//、**	算术运算：加、减、乘、除、取模、整除、幂
＝、＋＝、＊＝	赋值运算符和复合赋值运算符
＜、＜＝、＞、＞＝、!＝、＝＝	关系运算：小于、小于或等于、大于、大于或等于、不等于、等于
and、or、not	逻辑运算：逻辑与、逻辑或、逻辑非
&、|、^、~、＜＜、＞＞	位运算：位与、位或、位异或、取反、左移位、右移位
is、is not	对象同一性测试符
in、not in	成员测试运算符

在 Python 中进行数学计算时，与数学中的运算符优先级是一致的，即先乘除后加减，同级运算符是从左至右计算，可以使用“()”调整计算的优先级。

各类运算符之间的优先级顺序为：逻辑运算符＜关系运算符＜算术运算符。如 1＋4＞7＋2 and 5＋8 ＞ 3＋6 计算次序依次是算术运算、关系运算、逻辑运算，即先进行算数运算得到，5＞9 and 13＞9；再进行关系运算得到 False and True；最后进行逻辑运算得到 False。

为了增强代码的可读性，可合理使用括号。此外，Python 还支持形如 3＜6＜9 的表达式，它等价于表达式 3＜6 and 6＜9。

赋值运算符主要用来为变量赋值。使用时，可以直接把基本赋值运算符“＝”右边的值赋给左边的变量。右边也可以是一系列的运算表达式，此时先进行表达式运算，然后将运算结果再赋值给左边的变量。

在实际开发时，经常会遇到将一个变量的值加上或者减去某个值，再赋值给该变量的情况，如 sum ＝ sum ＋ n。对于这样的式子可以通过复合赋值运算符进行简化，简化后为 sum ＋＝ n。这里的“＋＝”就是复合赋值运算符。

2.6.2 表达式

表达式是使用运算符将变量、常量、函数等运算对象按照一定的规则连接起来的式子，表达式经过运算得到一个确定的值。例如，

```
str_number01, str_number02 = str_number02, str_number01    #实现两个数原地交换
```

表达式中运算符的优先级规则为：算术运算符的优先级最高，其次是位运算符、成员测试运算符、关系运算符、逻辑运算符等。

为了避免出现优先级错误，最好使用圆括号明确表达式的优先级，同时也能提高代码的可读性。

【例 2-15】 计算学生 3 门计算机类课的成绩平均分。要求：某同学有 3 门课程成

绩，分别是数据库原理的成绩为89分，Python程序设计的成绩为96分，Web技术的成绩为90分。编程实现3门课程成绩的平均分计算，并保留一位小数。

实现代码如下。

```
database_grade = 89
python_grade = 96
web_grade = 90
avg = (database_grade + python_grade + web_grade) / 3
print("三门计算机类课程平均成绩为:" + str(round(avg,1)) + "分")
```

运行结果如下。

```
三门计算机类课程平均成绩为:91.7分
```

在程序开发时，经常要根据表达式的结果，有条件地进行赋值，此时就需要条件表达式。使用条件表达式时，先计算中间的条件(a>b)，如果结果为True，返回if语句左边的值；否则返回else右边的值。Python中提供的条件表达式，可以根据表达式的结果进行有条件的赋值。

【例2-16】 计算游泳培训课的收费。

某同学有游泳培训课的收费需求，请编程计算她的收费。她的收费标准是每小时500元，但她的最低收费学时是2小时，当学时小于2小时按两小时计算。

实现代码如下。

```
t = int(input('请输入您的培训时间:'))
if t < 2:                                    #条件表达式
    t =  2
else:
    t
print('您本次培训费用为:',t * 500)
```

运行结果如下。

```
请输入您的培训时间:1
您本次培训费用为: 1000
```

在Python 3.8中新增了赋值表达式，使用"：="运算符实现，用于在表达式内部为变量赋值，它被称为"海象运算符"，因为它很像海象的眼睛和长牙。赋值表达式主要用于降低程序的复杂性，并提升可读性。

【例2-17】 利用"海象运算符"判断模拟用户注册时输入是否合法。

在开发用户注册功能时，通常需要对用户输入的数据进行验证，即检测输入信息是否符合程序要求。比如，密码字符个数必须大于6并且小于10，如果不符合要求时还要提示输入密码的字符个数(提示：获取字符串的字符个数使用内置函数len()；进行判断时

使用 if…else 语句)。

实现代码如下。

```
pwd = input('请输入密码(要求 6~10 个字符):')
if  6 <= (len:=len(pwd)) <=10:
    print('您输入的字符个数为', len,',是有效的密码!')
else:
    print('您输入的字符个数为', len,',不是有效的密码!')
```

运行结果如下。

```
请输入密码(要求 6~10 个字符):abc
您输入的字符个数为 3 ,不是有效的密码!
```

本 章 小 结

本章介绍了 Python 语言的基础知识,建立了计算机编程的基本概念,主要内容如下。

(1) 在编写代码时,遵循一定的代码编写规则和命名规范可以使代码更加规范化,并对代码的理解与维护起到至关重要的作用。Python 中采用 PEP 8 作为编码规范。

(2) 变量名可以包括字母、下画线或者数字,但不能以数字开头,也不能用 Python 的关键字、标识符等作为变量名。

(3) 变量是计算机编程中的一个语法概念,它用来保存程序执行过程中的各种信息,并通过变量名来访问变量。Python 是一种动态类型的语言,变量的值可以改变,数据类型也可以动态改变。

(4) 数据类型用来定义数据的类别以及可以进行的操作。Python 支持的基本数据类型包括整数、字符串、列表、元组、字典和集合等。不同类型的对象可以存储不同形式的数据,支持不同的操作。

(5) Python 中使用 input()函数接收键盘的输入,使用 print()函数输出信息。input()函数接收的输入都作为字符串。可以根据需要运用类型转换函数进行类型转换,将字符串类型转换为整数等类型。print()函数可以输出格式化的字符串。

(6) Python 支持算术运算符、关系运算符、逻辑运算符以及位运算符,还支持成员测试运算符、集合运算符、同一性测试运算符等特殊运算符。运算符对于不同数据类型的对象具有不同的含义。使用圆括号可以改变表达式的优先级。

思考与练习

1. 什么是标识符? 简述 Python 标识符的命名规则。
2. 什么是关键字? True 和 False 是否是 Python 的关键字?

3. 在字符串的 format()方法中,该方法的参数有哪几种?

4. 编程实现鞋码转换。

输入一个旧鞋码,计算并输出新鞋码。

新鞋码换算公式为:新鞋码=(旧鞋码+10)÷2×10。

例如,旧鞋码为 38 码的鞋子对应的新鞋码是(38+10)÷2×10=240mm。

5. 编程实现求长方体的体积。

输入长方体的长宽高 a、b、c(均为整数)。求长方体的体积 v,并将长方体的体积输出。

注意:长方体的体积计算公式为 v=a×b×c,长方体的体积为整数。

6. 编程实现从键盘输入圆的半径,求圆的面积,并格式化输出结果,保留 2 位小数。

7. 编程实现模拟水果店的打折活动,写出判断活动举办的条件判断语句。

活动规则为:每周二的 10 点至 11 点和每周五的 14 点至 15 点,对某水果进行折扣让利活动。

8. 某编程实现单位举办年终联欢活动,符合条件的观众请举手。

在某单位举办的年终联欢活动上,主持人要求观众根据自己的年龄举手,主持人希望找到符合以下条件的观众:

(1) 年龄为 18~20 岁的观众。

(2) 年龄为 18 岁或 28 岁的观众。

第3章 程序基本流程控制

程序从主体上说都是顺序执行的，例如，前面章节中的程序都是按照语句的先后顺序依次执行的。但现实世界中的逻辑处理会更加复杂，因此在多数情况下，需要让程序在总体顺序执行的基础上，根据所要实现的功能选择执行一些语句而不执行另外一些语句，或者反复执行某些语句。程序设计时，通常有顺序结构、选择结构和循环结构三种基本结构。

本章学习编程中常用的选择结构和循环结构，从而实现较为复杂的程序逻辑。

3.1 选择结构语句

选择结构又称为分支结构，根据判断条件表达式是否成立(True 或 False)决定下一步选择执行特定的代码。

在 Python 语言中，条件语句使用关键字 if、elif、else 来表示，基本语法格式如下。

```
if 条件表达式 1:
    if 语句块 1
[elif 条件表达式 2:
    elif 语句块 2
else:
    else 语句块 3]
```

其中，冒号是语句块开始标记，方括号内为可选项。

在 Python 中，条件表达式的值只要不是 False、0(或 0.0、0j 等)、""、()、[]、{}、空值(None)、空对象，Python 解释器均认为其与 True 等价。也就是说，所有 Python 合法表达式(算术表达式、关系表达式、逻辑表达式等，包括单个常量、变量或函数)都可以作为条件表达式。

选择结构分为单分支结构、双分支结构、多分支结构、嵌套分支结构等多种形式。

3.1.1 单分支结构

单分支结构的语法格式如下。

```
if 条件表达式:
    语句块
```

功能：单分支结构中只有一个条件。如果条件表达式的值为 True，则表示条件满足，执行语句块；否则不执行语句块。一个语句块中可以包含多条语句。

Python 程序是依靠代码块的缩进体现代码之间的逻辑关系的。行尾的冒号表示缩进的开始，缩进结束就表示一个代码块结束了。整个 if 结构就是一个复合语句。

同一级别的语句块的缩进量必须相同。

【例 3-1】 输入一个人的身高和体重，然后根据 BMI 指数判断肥胖程度或健康程度。

实现代码如下。

```
height = float(input("请输入您的身高(单位为 m):"))
weight = float(input("请输入您的体重(单位为 kg):"))
bmi=weight/(height * height)  #用于计算 BMI 指数,公式为"体重(kg)/身高的平方(m²)"
print("您的 BMI 指数为:"+str(round(bmi,2)))     #输出 BMI 指数
#判断肥胖程度或健康程度
if bmi<18.5:
    print("您的体重过轻。")
if bmi>=18.5 and bmi<24.9:
    print("正常范围,注意保持。")
if bmi>=24.9 and bmi<29.9:
    print("您的体重过重。")
if bmi>=29.9:
    print("肥胖!")
```

运行结果如下。

```
请输入您的身高(单位为 m):1.7
请输入您的体重(单位为 kg):85
您的 BMI 指数为:29.41
您的体重过重。
```

3.1.2 双分支结构

双分支结构的语法格式如下。

```
if 条件表达式:
    语句块 1
else:
    语句块 2
```

功能：双分支结构可以表示两个条件。如果条件表达式的值为 True，则执行语句块 1；否则执行语句块 2。

【例 3-2】 询问你的年龄，如果年龄大于或等于 18 岁，输出“恭喜！你成年了。”，如果小于 18 岁，输出“要年满 18 岁才成年，你还差 x 岁。”。

实现代码如下。

```
age = int(input("你的年龄是:"))
if age >= 18:
    print("恭喜!你成年了。")
else:
    diff = str(18 - age)
    print("要年满 18 岁才成年,你还差 " + diff + " 岁。")
```

运行结果如下。

```
第一种情况:
你的年龄是:20
恭喜!你成年了。
第二种情况:
你的年龄是:15
要年满 18 岁才成年,你还差 3 岁。
```

注意:一个 if 语句最多只能有一个 else 子句,且 else 子句必须是整条语句的最后一个子句,else 没有条件。其中 else 不能单独使用,它必须与保留字 if 一起使用。

在程序中使用 if…else 语句时,如果出现 if 语句多于 else 语句的情况,那么该 else 语句将会根据缩进确定该 else 语句属于哪个 if 语句。

3.1.3 多分支结构

多分支结构的语法格式如下。

```
if 条件表达式 1:
    if 语句块 1
elif 条件表达式 2:
    elif 语句块 2
elif 条件表达式 3:
    elif 语句块 3
[else:
    else 语句块 4]
```

功能:使用 if…elif…else 语句时,条件表达式可以是一个单纯的布尔值或变量,也可以是比较表达式或逻辑表达式,如果条件表达式为真,执行语句;如果条件表达式为假,则跳过该语句,进行下一个 elif 的判断;只有在所有条件表达式都为假的情况下,才会执行 else 中的语句。

【例 3-3】 编写程序,判断工作年龄是否合法,我国的合法工作年龄是 18～60 岁,即如果年龄小于 18 岁的情况为童工,不合法;如果年龄为 18～60 岁的是合法工龄;大于 60 岁是法定退休年龄。

实现代码如下。

```
age = int(input('请输入您的年龄:'))
if age < 18:
    print(f'您的年龄是{age},童工一枚')
elif (age >= 18) and (age <= 60):
    print(f'您的年龄是{age},合法工龄')
elif age > 60:
    print(f'您的年龄是{age},可以退休')
```

运行结果如下。

```
请输入您的年龄:20
您的年龄是 20,合法工龄
```

需要注意的是,if 和 elif 都需要判断条件表达式的真假,而 else 不需要判断;另外,elif 和 else 都必须与 if 一起使用,不能单独使用。

3.1.4　嵌套分支结构

多分支结构也可以使用嵌套分支结构实现。语法格式如下。

```
if 条件表达式 1:
    语句块 1
    if 条件表达式:
        语句块 2
    else:
        语句块 3
else:
    if 条件表达式 4:
        语句块 4
```

上述格式中,外层的 if 块中嵌套了一个 if…else 结构,外层的 else 块中嵌套了一个 if 结构。

【例 3-4】　判断是否为酒后驾车。

国家质量监督检验检疫局发布的《车辆驾驶人员血液、呼气酒精含量阈值与检验》中规定:车辆驾驶人员血液中的酒精含量小于 20mg/100ml 不构成饮酒驾驶行为;酒精含量大于或等于 20mg/100m 而小于 80mg/100ml 为饮酒驾车;酒精含量大于或等于 80mg/100ml 为醉酒驾车。

要求使用嵌套的 if 语句,实现根据输入的酒精含量值判断是否为酒后驾车的功能。

实现代码如下。

```
degree = int(input("请输入每 100 毫升血液的酒精含量:"))
if degree <20:
```

```
    print("您还不构成饮酒驾驶行为,可以开车,请注意安全。")
else:
    if degree <80:
        print("已经达到酒后驾驶标准,请不要开车。")
    else:
        print("已经达到醉酒驾驶标准,千万不要开车。")
```

运行结果如下。

```
请输入每 100 毫升血液的酒精含量:25
已经达到酒后驾驶标准,请不要开车。
```

注意:代码的逻辑级别是通过代码的缩进量控制的,同一级别的语句块的缩进量必须相同。

3.2 循环结构语句

循环结构是指满足一定条件的情况下,重复执行特定代码块的一种编码结构。其中,被重复执行的代码块称为循环体,判断是否继续执行的条件称为循环终止条件。

Python 中常见的循环语句是 while 语句和 for 语句两种格式。

while 循环与 for 循环的思路类似,区别在于 while 循环需要通过条件来实现逻辑控制,而不能像 for 循环那样直接读取序列对象。

3.2.1 while 循环

while 语句通过条件表达式建立循环。

while 循环可实现无限循环,即永远执行。无限循环的本质是死循环,仅在特定场景下使用,因此应该在循环中设计退出机制。

while 循环的语法格式如下。

```
while 条件表达式:
    循环体
```

当条件表达式的值为 True 时,执行循环体的语句,循环体中可以包含多条语句,这些语句都会被重复执行。while 语句中必须有改变循环条件的语句(也就是有把循环条件改变为 False 的代码),否则会进入死循环。

【例 3-5】 模拟取款机密码输入。一般在取款机上取款时需要输入 6 位银行卡密码,接下来我们模拟一个简单的取款机(只有一位密码,默认密码为 0),每次要求用户输入一位数字密码,并对如下 3 种情况进行判断:如果密码正确输出“密码输入正确,正进入系统!”;如果输入错误,输出“密码输入错误,您已经输错 * 次”;如果密码连续输入错误 6 次,输出“您的卡将被锁死,请与发卡行联系!”。

实现代码如下。

```
password=0
i = 1
while i < 7:
    num = input("请输入一位数字密码:")
    num = int(num)
    if num == password:
        print("密码输入正确,正进入系统!")
        i=7
    else:
        print("密码输入错误,您已经输错",i,"次")
    i += 1
if i == 7:
    print("您的卡将被锁死,请与发卡行联系!")
```

运行结果如下。

```
请输入一位数字密码:6
密码输入错误,您已经输错 1 次
请输入一位数字密码:2
密码输入错误,您已经输错 2 次
请输入一位数字密码:0
密码输入正确,正进入系统!
```

3.2.2　for 循环

for 循环是一个依次重复执行的循环。通常适用于枚举或遍历序列,以及要迭代对象中的元素。由于可迭代对象每次返回一个元素,因而适用于循环。Python 包括以下几种可迭代对象:①序列(sequence),例如字符串(str)、列表(list)、元组(tuple)等;②字典(dict);③文件对象;④迭代器对象(iterator);⑤生成器函数(generator)。

迭代器是一个对象,表示可迭代的数据集合,包括方法__iter__()和__next__(),可以实现迭代功能。生成器是一个函数,使用 yield 语句,每次产生一个值,也可以用于循环迭代。

for 循环的语法格式如下。

```
for 迭代变量 in 序列或迭代对象:
    循环体
```

其中,迭代变量用于保存读取出的值;对象为要遍历或迭代的对象,该对象可以是任意有序的序列对象,循环体为一组被重复执行的语句。

for 语句依次从序列或可迭代对象中取出一个元素并赋值给变量,然后执行循环体代码,直到序列或可迭代对象为空。

使用for语句处理列表时，程序会自动迭代列表对象，不需要定义和控制循环变量，代码更简洁。

【例3-6】 计算1＋2＋3＋4＋…＋100的结果。

实现代码如下。

```
print("计算 1+2+3+4+…+100 的结果为:")
result=0
for i in range(1,101,1):
    result += i
print(result)
```

运行结果如下。

```
计算 1+2+3+4+…+100 的结果为:
5050
```

本例中的range()函数属于Python内置的函数，返回一个可迭代对象，语法格式如下。

```
range(start, end, step)
```

参数说明如下。

- start是指定计数的起始值，可以省略，若省略默认值为0。
- end为指定计数的结束值(但不含该值)，不可缺省。
- step是指定计数的步长，即两个数之间的间隔，可以省略，若省略默认值为1。

这个函数的功能是，产生以start为起点，以end为终点(不包括end)，以step为步长的整型列表对象。这里的3个参数可以是正整数、负整数或者0。

在使用range()函数时，如果只有一个参数，那么表示指定的是end；如果有两个参数，则表示指定的是start和end；当3个参数都存在时，最后一个参数才表示步长。

3.2.3 循环嵌套

在Python中，允许在一个循环体中嵌入另一个循环，这称为循环嵌套。

在Python中，for循环和while循环都可以进行循环嵌套。

【例3-7】 使用循环嵌套实现打印九九乘法表。

实现代码如下。

```
for i in range(1, 10):                              #输出 9 行
    for j in range(1, i + 1):                       #输出与行数相等的列
        print(str(j) + "×" + str(i) + "=" + str(i * j) + "\t", end='')
    print('')                                       #换行
```

运行结果如下。

```
1×1=1
1×2=2  2×2=4
1×3=3  2×3=6   3×3=9
1×4=4  2×4=8   3×4=12  4×4=16
1×5=5  2×5=10  3×5=15  4×5=20  5×5=25
1×6=6  2×6=12  3×6=18  4×6=24  5×6=30  6×6=36
1×7=7  2×7=14  3×7=21  4×7=28  5×7=35  6×7=42  7×7=49
1×8=8  2×8=16  3×8=24  4×8=32  5×8=40  6×8=48  7×8=56  8×8=64
1×9=9  2×9=18  3×9=27  4×9=36  5×9=45  6×9=54  7×9=63  8×9=72  9×9=81
```

上述示例使用了双层 for 循环，第 1 个循环可以看成是对乘法表行数的控制，同时也是每一个乘法公式的第 2 个因数；第 2 个循环控制乘法表的列数，列数的最大值应该等于行数，因此第 2 个循环的条件应该是在第 1 个循环的基础上建立的。

在循环嵌套中，如果外层循环执行 n 次，内层循环执行 m 次，则整个循环需要执行 n×m 次。

【例 3-8】 猜数字游戏。每一个数字可以连续猜 6 次，每人可以连续猜 3 个数字。

实现代码如下。

```
from random import randint
for i in range(4):                              #控制竞猜的轮次
  print('*** 猜第{0}个数 ***'.format(i+1))
  x = randint(0,100)
  for j in range(6):                            #控制一轮的竞猜次数
      guess = int(input("请输入 1 到 100 的数: "))
      if guess == x:
          print('恭喜你,猜对了!')
          break
      elif guess > x:
          print('很遗憾,太大了!')
      else:
          print('很遗憾,太小了!')
  print('第{0}次竞猜结束'.format(i+1))
```

运行结果如下。

```
*** 猜第 1 个数 ***
请输入 1 到 100 的数: 23
很遗憾,太小了!
请输入 1 到 100 的数: 87
很遗憾,太小了!
```

```
请输入 1 到 100 的数: 99
恭喜你,猜对了!
第 1 次竞猜结束
*** 猜第 2 个数 ***
请输入 1 到 100 的数:
```

3.3 break、continue 与 else 语句

在循环结构中,还可以使用 break、continue 和 else 等语句控制循环过程或处理循环结束后的工作。

在循环过程中,有时可能需要提前跳出循环,或者跳过本次循环的剩余语句以提前进行下一轮循环,在这种情况下,可以在循环体中使用 break 语句或 continue 语句。如果存在多重循环,则 break 语句只能跳出其所属的那层循环。break 语句和 continue 语句通常与 if 语句配合使用。

1. break 语句

break 语句可以终止当前的循环,包括 while 和 for 在内的所有控制语句。

break 语句的语法比较简单,只需要在相应的 while 或 for 语句中加入即可。break 语句一般与 if 语句搭配使用,表示在某种条件下,跳出循环。如果使用嵌套循环,break 语句将跳出最内层的循环。

【例 3-9】 输入一个整数,判断是否为素数。素数是只能被 1 和自身整除的数,例如对于 9,要判断 9 能否被 2～8 的数整除:如果能,说明不是素数;如果都不能,说明是素数。

实现代码如下。

```
number = int(input("请输入整数:"))     #9:2~8
if number < 2:
    print("不是素数")
else:
    for i in range(2, number):
        if number % i == 0:
            print("不是素数")
            break                      #如果有结论了,就不需要再与后面的数字计算了
    else:
        print("是素数")
```

运行结果如下。

```
请输入整数:9
不是素数
```

2. continue 语句

continue 语句的作用没有 break 语句那么强大,它只能终止本次循环而提前进入到下一次循环中。

continue 语句的语法比较简单,只需要在相应的 while 或 for 语句中加入即可。continue 语句一般与 if 语句搭配使用,表示在某种条件下,跳过当前循环的剩余语句,然后继续进行下一轮循环。如果使用嵌套循环,continue 语句将只跳过最内层循环中的剩余语句。

【例 3-10】 设计一个验证用户密码程序,用户只有三次输入机会,不过如果用户输入的内容中包含"*",则不计算在内。

实现代码如下。

```
count = 3
password = '123'

while count:
    passwd = input('请输入密码:')
    if passwd == password:
        print('密码正确,进入程序......')
        break
    elif '*' in passwd:
        print('密码中不能含有"*"号!您还有',count,'次机会!',end=' ')
        continue
    else:
        print('密码输入错误!您还有',count-1,'次机会!',end=' ')
    count -= 1
```

运行结果如下。

```
请输入密码:666
密码输入错误!您还有 2 次机会! 请输入密码:125
密码输入错误!您还有 1 次机会! 请输入密码:123
密码正确,进入程序......
```

3. else 语句

while 语句和 for 语句的后边还可以带有 else 语句,用于处理循环结束后的"收尾"工作。

else 语句的语法格式如下。

格式 1:

```
while 条件表达式:
    循环体
```

```
else:
    else子句代码块
```

格式 2：

```
for迭代变量 in 序列或迭代对象:
    循环体
else:
    else子句代码块
```

else子句是可选的。如果有 else 子句，则当循环因为条件表达式不成立或序列遍历完毕而自然结束时，就会执行 else 子句的代码。如果有 else 子句，但循环因为执行了 break 语句而使得循环提前结束的，则不会执行 else 子句的代码。

【例 3-11】 编写程序，随机产生骰子的一面（数字 1～6），给用户三次猜测机会，程序给出猜测提示（偏大或偏小）。如果某次猜测正确，则提示正确并中断循环；如果三次均猜错，则提示机会用完。

分析：使用随机函数产生随机整数，设置循环初值为 1，循环次数为 3，在循环体中输入猜测并进行判断，如果密码正确则使用 break 语句中断当前循环。

实现代码如下。

```
import random
point=random.randint(1,6)
count=1
while count<=3:
    guess=int(input("请输入您的猜测:"))
    if guess>point:
        print("您的猜测偏大。")
    elif guess<point:
        print("您的猜测偏小。")
    else:
        print("恭喜您猜对了!")
        break
    count=count+1
else:
    print("很遗憾,三次全猜错了!")
```

运行结果如下。

```
请输入您的猜测:23
您的猜测偏大。
请输入您的猜测:1
您的猜测偏小。
```

```
请输入您的猜测:3
您的猜测偏小。
很遗憾,三次全猜错了!
```

3.4 pass 语句

在 Python 中还有一个 pass 语句,表示空语句,它将不做任何事情,一般起到占位作用,用于保持程序结构的完整性。有时候程序需要占一个位置,放置一条语句,但又不希望这条语句做任何事情,此时就可以通过 pass 语句来实现。使用 pass 语句比使用注释更加优雅。

【例 3-12】 应用 for 循环输出 1～20 之间(不包括 20)的偶数,当不是偶数时,使用 pass 语句占个位置,方便以后对不是偶数的数进行处理。

实现代码如下。

```
for i in range(1, 20):
    if i % 2 == 0 :
        print(i,end=' ')
    else:
        pass
```

运行结果如下。

```
2 4 6 8 10 12 14 16 18
```

3.5 程序的错误与异常处理

3.5.1 程序的错误与处理

Python 程序的错误通常可以分为三种类型,即语法错误、运行时错误和逻辑错误。

1. 语法错误

Python 程序的语法错误是指其源代码中拼写语法错误,这些错误导致 Python 编译器无法把 Python 源代码转换为字节码,故又称为编译错误。程序中包含语法错误时,编译器将显示 SyntaxError 错误信息。

通过分析编译器抛出的运行时错误信息,仔细分析相关位置的代码,可以定位并修改程序错误。

2. 运行时错误

Python 程序的运行时错误是在解释执行过程中产生的错误。例如,如果程序中没有导入相关的模块(例如,import random)时,解释器将在运行时抛出 NameError 错误信息；如果程序中包括零除运算，解释器将在运行时抛出 ZeroDivisionError 错误信息；如果程序中试图打开不存在的文件，解释器将在运行时抛出 FileNotFoundError 错误信息。

同样，通过分析解释器抛出的运行时错误信息，仔细分析相关位置的代码，可以定位并修改程序错误。

3. 逻辑错误

Python 程序的逻辑错误可以使程序执行（程序运行本身不报错），但运行结果不正确。对于逻辑错误，Python 解释器无能为力，需要编程人员根据结果来判断和修改。

3.5.2 程序的异常与处理

Python 语言采用结构化的异常处理机制。

在程序运行过程中，如果出现错误，Python 解释器会创建一个异常对象，并抛给系统运行时（runtime）处理，即程序终止正常执行流程，转而执行异常处理流程。

在某种特殊条件下，代码中也可以创建一个异常对象，并通过 raise 语句，抛给系统运行时处理。异常对象是异常类的对象实例。Python 异常类均派生于 BaseException。常见的异常包括 NameError、SyntaxError、AttributeError、TypeError、ValueError、ZeroDivisionError、IndexErroror、KeyError 等。在应用程序开发过程中，有时候需要定义特定于应用程序的异常类，表示应用程序的一些错误类型。

当程序中异常引发后，Python 虚拟机通过调用堆栈查找相应的异常捕获程序。通过 try 语句来定义代码块，以运行可能抛出异常的代码；通过 except 语句，可以捕获特定的异常并执行相应的处理；通过 finally 语句，可以保证即使产生异常（处理失败），也可以在事后清理资源等。

try…except…else…finally 语法格式如下。

```
try:
    可能产生异常的语句
except Exception1:                      #捕获异常 Exception1
    发生异常时执行的语句
except (Exception2, Exception3):        #捕获异常 Exception2、Exception3
    发生异常时执行的语句
except Exception4 as e:                 #捕获异常 Exception4,实例为 e
    发生异常时执行的语句
except:                                 #捕获其他所有异常
    发生异常时执行的语句
else:                                   #无异常
    无异常时执行的语句
finally:                                #不管发生异常与否,保证执行
    不管发生异常与否,保证执行的语句
```

【例 3-13】 通过两个数相除，演示 try…except…else…finally 的应用示例。

实现代码如下。

```
try:
    num1 = int(input('请输第一个数字:'))
    num2 = int(input('请输入第二个数:'))
    if num1 <= 10:
        raise Exception('输入的值太小了,有可能不够除!')
    result=num1/num2
    print('计算结果:', result)
except ZeroDivisionError:
    print('出错了,除数不能为零!!!')
except ValueError as e:
    print('输入错误,只能是整数:', e)
else:
    print('计算完成...')
finally:
    print('程序运行结束。')
```

运行结果如下。

```
请输第一个数字:15
请输入第二个数:0
出错了,除数不能为零!!!
程序运行结束
```

由上述例子可以看出,在 Python 中,提供了 try…except 语句捕获并处理异常。在使用时,把可能产生异常的代码放在 try 语句块中,把处理结果放在 except 语句块中,这样当 try 语句块中的代码出现错误时,就会执行 except 语句块中的代码,如果 try 语句块中的代码没有错误,那么 except 语句块将不会被执行。

本章小结

本章主要介绍了程序三种基本结构以及辅助控制语句等内容,主要涉及如下知识点。

(1) 程序从主体上说都是顺序的,一条语句执行完之后会自动执行下一条语句。但在很多情况下,还需要在总体顺序执行的基础上,根据程序要实现的功能选择一些语句执行或者反复执行某些语句,此时需要使用选择结构或循环结构。程序设计时,通常有顺序结构、选择结构和循环结构三种基本结构。

(2) 选择结构使用 if 语句,根据条件表达式是否成立决定下一步的执行语句。

(3) 循环结构使用 while 语句或 for 语句,在一定条件下重复执行某段程序。while 语句通过条件表达式建立循环;当条件表达式的值为 True 时执行循环体语句。for 语句通过遍历序列或可迭代对象建立循环。

(4) 在循环结构中,使用 break 语句可以跳出其所属层次的循环体;使用 continue 语句可以跳过本次循环的剩余语句,然后继续进行下一轮循环。

(5) 循环结构的最后可以带有 else 语句，用来处理循环结束后的工作。如果是因为执行了 break 语句而提前结束循环，则不会执行 else 语句。

(6) 选择结构和循环结构可以嵌套使用。Python 语言通过缩进体现代码的逻辑关系，同一个语句块必须保证相同的缩进量。

(7) Python 程序的错误通常可以分为三种类型，即语法错误、运行时错误和逻辑错误。

(8) Python 语言采用结构化的异常处理机制。当程序中引发异常后，Python 虚拟机通过调用堆栈查找相应的异常捕获程序。通过 try 语句来定义代码块，以运行可能抛出异常的代码；通过 except 语句，可以捕获特定的异常并执行相应的处理；通过 finally 语句，可以保证即使产生异常(处理失败)，也可以在事后清理资源等。

思考与练习

1. 请简述 for 循环和 while 循环的执行过程。

2. 请简述跳转语句 break 和 continue 的区别是什么?

3. 请简述 pass 语句的作用。

4. 什么叫异常？简述 Python 的异常处理机制。

5. 编写公交车票计票。

购买公交车票的规定如下：

乘 1～3 站，1 元/位；乘 4～8 站，2 元/位；乘 8 站以上，3 元/位。

输入乘坐人数(pernum)和乘坐站数(stanum)，计算购买公交车票需要的总金额，并将计算结果输出。

注意：如果乘坐人数和乘坐站数为 0 或负数，输出 error。

6. 编程实现判断奇偶数。

输入一个整数，判断它是奇数还是偶数。如果是奇数，输出 odd；如果是偶数，输出 even。

7. 编程实现提取字符串中的数字组成整数。

输入一个字符串，将这个字符串中的所有数字字符('0'...'9')提取出来，将其转换为一个整数，并将转换后的整数输出。

8. 编程实现寻找 100～999 内的水仙花数。

水仙花数(Narcissistic number)又称为超完全数字不变数，水仙花数是指一个 3 位数，它的每个位上的数字的 3 次幂之和等于它本身(例如，$1^3+5^3+3^3=153$)。找出所有的水仙花数。

提示：三位数在 100～999 内，关键是将其个位数字、十位数字和百位数字解出来。

9. 编程实现判断是否通过科目一考试。

在进行机动车驾驶人考试时，首先进行的是科目一考试。该科目考试为上机答题，满分 100 分，通过分数为 90 分。请编写程序，判断考生是否通过考试。要求考生输入自己的分数，系统进行判断，如果分数大于或等于 90 分，则提示“考试合格！”；否则提示“考试不合格”。

10. 编程实现求三角形的周长并判断其是何种三角形。

在数学中三角形是由同一平面内不在同一直线上的三条线段首尾顺次连接所组成的封闭图形。如果设置三条线段(也称三条边)分别为a、b、c,那么它将有以下规律:

- 三条边的关系为 $a+b>c$、$a+c>b$ 且 $b+c>a$。
- 周长(p)就是三条线段的和,即 $p=a+b+c$。
- 构成等边三角形的条件为 $a=b=c$。
- 构成等腰三角形的条件为 $a=b$、$a=c$ 或 $b=c$。
- 构成直角三角形的条件为 $a^2+b^2=c^2$、$a^2+c^2=b^2$ 或 $b^2+c^2=a^2$。

请根据以上规律编写一个Python程序,实现以下功能:

输入三角形的三条边长,求三角形的周长;若不能构成三角形,则输出提示。

根据用户输入的三角形的三条边长判定是何种三角形(一般三角形、正三角形、等腰三角形、直角三角形)。

第4章 典型序列数据结构

在数学中，序列也称为数列，是指按照一定顺序排列的一列数。而在程序设计中，序列是一种常用的数据存储方式，几乎每一种程序设计语言都提供了类似的数据结构，例如，C语言中的数组等。

在 Python 中，序列是基本的数据结构。序列存储数据的主要特点就是数据在内存空间中为连续存储的，基于这一存储特点，Python 中实现了序列类型。序列类型与很多 Python 内置数据类型都有密切的关系。序列结构主要包括列表、元组和字符串，这些序列结构有一些通用的操作。本章将对这些通用操作进行详细介绍。

4.1 序　　列

4.1.1 序列概述

序列是一块用于存放多个值的连续内存空间，并且按一定顺序排列，每一个值（称为元素）都分配一个数字，称为索引或位置。通过该索引可以取出相应的值。

列表、元组、字典、集合和字符串都是 Python 中常用的序列结构，这些类型的对象共同之处是可以用来存储一组元素，属于一种序列结构。但是不同的序列对象使用不同的定界符或元素形式表示。序列结构的特点如表 4-1 所示。

表 4-1 列表、元组、字典和集合的特点

类型	定界符	是否可变	是否有序	访问方式	示例
列表	“[]”，元素之间用逗号隔开	是	是	索引、切片	s_list=[1,4,7]
元组	“()”，元素之间用逗号隔开	否	是	索引、切片	s_tup=(2,5,8)
字典	“{}”，元素形式为“键：值”，元素之间用逗号隔开	是	否	按键访问	s_dict={'a': 1,'b': 4,'c': 7}
集合	“{}”，元素之间用逗号隔开	是	否	无	s_set={3,6,9}

4.1.2 序列的基本操作

1. 索引

序列中的每一个元素都有一个编号，称为索引或下标。这个索引是从 0 开始递增的，即下标为0表示第1个元素，下标为1表示第2个元素，以此类推。例如，可以把一家酒店看作一个序列，那么酒店里的每个房间都可以看作是这个序列的元素，而房间号就相当于索引，可以通过房间号找到对应的房间。又如火车座位号，座位号的作用是按照编号可以快速找到对应的座位。同理，索引的作用即是通过索引快速找到对应的数据，如图4-1所示。

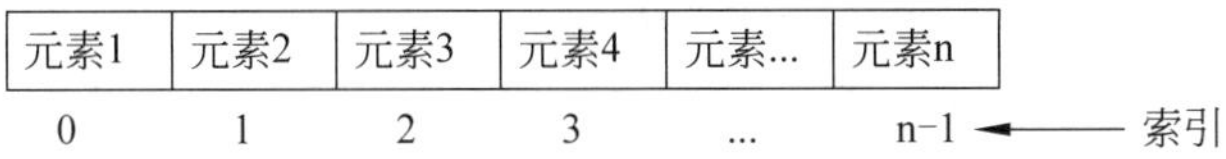

元素1	元素2	元素3	元素4	元素…	元素n	
0	1	2	3	...	n-1	← 索引

图 4-1 序列的索引

Python的索引也可以是负数。这时的索引从右向左计数，也就是从最后一个元素开始计数，即最后一个元素的索引值是-1，倒数第2个元素的索引值为－2，以此类推，如图4-2所示。

元素1	元素2	元素3	元素…	元素n-1	元素n	
-(n-1)	-(n-2)	-(n-3)	…	-2	-1	← 索引

图 4-2 序列的负数索引

在采用负数作为索引值时，是从－1开始的，而不是从0开始的，即最后一个元素的索引为－1，这是为了防止与第1个元素重合。

通过索引可以访问序列中的任何元素。

【例4-1】 定义一个包括7个元素的列表，并访问它的第2个元素。

实现代码如下。

```
weeks = ['Monday', 'Tuesday', 'Wednesday', 'Thursday', 'Friday', 'Saturday',
         'Sunday']
week = int(input('请输入要查询的星期(1~7):'))
if week in range(1,8):
    print('星期',week,'的英文是',weeks[week-1])
else:
    print('您输入的星期不合法!')
```

运行结果如下。

```
请输入要查询的星期(1~7):2
星期 2 的英文是 Tuesday
```

在Python的序列中，索引的应用范围主要体现在如下3个方面：

(1) 获取序列中指定位置的元素。

(2) 通过切片访问一定范围内的元素时，也需要通过索引指定位置。

(3) 获取指定元素的位置时，返回的值就是该元素的索引值。

2. 切片

切片是指对所操作的对象截取其中一部分的操作，即从容器中取出相应的元素重新组成一个容器。切片操作是访问序列中元素的另一种方法，它可以访问一定范围内的元素。通过切片操作可以生成一个新的序列。

实现切片操作的语法格式如下。

```
sname[start : end : step]
```

参数说明如下。

- sname：表示序列的名称。
- start：索引值，表示切片的开始位置（包括该位置），如果不指定，则默认为0。
- end：索引值，表示切片的结束位置（不包括该位置），如果不指定，则默认为序列的长度。
- step：表示切片的步长，如果省略，则默认为1，当省略step时，最后一个冒号也可以省略。step值不能为0。

切片选取的区间属于左闭右开型，即从start位开始，到end位的前一位结束（不包括结束位本身）。根据step的取值，可以分为如下两种情况。

(1) step大于0。按照从左到右的顺序，每隔step−1(索引间的差值仍为step值)个字符进行一次截取。此时，start指向的位置应该在end指向的位置的左边，否则返回值为空。

若程序使用下标太大的索引（下标值大于字符串实际的长度）获取字符时，肯定会导致越界的异常。但是，Python可以处理没有意义的切片索引，无论多大的索引值将被字符串的实际长度所代替，如果上边界比下边界大时（切片起始的值大于结束的值），则会返回空字符串。

(2) step小于0。按照从右到左的顺序，每隔step−1(索引间的差值仍为step值)个字符进行一次截取。此时，start指向的位置应该在end指向的位置的右边，即起始位置的索引必须大于结束位置的索引，否则返回值为空。

用户可以利用下标的组合截取原字符串的全部字符或部分字符。如果截取的是字符串的部分字符，则会开辟新的空间来临时存放这个截取后的字符串。

【例4-2】 在某次体能测试中，对于前三名的同学进行奖励，后三名的同学进行惩罚，请输出需要奖励和惩罚的学生名单。

实现代码如下。

```
students = ['Charle', 'Joan', 'Niki', 'Betty', 'Linda', 'Lily', 'William',
            'Bob', 'Paul']
print(students[0:3],'三名同学每人获得"小冠军"荣誉证书。')
print(students[-3:],'三名同学每人早上跑操。')
```

运行结果如下。

```
['Charle', 'Joan', 'Niki'] 三名同学每人获得"小冠军"荣誉证书。
['William', 'Bob', 'Paul'] 三名同学每人早上跑操。
```

在进行切片操作时，如果指定了步长，那么将按照该步长遍历序列的元素，否则将一个一个遍历序列。如果想要复制整个序列，可以将 start 和 end 都省略，但中间的冒号需要保留。

利用切片从中取出一部分使用的方法：

(1) 切片使用第一个元素和最后一个元素的索引，中间使用冒号分割，如 c[2:9]表示取出第 2～8 个位置的元素。

(2) 如果从列表第一个元素开始，切片中第一个元素的索引可以省略，如 c[:9]。

(3) 如果切片到最后一个元素结束，切片中最后一个元素的索引可以省略，如 c[9:]。

(4) 切片可以使用 for 循环进行遍历。

3. 序列相加(连接)

在 Python 中，支持两种相同类型的序列相加操作，即将两个序列进行连接，但是不会去除重复的元素，使用加(＋)运算符实现。

在进行序列相加时，相同类型的序列是指，同为列表、元组等，但序列中的元素类型可以不同。但不能是列表和元组相加，或者列表和字符串相加。序列相加不支持集合类型。

【例 4-3】 某学校有多个兴趣小组，请利用列表合并，编写程序统计有哪些学生。

实现代码如下。

```
hobby_group_1 = ['Charle','Joan','Niki','Betty']
hobby_group_2 = ['Linda','James','Martin']
hobby_group_3 = ['Lily','William','Bob','Paul']
hobby_group_total = hobby_group_1 + hobby_group_2 + hobby_group_3
print('学校参加兴趣小组的学生名单:\n',hobby_group_total)
```

运行结果如下。

```
学校参加兴趣小组的学生名单:
 ['Charle', 'Joan', 'Niki', 'Betty', 'Linda', 'James', 'Martin', 'Lily',
'William', 'Bob', 'Paul']
```

4. 序列乘法

在 Python 中，使用数字 n 乘以一个序列会生成一个新序列。新序列的内容为原来序列被重复 n 次的结果。序列乘法也不支持集合类型。

【例 4-4】 将一个序列乘以 3 生成一个新序列并输出，从而达到"重要事情说三遍"的效果。

实现代码如下。

```
love=["我是爱你的"]
print(love*3)
```

运行结果如下。

```
['我是爱你的', '我是爱你的', '我是爱你的']
```

在进行序列的乘法运算时，还可以实现初始化指定长度列表的功能。例如下面的代码，将创建一个长度为5的列表，列表的每个元素都是None，表示什么都没有。

```
emptylist=[None]*5
```

5. 检查某个元素是否是序列的成员(元素)

在Python中，可以使用in关键字来检查某个元素是否为序列的成员，即检查某个元素是否包含在该序列中。语法格式如下。

```
value in sequence
```

其中，value表示要检查的元素，sequence表示指定的序列。

【例4-5】 验证用户名是否被占用。在进行网上注册信息时，通常需要保证用户名是唯一的。现将已注册的用户名保存在列表中，然后输入要注册的用户名时，判断该用户是否已在用户列表中。

实现代码如下。

```
usernames = ['Charle','Joan','Niki','Betty']
username = input('请输入要注册的用户名:')
if username in usernames:
    print('抱歉,该用户名已经被占用!')
else:
    print('恭喜,该用户名可以注册!')
```

运行结果如下。

```
请输入要注册的用户名:Joan
抱歉,该用户名已经被占用!
```

在Python中，也可以使用not in关键字来实现检查某个元素是否在指定的序列中。

6. 计算序列的长度、最大值和最小值

在Python中，提供了内置函数来计算序列的长度、最大值和最小值。

(1) len()函数：计算序列的长度，即返回序列包含多少个元素。

(2) max()函数：返回序列中的最大元素。

（3）min()函数：返回序列中的最小元素。

【例 4-6】 定义一个包括9个元素的列表，并通过len()函数计算列表的长度、最大元素和最小元素。

实现代码如下。

```
year=[1898,1911,1905,1896,1902,1897,1958,1920,1896]
print("在year序列的长度:",len(year),",其中,最大值为:",max(year),
      "最小值为:",min(year))
```

运行结果如下。

```
在year序列的长度: 9 ,其中,最大值为: 1958 最小值为: 1896
```

除了上面介绍的3个内置函数，Python还提供了如表4-2所示的内置函数。

表 4-2　常用序列的内置函数及其功能

内置函数	功　能
list()	将序列转换为列表
str()	将序列转换为字符串
sum()	计算元素之和
sorted()	对元素进行排序
reversed()	使序列中的元素反向排列
enumerate()	将序列组合为一个索引序列，多用在for循环中
zip()	返回几个列表压缩成的新列表

7. 序列解包

序列解包是指把一个序列或可迭代对象中的多个元素的值同时赋值给多个变量。如果等号右侧含有表达式，则把所有表达式的值计算出来后再进行赋值。

序列解包既可用于列表、元组、字典、集合、字符串等序列对象，也可用于range、enumerate、zip、filter、map等可迭代对象。

解包时，如果变量的个数不等于可迭代对象中元素的个数，则可以在某个变量前加一个星号（*），Python解释器会对没有加星号的变量进行匹配后，将剩余元素全部匹配给带有星号的变量。

解包操作还可以在调用函数时给函数传递参数。

【例 4-7】 序列解包应用示例。

实现代码如下。

```
x, y, z = 1, 4, 7                              #多个变量同时赋值
print(x, y, z)
```

```
student = ('初心', 'M', 18)
sname, gender, age = student
print(sname, gender, age)
a, b, *c = [2, 5, 8, 3, 6, 9]
print(a, b, c)
```

运行结果如下。

```
1 4 7
初心 M 18
2 5 [8, 3, 6, 9]
```

4.2 列表的创建与操作

列表是 Python 中最具灵活性、使用极为频繁的有序对象类型。从形式上看，列表的所有元素都放在一对中括号“[]”中，相邻元素间使用逗号“,”隔开；从内容上看，可以将整数、实数、字符串、列表、元组等任何数据类型的内容放在列表中，并且在同一个列表中，元素的数据类型可以不同，因为它们之间没有任何关系。列表在 Python 中的应用较为广泛。

与字符串不同的是，列表是一个可变的有序集合，列表内部可包含任何数据类型。可变意味着列表内元素可以发生改变，支持在原处修改；有序意味着列表内的元素都有先后顺序。

列表的语法格式如下。

```
listname=[元素 1,元素 2,元素 3,…,元素 n]
```

参数说明如下。

- listname：表示列表的名称，可以是任何符合 Python 命名规则的标识符。
- 元素 1,元素 2,元素 3,元素 n：表示列表中的元素，元素的个数没有限制，元素的数据类型可以相同也可以不同，只要是 Python 支持的数据类型就可以。一般情况下，一个列表中只存放一种类型的数据，因为这样可以提高程序的可读性。
- 如果只有一对方括号而没有任何元素的列表，称为空列表。

例如：

```
list1 = ['physics', 'chemistry', 1997, 2000]
list2 = [1, 2, 3, 4, 5 ]
list3 = ["a", "b", "c", "d"]
list4 = [ ]
```

4.2.1　创建列表

创建列表可通过两种方式：使用中括号[]或 list()方法，示例如下。

创建一个空列表：

```
list_demo1 = []
```

等价于

```
list_demo2 = list()
```

列表也可以嵌套使用，如

```
list_demo3 = ['初心', 18, 96.5, True , ['安徽','阜阳']]
```

如果创建数值列表，可以使用 list()函数，将通过 range()函数循环取出的结果转换为列表。比如创建 1～10(不包括 10)的所有偶数列表，可以通过使用代码 list(range(2, 10,2))。使用 list()函数不仅能通过 range()函数创建列表，还可以通过其他对象(比如元组)创建列表。

【例 4-8】 利用列表模拟一个简单的应用系统登录。

实现代码如下。

```
lusers = ['root', 'admin']
passwds = ['123', '666']
for i in range(3):
    name = input('请输入用户名:')
    passwd = input('请输入用户密码:')
    if name in users:
        count = users.index(name) #index()方法在列表中找到给定的元素并返回其位置
        if passwd == passwds[count]:
            print('登录成功')
            break
        else:
            print('密码错误登录失败,还有%d 次机会,请重新登录' % (2 - i))
    else:
        print('用户名不存在,还有%d 次机会,请重新登录' % (2 - i))
else:
    print('三次登录机会用完')
```

运行结果如下。

```
请输入用户名:root
```

```
请输入用户密码:123
登录成功
```

4.2.2 获取列表元素

列表是有序序列,支持以索引和切片作为下标访问列表中的元素。

1. 索引访问

在 Python 的数据结构中,有序集合都可以基于索引获取对应索引位置的值。

2. 切片访问

使用切片方式截取列表,返回的是一个子列表,该子列表可以包含多个元素。如果下标出界,则不会抛出异常,而是在列表尾部截断或者返回一个空列表,使代码具有更强的健壮性。

【例 4-9】 利用索引和切片获取列表元素。

实现代码如下。

```
#列表包括5个元素,其中第5个元素为列表
list_demo = ['初心', 18, 96.5, True, ['安徽', '阜阳']]
print(list_demo)                          #输出全部元素
print(list_demo[4])                       #获取列表的第5个元素
print(list_demo[-1])                      #获取列表的最后一个元素
print(list_demo[:2])                      #获取列表前2个元素
print(list_demo[-3:-1])                   #获取列表中倒数第1个到倒数第3个元素

print(list_demo[::2])                     #获取列表中从头开始的间隔一个取一个的元素
print(list_demo[4][1])                    #获取列表中第5个元素的第2个值
```

运行结果如下。

```
['初心', 18, 96.5, True, ['安徽', '阜阳']]
['安徽', '阜阳']
['安徽', '阜阳']
['初心', 18]
[96.5, True]
['初心', 96.5, ['安徽', '阜阳']]
阜阳
```

从输出结果来看,在输出列表时,包括了左右两侧的中括号。如果不想输出全部的元素,也可以通过列表的索引获取指定的元素。

4.2.3 常用的列表操作方法

1. 列表对象支持的运算符操作

列表是可变序列,可以通过赋值运算符直接修改或删除列表元素。列表对象支持的

运算符操作如表 4-3 所示。

表 4-3　列表对象支持的运算符操作

运算符	功　能	说　明	示　例
=	赋值	赋值运算	list1 = [1,2,3,4,5] list2 = list1[:2]
+	合并	合并列表中元素,得到一个新的列表	list1 = [1,2,3] list2 = [4,5,6] list1+list2
*	重复	重复列表元素	list1='a' * 3
in	成员测试	判断一个元素是否包含在列表中	list1 in list2

2. 列表对象常用的内置函数

列表对象常用的内置函数如表 4-4 所示。

表 4-4　列表对象常用的内置函数

运　算　符	功　能
max()	返回列表元素中的最大值
min()	返回列表元素中的最小值
sum()	返回列表元素之和
len()	返回列表元素中的个数
zip()	将多个列表中的元素组合为元组,并返回包含这些元组的可迭代对象
enumerate()	返回包含索引和值的可迭代对象
map()	将函数映射到列表中的每个元素
filter()	根据指定函数的返回值对列表元素进行过滤

【例 4-10】 利用列表对象内置函数,计算一组成绩的最高分、最低分和平均分。

实现代码如下。

```
list_score = [87, 82, 67, 98, 56]
print("最高分:",max(list_score))
print("最低分:",min(list_score))
s = sum(list_score)
n = len(list_score)
print("平均分:",round(s/n))
```

运行结果如下。

```
最高分: 98
最低分: 56
平均分: 78
```

3. 列表对象的方法

对象是 Python 语言中基本的概念，在 Python 中处理的一切都是对象。对象具有属性和方法，属性表示对象的特征，方法表示对象可以执行的操作。在 Python 中可以利用对象的属性和方法进行操作，调用格式为：

```
对象名.属性名
对象名.方法名(参数)
```

在 Python 中，有些功能既可以使用函数实现，也可以使用对象方法实现。

列表对象的常用方法如表 4-5 所示。

表 4-5 列表对象的常用方法

方 法	功 能	说 明	示 例
append(object)	追加	追加元素到列表，默认追加在最后，用于追加单个元素	list_demo=['a','b','c'] list_demo.append('d') print(list_demo) 输出：[a,b,c,d]
clear()	清空	清空整个列表	list_demo=['a','b','c'] list_demo.clear() print(a list_demo) 输出：[]
count()	统计个数	统计指定元素出现的次数	list_demo= ['a','b','c'] num = list_demo.count('b') print(num) 输出：1
copy()	复制	复制列表为新列表	list_demo=['a','b','c'] list_c= list_demo.copy() print(list_c) 输出：[a,b,c]
extend(iterable)	批量追加	将另外一份列表对象批量追加到列表中，用于列表的扩展	list_demo= ['a','b','c'] list_b=['d','e'] list_demo.extend(list_b) print(list_demo) 输出：['a', 'b', 'c', 'd', 'e']
index(value)	查询值的索引	查询从列表中某个值第一个匹配项的索引值	list_demo=['a','b','c'] print(list_demo.index('b')) 输出：1
insert(index, object)	插入	将对象插入列表，与 append 不同的是这里可指定插入位置	list_demo=['a','b','c'] list_demo.insert(2,'d') print(list_demo) 输出：['a', 'b', 'd', 'c']

续表

方　法	功　能	说　明	示　例
pop(index=-1)	按索引删除元素	移除列表中的一个(默认为最后一个)元素,并且返回该元素的值。使用 index 值指定删除的位置	list_demo=['a','b','c'] print(list_demo.pop()) 输出:c print(list_demo) 输出:['a', 'b']
remove(value)	按值删除元素	移除列表中某个值的第一个匹配项	list_demo=['a','b','c'] list_demo.remove('b') print(list_demo) 输出:['a', 'c']
reverse()	反转列表	反转列表	list_demo=['a','b','c'] list_demo.reverse() print(list_demo) 输出:['c', 'b', 'a']
sort(*, key=None, reverse=False)	排序列表	按列表元素大小排序,通过 reverse 参数可指定逆排序	list_demo=['a','c','b'] list_demo.sort() print(list_demo) 输出:['a','b','c']

【例 4-11】 将成绩降序排列,并统计成绩为 80 分以上的人数。

实现代码如下。

```
list_score_1 = [87, 82, 67, 98, 56]
list_score_2 = [84, 89, 90]
list_score_1.extend(list_score_2)          #合并两个列表
list_score_1.sort(reverse=True)            #降序排序
print('成绩排序:', list_score_1)
n = 0
for sc in list_score_1:
    if sc >= 80:
        n = n + 1
print('80分(含)以上的学生人数:', n)
```

运行结果如下。

```
成绩排序: [98, 90, 89, 87, 84, 82, 67, 56]
80分(含)以上的学生人数: 6
```

4.3　元组的创建与操作

元组与列表类似,也是由一系列按特定顺序排列的元素组成,但它是不可变的序列。因此元组也被称为不可变列表。从形式上来看,元组的所有元素都放在一对"()"中,相邻元素间使用“,”分隔;从内容上来看,可以将整数、实数、字符串、列表、元组等任意数据类型的内容放入元组中,并且在同一个元组中,元素的数据类型可以不同,元素之间没有任何关系。

元组有很多用途,例如坐标(x,y)、数据库中的员工记录等,通常用于保存程序中不可修改的内容。元组和字符串一样,不可改变,即不能给元组的单个元素赋值,也不能对单个元素值进行修改。但元组也不是完全不能修改的,可以对元组进行整体重新赋值以实现修改元组元素。

4.3.1 创建元组

创建元组可通过两种方式:使用圆括号或 tuple()方法。

1. 使用圆括号创建元组

在 Python 中,可以直接通过圆括号创建元组。创建元组时,圆括号内的元素用逗号分隔。其语法格式如下。

```
tuplename=(元素 1,元素 2,元素 3,…,元素 n)
```

其中,tuplename 表示元组的名称,可以是任何符合 Python 命名规则的非关键字标识符。元素 1,元素 2,元素 3,…,元素 n 表示元组中的元素,元素个数没有限制,并且其数据类型只要是 Python 支持的即可。

从语法格式来看,元组使用一对圆括号将所有的元素括起来,但圆括号不是必须的,只要将一组值用逗号隔开来,Python 就可以视其为元组。若创建的元组只有包括一个元素,则需要在定义元组时,在元素的后面加一个逗号。

【例 4-12】 创建个人爱好的元组。

实现代码如下。

```
tup_hobby = ('旅游','象棋','游泳','看书','唱歌','跑步')
print(tup_hobby)
```

运行结果如下。

```
('旅游','象棋','游泳','看书','唱歌','跑步')
```

2. 使用 tuple()方法创建元组

在 Python 中,可以通过 tuple()函数,将通过 range()函数循环取出的结果转换为数组元组。

【例 4-13】 输出 20 以内为 3 的倍数的数值元组。

实现代码如下。

```
number = tuple(range(3, 20, 3))
print('20 以内为 3 的倍数的数值元组:',number)
```

运行结果如下。

```
20以内为3的倍数的数值元组：(3, 6, 9, 12, 15, 18)
```

4.3.2 获取元组元素

在元组中获取对象的方法与列表相同，支持双向索引和切片访问。

【例4-14】 使用两种方式输出中国古代四大发明元组元素。

实现代码如下。

```
inventions = '造纸术','指南针','火药','印刷术'
#方式一：直接使用for循环遍历
for name in inventions:
    print(name,end=' ')
print()
```

运行结果如下。

```
造纸术 指南针 火药 印刷术
```

```
#方式二：使用for循环与enumertate()函数结合遍历
for index,item in enumerate(inventions):
    print(index + 1,item)
```

运行结果如下。

```
1 造纸术
2 指南针
3 火药
4 印刷术
```

4.3.3 元组操作

元组的不可变性使得其无法像列表一样可以实现对象的追加、删除和清空等操作，而只能够进行查看相关的操作。元组操作方法及描述如表4-6所示。

表4-6　元组操作方法及描述

方　法	功　能	说　明	示　例
count(tup_value)	计数	查看元组中某元素的出现次数	tup_demo= ('a','b','c') print(tup_demo.count('b')) 输出：1

续表

方　法	功　能	说　明	示　例
index(tup_value)	查看索引	查看特定值第一次出现的索引位置	tup_demo= ('a','b','b','c') print(tup_demo.index('b')) 输出：2
len(obj)	查看元组长度	查看元组中有多少个元素	tup_demo= ('a','b','c') print(len(tup_demo)) 输出：3

与列表类似，元组对象也支持“+”“*”和“in”运算符。“+”运算符用来执行合并操作；“*”运算符用来执行重复操作，结果都会生成一个新元组；“in”运算符用于测试元组中是否包含某个元素。

元组也支持len()、max()、min()、sum()、zip()、enumerate()等函数，以及表4-6中的方法，元组属于不可变序列，因此不支持append()、extend()、insert()、remove()、pop()等操作。

元组和列表有很多相似的使用方法，那么应该在什么时候使用元组呢？

(1) 相对于列表而言，元组是不可变的，这使得元组可以作为字典的键或集合的元素，而列表则不可以。

(2) 元组放弃了对元素的增删操作(内存结构设计上变得更精简)，换来的是性能上的提升，因此创建元组比创建列表更快，存储空间比列表占用得更小。而且，元组的元素不允许修改，这也使得代码更加安全。

(3) 函数返回值通常使用元组。很多内置函数的返回值也是包含若干元组的可迭代对象，例如enumerate()、zip()等函数。

enumerate()函数会返回一个enumerate对象，其中的每个元素都是包含索引和值的元组(索引默认从0开始)。zip()函数返回一个zip对象，其中的每个元素都是由两个序列中相同位置上的元素构成的元组。

4.4 字典的创建与操作

字典也称为映射，属于不重复且无序的数据结构，是由键/值对组成的非序列可变集合。字典内部的数据存储是以key:value(键值对，中间是冒号)的形式表示数据对象关系。在一个字典中，键必须是唯一的，而值可以有多个。

具体的语法格式如下。

```
dict = {key1 : value1, key2 : value2 ,…}
```

键值对用冒号分隔，而各个键值对之间用逗号分隔，所有元素都包括在花括号中。字典中的键值对是没有顺序的。

注意：字典中元素的键可以是Python中任意的不可变类型的数据，例如数字、字符串、元组等，但不能使用列表、集合、字典或其他可变类型作为字典的键。

字典的键不可以重复，而值是可以重复的。

不包含任何元素的字典为空字典。

字典的主要特征如下：

(1) 通过键而不是通过索引读取值。字典也称为关联数组或者散列表。它是通过键将一系列的值联系起来，这样就可以通过键从字典中获取指定的项，但不能通过索引来获取。

(2) 字典是任意对象的无序集合。字典是无序的，各项是从左到右随机排序的，即保存在字典中的项没有特定的顺序，因此可以提高查找效率。

(3) 字典是可变的，并且可以任意嵌套。字典可以在原处增长或缩短(无须生成一份拷贝)，并且它支持任意深度的嵌套(它的值可以是列表或其他的字典)。

(4) 字典中的键必须唯一。不允许同一个键出现两次，如果出现两次，则后一个值会被记住(出现前一个值未定义错误)。

(5) 字典中的键必须不可变。字典中的键是不可变的，所以可以使用数字、字符串或者元组，但不能使用列表。

创建字典时，每个元素都包含两个部分："键"和"值"。

4.4.1 创建字典

创建字典可通过两种方式：使用花括号或dict()方法。

字典的key(键值)必须是不可变对象，如字符串、元组等；而value可以是任意对象，包括字典本身，因此字典也可以嵌套。

1. 直接使用花括号创建字典

这是创建一个字典数据结构最简单、最直观的一种方式，也是最基本的方法，只需要把对应的键值用冒号隔开，放在花括号中间即可。

```
student={1:'吴怡晴',2:'封孔',3:'别初趣'}
```

2. 通过映射函数创建字典

```
dictionary = dict(zip(list1,list2))
```

其中，zip()函数用于将多个列表或者元组对应位置的元素组合为元组，并返回包含这些内容的zip对象。如果想得到元组，可以使用tuple()函数将zip对象转换为元组；如果想得到列表，则可以使用list()函数将其转换为列表。

【例4-15】 利用zip()映射函数创建字典。

实现代码如下。

```
num=[1,2,3]
```

```
name=['吴怡晴','封孔','别初趣']
student=dict(zip(num,name))
print(student)
```

运行结果如下。

```
{1: '吴怡晴', 2: '封孔', 3: '别初趣'}
```

4.4.2 获取元素

字典内元素的获取与元组和列表不同，它不是通过索引实现的，而是通过 key 实现的。

由于字典属于无序序列，不支持索引访问。字典中的每个“键—值”对形式的元素都表示一种映射关系，可以根据“键”获取对应的“值”，即按“键”访问。

字典有多种获取 key 值和 value 值的方法。字典的 get()方法用于返回指定 key 值对应的 value 值，如果没有则返回默认值，具体如表 4-7 所示。

【例 4-16】 有以下学号和姓名的学生信息：

```
2201,Berry;2208,Andy;2212,'Darling'
```

建立字典，存储学生的学号和姓名信息。当输入某个学号，可以自动输出该学号对应的姓名；如果输入的学号不存在，则输出“没有这个学号”。要求使用循环方式连续执行 3 次。

实现代码如下。

```
std_dict = {'2201':'Berry', '2208':'Andy', '2212':'Darling'}
for i in range(3):
    id = input("请输入需要查找的学号:")
    if id in std_dict.keys():                  #判断输入的学号是否在字典中
        print('姓名:' + std_dict[id])          #根据学号查找姓名
    else:
        print('没有这个学号')
```

运行结果如下。

```
请输入需要查找的学号:2201
姓名:Berry
请输入需要查找的学号:2208
姓名:Andy
请输入需要查找的学号:2213
没有这个学号
```

字典的常用方法及描述如表 4-7 所示。

表 4-7 字典的常用方法及其描述

方法	功能	说明	示例
get(key,[default])	返回指定键的值	返回指定键的值,如果值不在字典中,则返回 default	dict = {'k1': '6','k2': 8} dict.get('k1') print(dict.get('k1')) 输出:6
items()	遍历所有元素	以列表返回可遍历的(键、值)元组数据	dict = {'k1': '6','k2': 8} dict.get('k1') print(dict.items()) 输出:dict_items([('k1', '6'), ('k2', 8)])
keys()	返回所有键值	以列表形式返回一个字典中的所有键	dict = {'k1': '6','k2': 8} dict.get('k1') print(dict.keys()) 输出:dict_keys(['k1', 'k2'])
values()	返回字典所有值	以列表返回字典中的所有值	dict = {'k1': '6','k2': 8} dict.get('k1') print(dict.values()) 输出:dict_values(['6', 8])
pop(key,[default])	删除 key 对应的值	删除字典给定 key 对应的值,返回值为被删除的值。如果 key 不存在,则返回 default 值	dict = {'k1': '6','k2': 8} dict.pop('k1') print(dict) 输出:{'k2': 8}
update(dict)	更新字典	将另一个字典中的信息按新字典 key 更新到现有字典中	dict_1 = {'k1': '6','k2': 8} dict_2 = {'k1': '5'} dict_1.update(dict_2) print(dict_1) 输出:{'k1': '5', 'k2': 8}
setdefault(key, default=None)	查看索引	如果 key 不存在字典中,则设置默认值,与 get 方法类似	dict = {'k1': '6','k2': 8} dict.setdefault('k3',0) print(dict) 输出:{'k1': '6', 'k2': 8, 'k3': 0}
copy()	复制	复制字典对象	dict = {'k1': '6','k2': 8} copy_dict = dict.copy() 输出:{'k1': '6', 'k2': 8}
clear()	删除所有元素	删除字典内的所有元素	dict = {'k1': '6','k2': 8} print(dict.clear()) 输出:None

【例 4-17】 字典常用方法的综合应用:某学校要进行全国计算机等级考试,在Python语言程序设计上机考核环节,需要随机生成10个计算机号,计算机编号以6602020开头,后面3位依次是(001,002,003,…,010)。请利用字典操作,生成计算机编号,并每个卡号的初始密码默认为“python”。其中,输出计算机编号和密码信息,格式如下。

```
计算机编号        登录密码
6602020001       python
```

实现代码如下。

```
#1.定义计算机编号默认前7位
head = '6602020'
#2.生成按题目要求的10个卡号,并存入列表中
computerNo = []
for i in range(1,11):
    tail = '%.3d' %(i)
    num = head + tail
    computerNo.append(num)
#3.将编号存入字典
num_dict = {}
for i in computerNo:
    num_dict[i] = 'python'
#4.输出计算机编号和登录考试系统密码
print('计算机编号\t\t登录密码')
for key,value in num_dict.items():
    print('%s\t\t%s' %(key,value))
```

运行结果如下。

```
计算机编号        登录密码
6602020001        python
6602020002        python
6602020003        python
6602020004        python
6602020005        python
6602020006        python
6602020007        python
6602020008        python
6602020009        python
6602020010        python
```

4.5 集合的创建与操作

Python中的集合与数学中的集合概念类似,也是用于保存不重复元素的。它有可变集合(set)和不可变集合(frozen set)两种。其中,本节所要介绍的set集合是无序可变序列,而另一种不做介绍。在形式上,集合的所有元素都存放在一对花括号"{}"中,相邻元

素间使用逗号“,”分隔。集合最好的应用就是去重,因为集合中的每个元素都是唯一的。

集合是一个由唯一元素组成的非排序集合体,也就是说,集合中的元素没有特定顺序且不重复,因此集合不支持索引和切片访问。

4.5.1　创建集合

创建集合可以通过两种方式:使用花括号或 set()函数。如果要创建一个空集合,则必须使用 set()函数,因为使用花括号创建的是空字典。

4.5.2　集合操作

集合虽然无法通过索引或 key 找到特定的元素,但可用于多个集合的对比、组合等操作。集合常用的操作方法及描述如表 4-8 所示。

表 4-8　集合常用的操作方法及描述

方　法	功　能	说　明	示　例
add(obj)	增加元素	向集合内增加一个元素	set_demo = {1,4,7} set_demo.add(2) print(set_demo) 输出:{1, 2, 4, 7}
intersection(set)	取交集	取两个结合的交集	s1 = {1,4,7} s2 = {2,1,8} print(s1.intersection(s2)) 输出:{1}
symmetric_difference()	取不重复集合	返回两个集合中不重复元素的集合	s1 = {1,4,7} s2 = {2,1,8} print(s1.symmetric_difference(s2)) 输出:{2, 4, 7, 8}

【例 4-18】 集合的综合应用:某公司人力资源部想在单位做一项关于工作满意度问卷调查。为了保证样本选择的客观性,他将公司全体人员按顺序编号,先用计算机生成了 N 个 1～100 的随机整数(N≤100),N 是用户输入的,对于其中重复的数字,只保留一个,把其余相同的数字去掉,不同的数对应着不同的员工编号,然后再把这些数从小到大排序,按照排好的顺序去找员工做调查。请协助人力资源部完成“去重”与排序工作。

实现代码如下。

```
import random
#接收用户输入
num = int(input('请输入需要选择的样本数:'))
#定义空集合。用集合便可以实现自动去重(集合中的元素是不可重复的)
sampleNo = set([])
#生成 N 个 1~100 的随机整数
for i in range(num):
```

```
    num = random.randint(1,100)
    #add:添加元素
    sampleNo.add(num)
print("抽取的员工编号:",sampleNo)
#sorted: 集合的排序
print("抽取的员工升序编号:",sorted(sampleNo))
```

运行结果如下。

```
请输入需要选择的样本数:10
抽取的员工编号: {2, 68, 71, 44, 17, 82, 51, 50, 61}
抽取的员工升序编号: [2, 17, 44, 50, 51, 61, 68, 71, 82]
```

本案例中,通过集合去重,即每生成一个随机数便将其加入到定义的空集合中,最后通过 sorted()函数可以对集合进行排序。

4.6 推导式与生成器推导式

推导式(comprehensions)又称为解析式,是 Python 的一种独有特性。推导式可以从一个数据序列构建另一个新的数据序列的结构体。Python 中共有 3 种推导式:列表推导式、字典推导式和集合推导式。推导式的最大优势是化简代码,主要适合于创建或控制有规律的序列。

4.6.1 列表推导式

使用列表推导式可以快速生成一个列表,或者根据某个列表生成满足指定需求的列表。列表推导式通常有以下 4 种常用的语法格式。

1. 生成指定范围的数值列表

生成指定范围的数值列表的语法格式如下。

```
listname = [expression for var in range]
```

参数说明如下。

- listname:表示生成的列表名称。
- expression:表达式,用于计算新列表的元素。
- var:循环变量。
- range:采用 range()函数生成的 range 对象。

【例 4-19】 生成一个包括 5 个随机数的列表,要求这些数为 1~10(包括 10)。

实现代码如下。

```
import random                    #导入 random 标准库,使用随机函数
```

```
randnum = [ random.randint(1,10) for i in range(5)]
print("由随机数生成的列表:",randnum)
```

运行结果如下。

```
由随机数生成的列表: [7, 8, 3, 7, 5]
```

2. 根据列表生成指定需求的列表

根据列表生成指定需求的列表的语法格式如下。

```
newlist = [expression for var in oldlist]
```

参数说明如下。

- newlist：表示新生成的列表名称。
- expression：表达式，用于计算新列表的元素。
- var：变量，其值为后面列表的每个元素值。
- oldlist：用于生成新列表的原列表。

【例 4-20】 有一组由不同配置的计算机形成的价格列表，应用列表推导式生成一个打 95 折后的价格列表。

实现代码如下。

```
price = [3500,3800,5600,5200,8700]
sale =[int(i * 0.95) for i in price]
print("原价格:",price)
print("打 95 折后的价格:",sale)
```

运行结果如下。

```
原价格: [3500, 3800, 5600, 5200, 8700]
打 95 折后的价格: [3325, 3610, 5320, 4940, 8265]
```

3. 从列表中选择符合条件的元素组成新列表

从列表中选择符合条件的元素组成新列表的语法格式如下。

```
newlist = [expression for var in oldlist if condition]
```

此处 if 主要起条件判断作用，oldlist 数据中只有满足 if 条件的才会被留下，最后统一生成为一个数据列表。

参数说明如下。

- newlist：表示新生成的列表名称。
- expression：表达式，用于计算新列表的元素。

- var：为后面列表的每个元素值。
- oldlist：用于生成新列表的原列表。
- condition：条件表达式，用于指定筛选条件。

【例4-21】 有一组由不同配置的计算机形成的价格列表，应用列表推导式生成一个低于5000元的价格列表。

实现代码如下。

```
price = [3500,3800,5600,5200,8700]
sale =[i for i in price if i< 5000]
print("原列表:",price)
print("价格低于5000的列表:",sale)
```

运行结果如下。

```
原列表：[3500, 3800, 5600, 5200, 8700]
价格低于5000的列表：[3500, 3800]
```

4. 多个for实现列表推导式

多个for的列表推导式可以实现for循环嵌套功能。

【例4-22】 多个for实现列表推导式应用：求(x, y)，其中x是0～5的偶数，y是0～5的奇数组成的元祖列表。

实现代码如下。

```
list3 = [(x,y) for x in range(5) if x%2==0 for y in range(5) if y%2==1]
print(list3)
```

运行结果如下。

```
[(0, 1), (0, 3), (2, 1), (2, 3), (4, 1), (4, 3)]
```

4.6.2 字典推导式

字典与列表和元组一样，也可以使用字典推导式来快速生成一个字典。它的表现形式也与列表推导式类似，只不过将列表推导式中的方括号[ ]改成花括号{ }。

字典推导式的语法格式如下。

```
{ key:value for key,value in existing_data_structure }
```

这里与列表有所不同，因为字典里面有两个关键的属性key和value。字典推导式作用是快速合并列表为字典或提取字典中目标数据。

1. 利用字典推导式生成一个字典

【例 4-23】 生成字典 key 是 1～5 的数字，value 是这个数字的 2 次方。

实现代码如下。

```
dict1 = {i: i**2 for i in range(1, 5)}
print(dict1)
```

运行结果如下。

```
{1: 1, 2: 4, 3: 9, 4: 16}
```

2. 将两个列表合并为一个字典

【例 4-24】 利用字典推导式合并一个字典示例。

实现代码如下。

```
list1 = ['name', 'age', 'gender']
list2 = ['Maomao', 4, 'male']
dict1 = {list1[i]: list2[i] for i in range(len(list1))}
print(dict1)
```

运行结果如下。

```
{'name': 'Maomao', 'age': 4, 'gender': 'male'}
```

将两个列表合并为一个字典，要注意如下两点。

(1) 如果两个列表的数据个数相同，len 计算任何一个列表的长度都可以。

(2) 如果两个列表的数据个数不同，len 计算数据多的列表数据个数会报错；len 计算数据少的列表数据个数不会报错。

3. 提取字典中目标数据

【例 4-25】 提取计算机价格大于等于 2000 的字典数据。

实现代码如下。

```
goods_list = {'MAC': 6680, 'HP': 1950, 'DELL': 2010,
              'Lenovo': 3990, 'acer': 1990}
new_goods_list = {key: value for key, value in goods_list.items()
                  if value >= 2000}
print(new_goods_list)
```

运行结果如下。

```
{'MAC': 6680, 'DELL': 2010, 'Lenovo': 3990}
```

4.6.3 集合推导式

集合推导式跟列表推导式是相似的,唯一的区别就是它使用的是花括号。语法格式如下。

```
变量名 = { 表达式 for 变量 in 序列 }
变量名 = { 表达式 for 变量 in 序列 if 条件 }
变量名 = { 表达式 1 if 条件 else 表达式 2 for 变量 in 序列 }
```

【例 4-26】 将名字去重并把名字的格式统一为首字母大写。

实现代码如下。

```
names = [ 'Bob', 'JOHN', 'alice', 'bob', 'ALICE',
          'James', 'Bob','JAMES','jAMeS' ]
new_names = {n[0].upper() + n[1:].lower() for n in names}
print(new_names)
```

运行结果如下。

```
{'Bob', 'James', 'John', 'Alice'}
```

【例 4-27】 将一个字典中键(或值)组成一个名字集合。

实现代码如下。

```
my_dict = { "name": "fe_cow", "age": 22, "sex": "男"}
new_set = { key for key, value in my_dict.items( ) }
print(new_set)
```

运行结果如下。

```
{'age', 'sex', 'name'}
```

4.6.4 元组的生成器推导式

元组一旦创建,没有任何方法可以修改元组中的元素,只能使用 del 命令删除整个元组。Python 内部实现对元组做了大量优化,访问和处理速度比列表快。

生成器推导式的结果是一个生成器对象,而既不是列表,也不是元组。使用生成器对象的元素时,可以根据需要将其转化为列表或元组。用户可以使用__next__()或者内置函数访问生成器对象。但不管使用何种方法访问其元素,当所有元素访问结束以后,如果需要重新访问其中的元素,必须重新创建该生成器对象。

生成器对象创建与列表推导式不同的地方就是,生成器推导式是用圆括号创建。

使用元组推导式可以快速生成一个元组,它的表现形式和列表推导式类似,只是将列表推导式中的方括号修改为圆括号。

【例 4-28】 使用元组推导式生成一个包含 5 个随机数的生成器对象。

实现代码如下。

```
import random                                   #导入 random 标准库
randnum = ( random.randint(1,10) for i in range(5))
print("由随机数生成的元组对象:",randnum)
```

运行结果如下。

```
由随机数生成的元组对象:<generator object <genexpr> at 0x0000000001DE0C78>
```

从上面的执行结果中可以看出,使用元组推导式生成的结果并不是一个元组或者列表,而是一个生成器对象,这一点与列表推导式是不同的。要使用该生成器对象,可以将其转换为元组或者列表。其中,转换为元组使用 tuple()函数,而转换为列表则使用 list()函数。

【例 4-29】 使用元组推导式生成一个包含 5 个随机数的生成器对象,然后将其转换为元组并输出。

实现代码如下。

```
import random                                   #导入 random 标准库
randnum = ( random.randint(1,10) for i in range(5))
randnum = tuple(randnum)
print("转换后的元组:",randnum)
```

运行结果如下。

```
转换后的元组: (10, 7, 3, 10, 4)
```

要使用通过元组推导器生成的生成器对象,还可以直接通过 for 循环遍历或者直接使用方法进行遍历。

4.7 数据结构的判断与转换

要判断数据结构,可使用 type()或 isinstance()方法。在不同数据结构间转换时,由于不同数据结构的特性是不同的,因此不是所有的数据结构都能进行等值(保持原值不变)转换。

4.7.1 列表和元组转换

列表与元组之间只需通过 list()或 tuple()方法转换即可。例如,先通过 a= ['a','b','c']定义一个列表,然后使用 tuple(a)方法将其直接转换为元组,结果为('a','b','c')。

4.7.2 列表、元组和集合的转换

列表和元组可直接使用 set()方法转换为集合。例如，先通过 a=('a','b','c')定义一个元组，然后使用 set(a)方法将其直接转换为集合，结果为{'a','b','c'}。注意：集合会把列表或元组中重复的值去掉。

4.8 字符串操作与正则表达式应用

4.8.1 字符串的常见操作

字符串的本质是字符序列，在 Python 中用引号括起来的一个或一串字符就是字符串。字符串支持双向索引和切片访问。字符串属于不可变序列，不能直接修改字符串。

1. 字符串的运算

字符串子串可以用分离操作符([]或者[:])来选取，Python 特有的索引规则为：第一个字符的索引是 0，后续字符索引依次递增，或者从右向左编号，最后一个字符的索引号为−1，前面的字符依次减 1。

表 4-9 给出了字符串的常用运算。

表 4-9 字符串的常用运算

运算符	说　明	示　例	结　果
+	连接操作	str_1 = 'I like ' str_2 = 'Python' print(str_1 + str_2)	I like Python
*	重复操作	str= 'Python' print(str * 2)	PythonPython
[]	索引	str= 'Python' str[2] print(str[-3])	t h
[:]	切片	str = 'Python' print(str[2:5]) print(str[−4:−1])	tho tho

注意：如果 * 后面的数字是 0，就会产生一个空字符串。字符串不允许直接与其他类型的数据连接。若字符串与数字连接，需要先利用 str()函数把数字转换为字符串。

2. 字符串的常用方法

字符串的常用方法如表 4-10 所示。

表 4-10 字符串的常用方法

转义字符	说　明	转义字符	说　明
\n	换行	\"	双引号
\\	反斜杠	\t	制表符

3. 字符串对象的常用方法

字符串对象本身也有大量的操作方法，其中的常用方法如表4-11所示。

表4-11　字符串对象的常用方法

方法	功　能
split()	基于指定分隔符，把当前字符串分割成若干子字符串。不指定分隔符时默认使用空白字符
join()	把几个字符串连接为一个字符串，与"+"连接字符串的区别是join()将多个字符串采用固定的分隔符连接在一起
index()	返回第一次出现指定字符串的位置(索引)，如果不存在，则抛出异常
rindex()	与index()方法相似，只不过要从右边开始查找
find()	返回第一次出现指定字符串的位置(索引)，如果不存在，则返回−1
rfind()	返回最后一次出现指定字符串的位置(索引)，如果不存在，则返回−1
replace()	用新的字符串替换原有的字符串，并返回被替换后的字符串，若未找到，则返回原字符串
count()	统计指定字符串在另一个字符串中出现的次数
strip()	删除当前字符串首尾的指定字符，默认删除首尾的空白字符
lstrip()	用于删除字符串左侧的指定字符
rstrip()	用于删除字符串右侧的指定字符
title()	返回包含每个单词的首字母大写的字符串
startswith()	检索字符串是否以指定字符串开头。如果是则返回True，否则返回False
endswith()	检索字符串是否以指定字符串结尾。如果是则返回True，否则返回False
upper()	返回大写的字符串
lower()	返回小写的字符串

在Python中，数字、英文、小数点、下画线和空格只占一个字节，而一个汉字可能会占2～4个字节，具体占几个字节取决于采用的编码。汉字在GBK/GB2312编码中占2个字节，在UTF-8/Unicode编码中一般占用3个(或4个)字节。

【例4-30】　在某技术平台的会员注册，要求会员名必须唯一，并且不区分字符的大小写，比如jack和JACK被认为是同一位用户。

实现代码如下。

```
#假设已经注册的会员名称保存在一个字符串中,以"@"进行分隔
username_1 = '@Berry@berry@strong@Strong@jack@'
username_2 =username_1.lower()                  #将会员名称字符串全部转换为小写
regname_1 = input('输入要注册的会员名称:')
regname_2 = '@' + regname_1.lower() + '@'       #将要注册的会员名称全部转换为小写
```

```
if regname_2 in username_2:                    #判断输入的会员名称是否存在
    print('会员名',regname_1,'已经存在!')
else:
    print('会员名',regname_1,'可以注册!')
```

运行结果如下。

```
输入要注册的会员名称:joke
会员名 joke 可以注册!
```

4.8.2 正则表达式处理字符串的步骤

正则表达式是处理字符串的强大工具,拥有自己独特的语法和处理引擎。正则表达式是由特殊符号组成的字符串,其中可包含一种或多种匹配模式。

Python 语言内置的字符串函数可以实现简单的字符串处理,但在复杂的文本场景下,正则表达式更加有效。

在 Python 中,使用正则表达式的一般步骤如下。

(1) 根据正则表达式的语法创建正则表达式字符串,即模式字符串。

在 Python 中使用正则表达式时,是将其作为模式字符串使用的。例如,将匹配一个小写字母的正则表达式表示为模式字符串,可以使用引号将其括起来,例如,'[a-z]'。

在创建模式字符串时,可以使用单引号、双引号或者三引号,但更加推荐使用单引号,不建议使用三引号。

(2) 把正则表达式字符串编译为 re.Pattern(模式)实例。

Python 提供了 re 模块,用于实现正则表达式的操作。在实现时,可以先使用 re 模块的 compile()方法把模式字符串转换为 Pattern 对象,再使用该对象提供的方法(如 search()、match()、findall()等方法)进行字符串处理,也可以直接使用 re 模块提供的方法(如 search()、match()、findall()等方法)进行字符串处理。

re 模块在使用时,需要先利用 import 语句引入该模块,具体代码如下。

```
import re
```

用 re 模块的 compile()方法将正则表达式字符串(也称为模式字符串)转换为 Patten 对象。

compile()方法的语法如下:

```
re.compile(strPattern, flags)
```

参数说明如下。

- strPattem:表示模式字符串,由要匹配的正则表达式转换而来。
- flags:可选参数,表示标志位,用于控制匹配方式,比如是否区分字母的大小写。

flags 的可选值如下。

- re.I (re.IGNORECASE)：忽略大小写。
- re.M (MULTILINE)：多行模式，改变'^'和'$'的行为。
- re.S (DOTALL)：句点任意匹配模式，改变'.'的行为。
- re.L (LOCALE)：使预定字符类\w、\W、\b、\B、\s、\S取决于当前区域设定。
- re.U (UNICODE)：使预定字符类\w、\W、\b、\B、\s、\S、\d、\D取决于Unicode定义的字符属性。
- re.X (VERBOSE)：详细模式。这个模式下正则表达式可以是多行，忽略空白字符。

返回值：Patten对象。该对象提供了search()、match()、findall0、finditer()等方法用于匹配字符。

(3) 使用Pattern对象或者re模块的方法(如果使用该方法，则步骤(2)可以省略)处理文本并获得匹配结果，匹配结果为一个Match(匹配)对象。

(4) 通过Match对象提供的相应属性和方法获得信息。

【例 4-31】 匹配字符串开头的一个字母。

实现代码如下。

```
import re                          #导入 re 模块
a = "study"
patt = "[a-z]"
res=re.search(patt,a)              #扫描整个字符串并返回第一个成功的匹配
print(res.group())                 #使用 group(num) 匹配对象函数来获取匹配表达式
patt=re.compile("^[a-z]")          #编译正则表达式生成一个正则表达式(Pattern)对象
res=re.match(patt,a)               #从字符串的起始位置匹配一个模式
print(res.group())                 #使用 group(num) 匹配对象函数来获取匹配表达式
```

运行结果如下。

```
s
s
```

4.8.3 Python 支持的正则表达式语法

正则表达式通过不同的字符表示不同的语法规则，包括表示匹配对象的规则、匹配次数的规则和匹配模式的规则。

1. 表示匹配对象的规则

匹配对象的规则是指通过某种什么方式表示要匹配的字符串本身，如数字、字符。常用的匹配对象的规则如表 4-12 所示。

表 4-12 常用的匹配对象的规则

元字符	说明	示例
.	匹配除换行符以外的任意字符	'la.e': 匹配 la 和 e 之间可以有任意一个字符，比如 lake、lame 等
\	表示转义字符，将正则表达式中的特殊符号转义为普通字符	'lo\.e'表示模式本身就是'lo.e'，其中的"."不再表示任意字符对象
[...]	表示字符规则的集合。其中的字符集可以逐个列出，也可以列出范围	'[0-3]'表示规则包含 0～3 共 4 个字符 '[ov]': 匹配"love"中的 o、v
[^...]	将^放在字符集的开始位置，则表示排除字符集中所列字符	'[^0-3]': 匹配"1234"中的 4 '[^ov]': 匹配"love"中的 l、e
\d	匹配数字，相当于[0-9]	'\d': 匹配 O2O 中的 2
\D	匹配非数字，相当于[^0-9]	'\D': 匹配 O2O 中的 O、O
\s	匹配任意的空白符，包括\t 和\n，相当于[\t\n\r\f\v]	'\s': 匹配"ho\nbby"中的\n
\S	匹配非空白符，相当于[^\t\n\r\f\v]	'\S': 匹配"ho\nbby"中的 hobby
\w	匹配字母、数字、下画线和汉字，相当于[a-zA-Z0-9]	'\w': 匹配"O2O\n"中的 O2O
\W	匹配非字母、数字、下画线和汉字，相当于[^a-zA-Z0-9]	'\W': 匹配"O2O\n"中的\n
\b	匹配单词的开始或结束，单词的分界符通常是空格、标点符号或者换行	\bw: 匹配"what is this? word"的 what 和 word 中的 w s\b: 匹配"what is this? word"的 is 和 this 中的 s
\B	与\b 相反，在内容左侧时表示匹配单词的结束；在内容右侧时表示匹配单词的开始，单词的分解符通常是空格，标点符号或者换行	w\B: 匹配"what is this? word"的 what 和 word 中的 w \Bs: 匹配"what is this? word"的 is 和 this 中的 s

2. 表示匹配次数的规则

匹配次数的规则是指匹配对象多少次。常用的表示匹配次数的规则如表 4-13 所示。

表 4-13 常用的表示匹配次数的规则

元字符	说明	示例
*	匹配前边的字符零次或多次	go*gle，该表达式可以匹配的范围从 ggle 到 goo…gle
+	匹配前边的字符一次或多次	go+gle，该表达式可以匹配的范围从 gogle 到 goo…gle
?	匹配前边的字符零次或一次	colou?r，该表达式可以匹配 colour 和 color
{n}	匹配前边的字符 n 次	go{2}gle，该表达式只匹配 google
{n,m}	匹配前边的字符 n 到 m 次	go{2,}gle，该表达式可以匹配的范围从 google 到 goo…gle

3. 表示匹配模式的规则

匹配模式的规则是指匹配以何种模式实现，如开头、结尾。常用的表示匹配模式的规则如表4-14所示。

表4-14 常用的表示匹配模式的规则

元字符	说明	示例
^	表示匹配字符串的开头规则。在多行模式中，匹配每一行的开头	'^lo'表示字符串以lo开头，因此'love'能匹配到该模式
$	表示匹配字符串结尾规则。在多行模式中，匹配每一行的末尾	've$'表示字符串以ve结尾，因此'love'能匹配到该模式
|	表示多个规则中只要匹配一个规则即可	'[,|!]'表示规则包括感叹号和逗号，匹配任意一个字符即可

【例4-32】 使用正则表达式验证用户输入的手机号码是否合法。

实现代码如下。

```
import re                                          #导入Python的re模块
mobile = input('请输入中国移动手机号码:')
pattern = r'(13[4-9]\d{8})|(15[01289]\d{8})$'
match = re.search(pattern, mobile)                 #进行模式匹配
if match == None:                                  #判断是否为None,为真表示匹配失败
    print(match.group(), '不是有效的中国移动手机号码。')
else:
    print(match.group(), '是有效的中国移动手机号码。')
```

运行结果如下。

```
请输入中国移动手机号码:13910329870
13910329870是有效的中国移动手机号码。
```

4.8.4 使用正则表达式处理字符串

Python提供了re模块，用于实现正则表达式的操作，使用正则表达式需要导入Python内置的re库，该库包含多个函数，这里介绍常用的函数re.match()、re.findall()、re.split()和re.sub()的用法。

1. 使用re.match()函数进行匹配

re.match()函数用于指定文本模式和待匹配的字符串。从字符串的开始处进行匹配，如果在起始位置匹配成功，则返回Match对象，否则返回None。其语法格式如下。

```
re.match(pattern, string, [flags])
```

参数说明如下。

- pattern：表示模式字符串，由要匹配的正则表达式转换而来。
- string：表示待匹配的字符串。
- flags：可选参数，表示标志位，用于控制匹配方式，如是否区分字母大小写。常用的标志如表 4-15 所示。

表 4-15 常用的标志

标　　志	说　　明
A 或 ASCII	对于\w、\W、\b、\B、\d、\D、\s 和\S 只进行 ASCII 匹配(仅适用于 Python 3.x)
I 或 IGNORECASE	执行不区分字母大小写的匹配
M 或 MULTILINE	将^和 $ 用于包括整个字符串的开始和结尾的每一行(默认情况下，仅适用于整个字符串的开始和结尾处)
S 或 DOTALL	使用“.”字符匹配所有字符，包括换行符
X 或 VERBOSE	忽略模式字符串中未转义的空格和注释

在使用 re.match()函数时，如果匹配成功，则返回 Match 对象，然后可以调用对象中的 group()函数获取匹配成功的字符串。如果文本模式就是一个普通的字符串，那么 group()函数返回的就是文本模式本身。

【例 4-33】 re.match()函数的应用示例：假设字符串 id_info 中的规则包含了 ID 值、用户等级、交税金额、自定义维度和日期，其中，ID58 为 ID 值，该 ID 后面的值为 1～+∞ 的整数；high 为用户等级，这是一个字符串；3690 为交税金额，为整数；20210930 为交税日期，是固定的 8 位长度。

实现代码如下。

```
import re
id_info = "ID58high3690cd520210930"        #定义字符串
re_match = re.match('^ID(\d+)(\D*)(\d*)(\w{3})(\d{8})',id_info)
print((re_match.groups()))
```

运行结果如下。

```
('58', 'high', '3690', 'cd5', '20210930')
```

2. 使用 re.findall()函数进行匹配

re.findall()函数用于在整个字符串中搜索所有符合正则表达式的字符串，并以列表的形式返回(列表的每一个元素是一个分组的结果。如果不包括或者只包括一个分组，则每个元素都是匹配的字符串；而如果包括多个分组，则每个元素都是一个元组，空匹配也会包含在结果里)。如果匹配成功，则返回包含匹配结果的列表；否则返回空列表。

其语法格式如下。

```
findall(string[, pos[, endpos]])
```

参数说明如下。

- string：待匹配的字符串。
- pos：可选参数，指定字符串的起始位置，默认为 0。
- endpos：可选参数，指定字符串的结束位置，默认为字符串的长度。

【例 4-34】 利用 re.findall()函数搜索 IP 地址。

实现代码如下。

```
import re
pattern = r'([1-9]{1,3}(\.[0-9]{1,3}){3})'
str1 = '127.0.0.1 202.205.80.132'
match = re.findall(pattern, str1)
for i in match:
    print(i[0])
```

运行结果如下。

```
127.0.0.1
202.205.80.132
```

3. 使用 re.split()函数拆分字符串

re.split()函数可以将字符串中与模式匹配的字符串都作为分隔符来分隔字符串，返回一个列表形式的分隔结果，每一个列表元素都是分隔的子字符串。即 re.split()函数按照指定的 pattern 格式，分割 string 字符串，返回一个分割后的列表。

其语法格式如下。

```
re.split(pattern, string, maxsplit=0, flags=0)
```

参数说明如下。

- pattern：生成的正则表达式对象，或者自定义也可以。
- string：要匹配的字符串。
- maxsplit：指定最大分割次数，不指定将全部分割。

【例 4-35】 使用 re.split()函数拆分字符串。

实现代码如下。

```
import re
strs = "I like to write in,Python"          #定义字符串
print("输出分隔后的字符串:",re.split('[ |!|,]', strs))
```

运行结果如下。

```
输出分隔后的字符串：['I', 'like', 'to', 'write', 'in', 'Python']
```

中括号中的空格分隔符，不能写为''，否则将被认为该分割符是两个单引号中间加空格。

4. 使用 re.sub()函数替换字符串

re.replace()函数也能实现替换操作，但只局限于固定对象的替换，正则表达式可实现基于规则的替换。

其语法格式如下。

```
sub(pattern,repl,string,count=0,flag=0)
```

参数说明如下。

- pattern：正则表达式的字符串。
- repl：被替换的内容。
- string：正则表达式匹配的内容。
- count：由于正则表达式匹配的结果是多个，使用 count 来限定替换的个数从左向右，默认值是 0，替换所有的匹配到的结果。
- flag：是匹配模式，既可以使用按位或者"|"表示同时生效，也可以在正则表达式字符串中指定。

【例 4-36】 利用 re.sub()函数字符串替换例。

实现代码如下。

```
import re
ret = re.sub(r"\d+", '998', "python = 997,java=996")
print(ret)
```

运行结果如下。

```
python = 998,java=998
```

5. 使用 re.search()函数进行匹配

通常使用 re.search()函数，该函数的参数与 re.match()函数的参数一致。该函数的语法格式如下：

```
re.search(pattern, string, flags=0)
```

参数说明如下。

- pattern：匹配的正则表达式。

- string：要匹配的字符串。
- flags：标志位，用于控制正则表达式的匹配方式，比如，是否区分大小写，多行匹配等。

匹配成功 re.search()函数返回一个匹配的对象，否则返回 None。用户可以使用 group(num) 或 groups() 匹配对象函数来获取匹配表达式。

group(num=0)匹配的整个表达式的字符串，group() 可以一次输入多个组号，在这种情况下它将返回一个包含那些组所对应值的元组。

groups()返回一个包含所有小组字符串的元组，从 1 到所含的小组号。

【例 4-37】 字符串搜索示例。

实现代码如下。

```
import re
line = "Cats are smarter than dogs";
searchObj = re.search(r'(.*) are (.*?) .*', line, re.M | re.I)
if searchObj:
    print("searchObj.group() : ", searchObj.group())
    print("searchObj.group(1) : ", searchObj.group(1))
    print("searchObj.group(2) : ", searchObj.group(2))
else:
    print("Nothing found!!")
```

运行结果如下。

```
searchObj.group() :  Cats are smarter than dogs
searchObj.group(1) :  Cats
searchObj.group(2) :  smarter
```

re.match()函数与 re.search()函数的区别：re.match()函数只匹配字符串的开始，如果字符串开始不符合正则表达式，则匹配失败，返回 None；而 re.search()函数匹配整个字符串，直到找到一个匹配。

【例 4-38】 re.match()函数与 re.search()函数的区别示例。

实现代码如下。

```
import re
line = "Cats are smarter than dogs";
matchObj = re.match(r'dogs', line, re.M | re.I)
if matchObj:
    print("match --> matchObj.group() : ", matchObj.group())
else:
    print("No match!!")
matchObj = re.search(r'dogs', line, re.M | re.I)
if matchObj:
```

```
    print("search --> searchObj.group() : ", matchObj.group())
else:
print("No match!!")
```

运行结果如下。

```
No match!!
search --> searchObj.group() :  dogs
```

本 章 小 结

本章介绍了列表、元组、字典、集合、字符串等序列数据结构的特点和常用操作，主要内容如下。

（1）列表是有序可变序列，使用方括号作为定界符。元组是有序不可变序列，使用圆括号作为定界符。字典是无序可变序列，使用花括号作为定界符，是一种“键值”对的映射类型。集合是无序可变序列，使用花括号作为定界符。字符串是有序不可变序列，使用引号作为定界符。这些序列结构可以存储不同类型的数据。

（2）列表推导式提供了一种简洁的方法以创建列表，它使用描述、定义的方式，结合循环和条件判断自动生成列表，具有强大的表达功能，是 Python 程序开发中应用最多的技术之一。

（3）列表、元组和字符串都支持双向索引和切片访问，字典支持按键访问，集合不支持索引和切片访问。

（4）字典的键和集合的元素都是唯一的，并且都必须是不可变的数据类型。

（5）可以使用运算符、函数或对象方法操作序列对象。

（6）正则表达式使用的 4 个步骤以及正则表达式的语法和操作方法。

思考与练习

1. 列表、元组、字典都用什么标记？可以用哪些函数来创建？

2. 列表和元组两种序列结构有什么区别？

3. 字典有什么特点？列出任意 5 种字典的操作函数。

4. 编写代码，要求实现以下功能：

```
li=['swim', 'sing', 'dance']
```

（1）计算列表长度并输出。

（2）列表中追加元素'reading'，并输出添加后的列表。

（3）请在列表的第 1 个位置插入元素'draw'，并输出添加后的列表。

（4）请修改列表的第 2 个位置元素'play'，并输出修改后的列表。

(5) 请在列表删除元素'sing',并输出删除后的列表。

(6) 请删除列表中的第2个元素,并输出删除后的元素的值和删除元素后的列表。

(7) 请使用for循环输出列表中的所有元素。

5. 利用循环语句,依次从键盘输入6个整数,并添加到列表nums中。然后,完成下列操作。

(1) 使用列表推导式建立3个列表pos_list、neg_list、zero_list,分别保存正数、负数和零。

(2) 统计正数、负数和零的个数,并依次输出统计结果。

6. 有如下元组,请按照要求实现每一个功能:

```
hobby = ('swim', 'sing', 'dance')
```

(1) 计算元组的长度,并输出。

(2) 获取元组的第2个元素,并输出。

(3) 获取元组的第1~2个元素,并输出。

(4) 用for输出元组的元素。

(5) 用enumerate输出元组元素和序号(从10开始)。

7. 已知字典dic_info={'姓名':'初心','地址':'北京,'电话号码':'13456789128'}。

(1) 分别输出字典dic_info中所有的键(key)、值(value)的信息。

(2) 将字典dic_info中所有的键(key)、值(value)的信息分别以列表形式输出。

(3) 输出字典dic_info中地址的值。

(4) 修改字典dic_info中电话号码的值为'18987965858'。

(5) 添加键值对'班级': 'python',并输出。

(6) 用两种方法删除字典dic_info中的地址键对值。

(7) 随机删除字典dic_info中的一个键值对。

(8) 清空字典dic_info。

8. 编写英文月份词典。

有一位三年级的小朋友,总是记不住1~12月的英文单词。请你编写一个小工具,输入月份,就能输出对应的单词(提示:可以使用列表和索引)。

9. 某单位需要从编号100~999中抽取6名幸运儿去现场观看冬奥会的滑冰比赛(生成一组100~999中不重复的随机数)。

10. 利用正则表达式,输入身份证号码,获取对应的省份。

11. 统计《水调歌头·明月几时有》中每个字符的出现次数。

明月几时有,把酒问青天。

不知天上宫阙,今夕是何年?

我欲乘风归去,又恐琼楼玉宇,

高处不胜寒。

起舞弄清影,何似在人间!

转朱阁,低绮户,照无眠。

不应有恨，何事长向别时圆？

人有悲欢离合，月有阴晴圆缺，此事古难全。

但愿人长久，千里共婵娟。

12. 统计需要取快递人员的名单。

"双十一"过后，某公司每天都能收到很多快递，门卫小李想要编写一个程序来统计一下收到快递的人员名单，以便统一通知。现在请你帮他编写一段 Python 程序，统计出需要来取快递的人员名单(提示：可以通过循环一个一个地录入有快递的人员姓名，并且添加到集合中，由于集合有去重功能，这样最后得到的就是一个不重复的人员名单)。

13. 替换出现的违禁词。

在电商平台中，商品评价将直接影响用户的购买欲望。对于出现的差评，好的解决方法就是及时给予回复。为了规范回复内容，在电商平台中会自动检查是否出现违禁词。本任务要求：编写一段 Python 代码，实现替换一段文字中出现的违禁词(提示：违禁词可以设置为唯一、神效等敏感词)。

14. 提取 E-mail 地址。

在发送电子邮件时，必须提供正确的 E-mail 地址。本任务要求：编写一段 Python 代码，从一段文本中提取出全部的 E-mail 地址(提示：E-mail 地址的规则为"收件人的用户名＋@＋邮件服务器名"，其中邮件服务器名可以是域名或十进制表示的 IP 地址)。

15. 计算时间。要求是输入一个时间(小时：分钟：秒)，输出经过 5 分 30 秒后的时间。

16. 利用列表推导式求新列表，生成由原列表中的每个元素的平方所形成新列表。

第5章 函数与函数式编程

函数是一段封装好的、实现特定功能的代码段，用户不需要关心程序的实现细节，可以通过函数名及其参数直接调用。

Python 内置了丰富的函数资源，用户可以在程序中直接调用这些内置函数。程序开发人员也可以根据实际应用需要定义函数，从而方便随时调用，并能提高应用程序的模块性和代码的复用率，增强了代码的重用性和可读性。

本章将对如何定义和调用函数，以及函数的参数、变量的作用域、函数的递归与调用、函数式编程等进行详细介绍。

5.1 内置函数

Python 中内置了丰富的函数资源，可以用来进行数据类型转换与类型判断、统计计算、输入/输出等操作。比如，使用 dir(__builtins__)可以查看内置函数。前面章节中使用的 input()和 print()就是内置函数。

内置函数可以在程序中直接调用，其语法格式如下。

```
函数名(参数 1,参数 2,参数 3,…)
```

内置函数说明如下。

(1) 调用函数时，函数名后面必须加一对圆括号。

(2) 函数通常都有一个返回值，表示调用的结果。

(3) 不同函数的参数个数不同，有的是必选的，有的是可选的。

(4) 函数的参数值必须符合要求的数据类型。

(5) 函数可以嵌套调用，即一个函数可以作为另一个函数的参数。

5.2 自定义函数与调用

Python 除了可以直接使用标准函数外，还支持自定义函数，即通过将一段实现单一功能或相关联功能的代码定义为函数，来达到“一次编写，多次调用”的目的。使用函数可以提高代码的重用率。

5.2.1 函数的定义

函数定义的语法格式如下：

```
def function_name(arguments):
    function_block
    return[expression]
```

函数定义的说明如下。

(1) 函数代码块以 def 关键词开头，后接函数标识符名称和圆括号。

(2) function_name 是用户自定义的函数名称。

(3) arguments 是零个或多个参数，且任何传入参数必须放在圆括号内。如果有多个参数，则参数之间必须用英文逗号分隔。即使没有任何参数，也必须保留一对空的圆括号。括号后边的冒号表示缩进的开始。

(4) 最后必须跟一个冒号(:)，函数体从冒号开始，并且缩进。

(5) function_block 是实现函数功能的语句块。

(6) 在函数体中，可以使用 return 语句返回函数代码的执行结果，返回值可以有一个或多个。如果没有 return 语句，则默认返回 None(空对象)。

(7) 如果想定义一个空函数，可以使用 pass 语句作为占位符。

5.2.2 函数的调用

调用函数也就是执行函数。如果把创建的函数理解为一个具有某种用途的工具，那么调用函数就相当于使用该工具。定义一个函数，但不调用，那么这个函数中的代码就不会运行。调用函数的语法格式如下：

```
function_name (arguments)
```

参数说明如下。

- function_name：函数名称，即要调用的函数名称，必须是已经创建好的。
- arguments：可选参数，用于指定各个参数的值。如果需要传递多个参数值，则各个参数值之间使用逗号分隔；如果该函数没有参数，则直接写一对圆括号即可。

5.2.3 函数的返回值

在 Python 中，可以在函数体内使用 return 语句为函数指定返回值，从而将函数的处理结果返回给调用它的程序。该返回值可以是任意类型，若函数没有返回值，可以省略 return 语句。return 语句是函数的结束标志，无论 return 语句出现在函数的什么位置，只要得到执行，就会直接结束函数的执行。

return 语句的语法格式如下：

```
return [value]
```

参数说明如下。

value：可选参数，用于指定要返回的值，可以返回一个或多个值。如果返回一个值，那么 value 中保存的值可以为任意类型。如果返回多个值，那么在 value 中保存的是一个元组。

当函数中没有 return 语句时，或者省略了 return 语句的参数时，将返回 None，即返回空值。

【例 5-1】 自定义函数名称为 fun_area()的函数，用于计算矩形的面积，该函数包括两个参数，分别为矩形的长和宽，返回值为矩形的面积。

实现代码如下。

```
#计算矩形面积的函数
def fun_area(width,height):
    if str(width).isdigit() and str(height).isdigit():  #验证数据是否合法
        area = width * height                           #计算矩形的面积
    else:
        area = 0
    return area                                         #返回矩形的面积

w = 20                                                  #矩形的长
h = 15                                                  #矩形的宽
area = fun_area(w,h)                                    #调用函数
print(area)
```

运行结果如下。

```
300
```

5.3　函数参数的传递

在使用函数时，经常会用到形式参数和实际参数，两者之间的区别如下。

(1) 形式参数简称为形参，在使用 def 定义函数时，函数名后面的括号里的变量称为形参。

(2) 在调用函数时提供的值或者变量称为实际参数，实际参数简称实参。

(3) 函数的参数传递是指将实参传递给形参的过程。

(4) 定义函数时不需要声明形参的数据类型，Python 解释器会根据实参的类型自动推断形参的类型。

(5) 形参与实参的关系：两者是在调用的时候进行结合的，通常实参会将取值传递

给形参之后进行函数过程运算，然后可能将某些值经过参数或函数符号返回给调用者。

函数既可以传递参数，也可以不传递参数。同样，函数既可以有返回值，也可以没有返回值。

根据实参的类型不同，可以分为将实参的值传递给形参，以及将实参的引用传递给形参两种情况。其中，当实参为不可变对象时，进行的是值传递；当实参为可变对象时，进行的是引用传递。实际上，值传递和引用传递的基本区别就是，进行值传递后，改变形参的值，实参的值不变；而在进行引用传递后，改变形参的值，实参的值也一同改变。

5.3.1 固定参数传递

直接将实参赋给形参，根据位置做匹配，即严格要求实参的数量与形参的数量以及位置均相同。也就是第1个实参传递给第1个形参，第2个实参传递给第2个形参，以此类推。

【例5-2】 定义一个名称为fun_bmi()函数，根据身高、体重计算BMI指数。要求：fun_bmi()函数包括3个参数，分别用于指定姓名、身高和体重，再根据公式：BMI＝体重/(身高×身高)，计算BMI指数，并输出结果。

实现代码如下。

```
def fun_bmi(person,height,weight):
    print(person+"的身高为:"+str(height)+"m 体重:"+str(weight)+"kg")
    bmi = weight/(height*height)
    print(person+"的 BMI 指数为:"+str(bmi))
    #判断身材是否正常
    if bmi < 18.5:
        print("你的体重过轻!")
    if bmi >= 18.5 and bmi < 24.9:
        print("正常范围,注意保持。")
    if bmi >= 24.9 and bmi < 29.9:
        print("你的体重过重!")
    if bmi >= 29.9:
        print("肥胖!")
#函数定义
fun_bmi("吴怡晴" , 1.78 , 75)
```

运行结果如下。

```
吴怡晴的身高为:1.78m 体重:75kg
吴怡晴的 BMI 指数为:23.671253629592222
正常范围,注意保持。
```

5.3.2 默认参数传递

Python支持默认值参数，即在定义函数时可以为形参设置默认值。调用带有默认值参数的函数时，可以通过传递实参值来替换默认值。如果没有给设置默认值的形参传值，则函数会直接使用默认值。

需要注意的是，定义函数时，默认值参数必须出现在形参表的最后，即任何一个默认值参数的右边都不能再出现没有默认值的普通位置参数，否则会提示语法错误。

默认值参数的定义格式如下：

```
def 函数名(…,形参名=默认值):
    函数体
```

【例5-3】 定义函数 user_info()，设置参数默认值，调用时验证其功能。

实现代码如下。

```
#定义函数
def user_info(name,age,gender='女'):
    print("您的名字是{name},年龄是{age},性别是{gender}")
#调用函数
user_info('Tom',20)
user_info('Jack',18,'男')
```

运行结果如下。

```
您的名字是Tom,年龄是20,性别是女
您的名字是Jack,年龄是18,性别是男
```

定义函数时，为形参设置默认值需注意默认参数必须指向不可变对象。若使用可变对象作为函数参数的默认值时，多次调用可能会导致意料之外的情况。

5.3.3 未知参数个数传递

如果函数在定义时无法确定参数的具体数目，定义函数时可以在形参前添加星号“*”或“**”。

通过*arg和**kwargs这两个特殊语法可以实现可变长参数。

arg表示元组变长参数(参数名的前面有一个星号“”)，可以以元组形式接收不定长度的实参。

**kwargs表示字典变长参数(参数名的前面有两个星号“*”)，可以以字典形式接收不定长度的键值对。

【例5-4】 利用可变长参数定义函数 get_score()，可以根据姓名同时查询多人的成绩。

实现代码如下。

```
def get_score(**names):
    result = []
```

```
    for name in names:
        score = std_sc.get(name, -1)
        result.append((name, score))
    return result

std_sc = {'Merry': 95, 'Jack': 76, 'Rose': 88, 'Xinyi': 65}
print(get_score('Merry'))
print(get_score('Jack', 'Rose'))
print(get_score('Merry', 'Xinyi', 'Jack'))
```

运行结果如下。

```
[('Merry', 95)]
[('Jack', 76), ('Rose', 88)]
[('Merry', 95), ('Xinyi', 65), ('Jack', 76)]
```

如果要使用一个已有列表作为函数的可变参数，可以在列表的名称前加一个星号“*”。比如：

```
schoolname=['清华大学','北京大学','中国农业大学']
printschool(*schoolname)
```

使用可变参数需要考虑形参位置的问题。如果在函数中，既有普通参数，又有可变参数，通常可变参数会放在最后。若可变参数放在函数参数的中间或者最前面，普通参数需用关键字参数形式来传递参数，如可变参数后面的普通参数传值时不想使用关键字参数，那么就必须为这些普通参数指定默认值。

如果要使用一个已有字典作为函数的可变参数，可以在字典的名称前加两个星号“**”。

总之，在传递参数时，字典和列表(元组)的主要区别是字典前面需要加两个星号(定义函数与调用函数都需要加两个星号)，而列表(元组)前面只需要加一个星号。

5.3.4 关键字参数传递

调用函数时，可以通过“形参名=值”的形式来传递参数，称之为关键字参数传递。与位置参数相比，关键字参数传递可以通过参数名明确指定为哪个参数传值，因此参数的顺序可以与函数定义中的不一致。这样可以避免用户需要牢记参数位置的麻烦，使得函数的调用和参数传递更加灵活方便。

使用关键字参数传递时，必须正确引用函数定义中的形参名称。

【例 5-5】 定义一个函数 user_info()，可以通过关键字参数传递实参。

实现代码如下。

```
def user_info(name,age,gender):
```

```
    print("您的名字是{name},年龄是{age},性别是{gender}")
#函数调用
user_info('Tom',age=20,gender='女')
user_info('Jack',gender='男',age=18)
```

运行结果如下。

```
您的名字是 Tom,年龄是 20,性别是女
您的名字是 Jack,年龄是 18,性别是男
```

当位置参数与关键字参数混用时,位置参数必须在关键字参数的前面,关键字参数之间则可以不区分先后顺序。

5.4　变量的作用域

变量的作用域是指程序代码能够访问该变量的区域,如果超出变量的有效范围,访问时就会出现错误。在程序中,一般是根据变量的有效范围将变量分为局部变量和全局变量。

5.4.1　局部变量

局部变量是指在函数内部定义并使用的变量,它只在函数内部有效。即函数内部的变量只在函数运行时才会创建,在函数运行完毕之后,局部变量将无法进行访问。所以,如果在函数外部使用函数内部定义的变量,会显示 NameError 异常。

【例 5-6】 局部变量的使用示例。

实现代码如下。

```
def my_add(x, y):
    print("x=" + str(x) + ";" + "y=" + str(y))
    s = x + y
    return s
```

在函数内部定义的变量一般为局部变量,其作用范围限定在这个函数内,当函数执行结束后,局部变量会自动删除,不可以再访问。

5.4.2　全局变量

与局部变量对应,全局变量是能够作用于函数内外的变量。在函数外部定义的变量称为全局变量,其作用范围是整个程序。全局变量可以在当前程序及其所有函数中引用。

全局变量可通过以下两种方式定义。

(1) 如果一个变量,在函数外定义,那么不仅在函数外部可以访问它,在函数内部也可以访问。在函数体以外定义的变量是全局变量。

(2) 在函数体内定义，使用 global 关键字修饰后，该变量也就变为全局变量。在函数体外也可以访问到该变量，并且在函数体内还可以对其进行修改。

【例 5-7】 全局变量的使用示例，其中 global_num 是全局变量，my_add()函数内部定义的 local_num 是局部变量。

实现代码如下。

```
def my_add():
    local_num = 3                           #局部变量
    return global_num + local_num

global_num = 5                              #全局变量
print(my_add())                             #结果:8
print(global_num)                           #结果:5
print(local_num)                            #报错,local_num 变量没有定义
```

当函数内的局部变量和全局变量重名时，该局部变量会在自己的作用域内暂时隐藏同名的全局变量，即只有局部变量起作用。

【例 5-8】 global 关键字使用示例，在函数内使用 global 关键字声明了全局变量 x 及其操作，将其值修改为 3。

实现代码如下。

```
def my_add():
    global x                                #声明全局变量
    print(x)                                #结果:5
    x = 3                                   #修改变量值
    return x + x

x = 5
print(my_add())                             #结果:6
print(x)                                    #结果:3
```

通过 global 关键字可以在函数内定义或者使用全局变量。如果要在函数内修改一个定义在函数外部的变量值，则必须使用 global 关键字将该变量声明为全局变量，否则会自动创建新的局部变量。

5.5 函数的递归与嵌套

5.5.1 函数的递归函数

程序调用自身的编程方法称为递归。函数的递归调用是函数调用的一种特殊情况。函数反复地自己调用自己，直到某个条件满足时就不再调用了，然后一层一层地返回，直

到该函数第一次调用的位置。

递归作为一种算法在程序设计语言中被广泛应用。通常可以把一个大型复杂的问题层层转化为一个与原问题相似的、规模较小的问题进行求解。递归策略只需要少量的程序就可以描述出解题过程所需要的多次重复计算，大幅减少了程序的代码量。

递归函数在定义时必须有边界条件，即递归停止的条件，否则函数将永远无法跳出递归，陷入死循环。

【例 5-9】 利用递归函数计算 5!。

实现代码如下。

```
def fn(num):
    if num==1:
        result=1
    else:
        result=fn(num-1) * num
    return  result
n=int(input("请输入一个正整数:"))
print("%d! ="%n, fn(n))
```

运行结果如下。

```
请输入一个正整数:5
5! = 120
```

接下来，通过图来描述阶乘 5! 算法的执行原理，如图 5-1 所示。

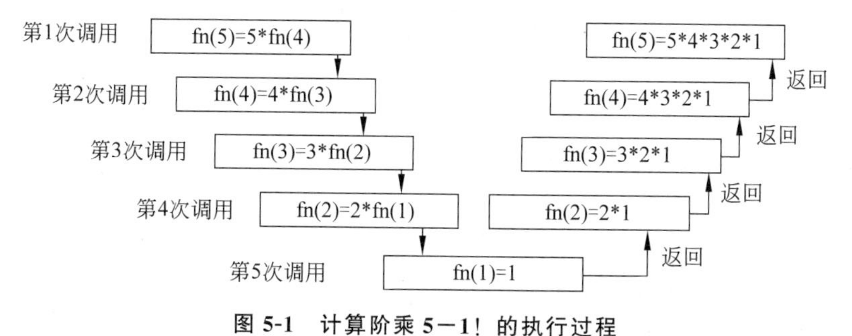

图 5-1 计算阶乘 5—1! 的执行过程

由上述例子可以看出，递归函数具有如下特征。

(1) 递归函数必须有一个明确的结束条件。

(2) 递归的递推(调用)和回归(返回)过程，与入栈和出栈类似。这是因为在计算机中，函数的调用其实就是通过栈这种数据结构实现的。每调用一次函数，就会执行一次入栈操作，每当函数返回，就执行一次出栈操作。

递归结构往往消耗内存较大，因此能用迭代解决的问题尽量不要用递归。

5.5.2 函数的嵌套

函数的嵌套是指在函数中调用另外的函数。这是函数式编程的重要结构，也是我们在编程中常用的一种程序结构。

【例 5-10】 函数的嵌套调用示例。

实现代码如下。

```
#计算 3 个数之和
def sum_num(a, b, c):
    return a + b + c

#求 3 个数平均值
def average_num(a, b, c):
    sumResult = sum_num(a, b, c)
    return sumResult / 3

result = average_num(1, 2, 3)
print(result)
```

运行结果如下。

```
2.0
```

5.6 函数式编程

函数式编程(Functional Programming)是一种抽象程度较高的编程范式，它的一个重要特点是编写的函数中没有变量。这就解决了在函数中定义、使用变量导致的输出不确定等问题。

函数式编程的另一个特点是可以把函数作为参数传入另一个函数。但 Python 的函数式编程中允许使用变量，因此，Python 不是纯函数式编程语言，它对函数式编程提供部分支持。

函数式编程编写的代码将数据、操作、返回值等都放在一起，使代码更加简洁。

5.6.1 lambda 匿名函数

匿名函数是指不需要显示指定函数名的函数，调用一次或几次后就不再需要的函数。Python 中用 lambda 关键字通过表达式的形式来定义匿名函数。lambda 表达式的首要用途是指定短小的回调函数。

lambda 表达式用来声明没有函数名称、临时使用的匿名函数，尤其适用于将一个函数作为另一个函数的参数的情形。

匿名函数体比 def 定义的函数简单得多，lambda 表达式中只能封装有限的逻辑。除此之外，lambda 函数拥有自己的命名空间，且不能访问自有参数列表之外或全局命名空间中的参数。

匿名函数的语法格式如下：

```
[返回的函数名] = lambda 参数列表: 函数返回值表达式语句
```

参数说明如下。

- 函数名是可选项。如果没有函数名，则表示这是一个匿名函数。
- 可以接收多个参数，但只能包含一个表达式，表达式的值作为函数的返回值。表达式中不允许包含复合语句(即带冒号和缩进的语句)。
- lambda 表达式拥有自己的命名空间，不能访问参数列表外或全局命名空间内的参数。

例如，func= lambda x:＜expression (x)＞通过 lambda 表达式的形式创建了一个函数，这个函数有一个参数 x，＜expression (x)＞是对 x 进行处理。这与通过 def 关键字定义一个函数是一样的。

【例 5-11】 应用 lambda 表达式实现对图书信息按指定的规则进行排序。假设采用爬虫技术获得到某商城的秒杀商品信息，并保存在列表中，现需要对这些信息进行排序，排序规则是优先按秒杀金额升序排列，有重复的，再按折扣比例降序排列。

实现代码如下。

```
bookinfo = [('数据库技术与应用(MySQL版)',41.9,59),
            ('PHP 网站开发与设计',41.3,59),
            ('Python 程序设计基础案例教程',31,49),
            ('数据库系统原理及 MySQL 应用教程',45,69)]
print('爬取到的图书信息:\n')
for item in bookinfo:
    print(item)
bookinfo.sort(key=lambda x:(x[1],x[1]/x[2]))    #按指定规则进行排序
print('排序后的图书信息:\n')
for item in bookinfo:
    print(item)
```

运行结果如下。

```
爬取到的图书信息:
('数据库技术与应用(MySQL版)', 41.9, 59)
('PHP 网站开发与设计', 41.3, 59)
('Python 程序设计基础案例教程', 31, 49)
('数据库系统原理及 MySQL 应用教程', 45, 69)
排序后的图书信息:
```

```
('Python 程序设计基础案例教程', 31, 49)
('PHP 网站开发与设计', 41.3, 59)
('数据库技术与应用(MySQL 版)', 41.9, 59)
('数据库系统原理及 MySQL 应用教程', 45, 69)
```

总体来看,函数和匿名函数在简单功能的实现上差别不大。当具有循环、条件、复制等多种操作时,用函数实现会更加有效。匿名函数只能包含一个表达式,无法表达复杂的逻辑,所以匿名函数在写法、可理解、灵活性和功能上都差很多。因此,二者在不同的应用场景下各有其优势。

使用 lambda 表达式时,需要定义一个变量,用于调用该 lambda 表达式,否则将输出对象的地址。

与 def 定义的函数相比,与 lambda 创建的匿名函数区别如下:

(1) def 创建的函数有函数名称,lambda 没有函数名。

(2) lambda 返回的结果通常为一个对象或者一个表达式。

(3) lambda 只是一个表达式,函数体比 def 简单很多。

(4) if、while、for 等语句不能用于 lambda。

5.6.2 map()函数

map()函数用于快速处理序列中的所有元素。该函数需要两个参数,第一是具体处理序列的函数,称为映射函数;第二是一个或多个序列。序列的具体数目须根据映射函数的需要来决定。map()对序列中每个元素进行操作,最终获得新序列。

map()函数的语法格式如下。

```
结果序列 = map(映射函数,序列 1[,序列 2,…])
```

【例 5-12】 假设有两个整数序列,现需要对序列中对应的元素求和。

实现代码如下。

```
result = map(lambda x,y:x+y, [0,1,2,3,4],[5,6,7,8,9])
print("输出 map 对象:\n",result)
print("输出 map 对象列表:\n",list(result))
```

运行结果如下。

```
输出 map 对象:
 <map object at 0x00000000026A23C8>
输出 map 对象列表:
 [5, 7, 9, 11, 13]
```

在上述例子中,map 对象中的映射函数是由 lambda 表达式定义的两个数求和,有两个参数 x 和 y,序列为两个列表。

map()函数将两个列表对应的元素分别相加之后，返回一个 map 对象<map object at 0x00000000026A23C8>。也可以将这个对象转换成一个列表，运行列表果为"[5，7，9，11，13]"。

5.6.3　reduce()函数

在 Python 3 中，reduce()函数被放在 functools 模块中，因此在使用之前需要导入 functools 库。reduce()函数接收映射函数和一个列表对象，把函数或匿名函数依次作用在列表的两个元素上并进行操作，再将得到的元素与第 3 个元素进行操作，以此类推，得到一个结果并返回。reduce()函数可以替换 for 循环实现功能迭代计算。

reduce()函数的语法格式如下：

```
结果序列 = reduce (映射函数,序列 1[,序列 2,…])
```

该函数的说明如下：

(1) reduce()函数常用于将序列中的元素从左到右依次传递给映射函数处理。其中映射函数为预先定义好的函数或直接由 lambda 定义的匿名函数表达式，函数或匿名函数必须接收 2 个参数。可迭代对象为可以直接迭代取出的序列对象，如列表、元组和生成器。

(2) reduce()函数首先取出序列的第 1 个和第 2 个元素作为参数传递给映射函数，得到的返回结果与第 3 个参数一起作为参数传递给函数。以此类推，直到所有的序列元素处理完毕，得到的最终结果就是 reduce()函数的最终返回结果。

【例 5-13】 利用 reduce()函数对序列求和。

实现代码如下。

```
from functools import reduce
print(reduce(lambda x,y:x+y, [1,2,3,4]))
```

运行结果如下。

```
10
```

在上述例子中，reduce()函数首先根据 lambda 表达式定义的函数，将列表中的前两个元素取出来，执行求和操作，得到的值为 3；然后将 3 与第 3 个元素 3 传递给 lambda 表达式，得到的值为 6；以此类推，最终得到的值为列表所有元素的和 10。

对比 reduce()与 map()函数的差异点：在功能上，reduce()函数实现对每两个元素的操作，其结果再与后续元素做操作，map()函数实现了对每个元素的单独操作；在函数或匿名函数的定义上，reduce()函数要求必须传入两个参数；在返回结果上，reduce()函数是一个对象，具体类型取决于函数或匿名函数定义；map()函数则是一个可迭代对象。

5.6.4 filter()函数

filter()函数对序列中的元素进行筛选，最终获取符合条件的序列。它的使用形式和map()函数相似，由两部分构成，第一部分是过滤函数；第二部分是待处理的序列，序列中的每个元素会依次传递给过滤函数，filter()函数返回值为过滤函数计算结果为 True 的所有元素组成结果序列。

filter()函数的语法格式如下：

```
结果序列 = filter (过滤函数,序列 1[,序列 2,…])
```

【例 5-14】 通过 filter()函数在一个列表中过滤奇数。

实现代码如下。

```
result = filter(lambda x:x%2, [1,4,7,2,5,8,3,6,9])
print("输出 filter 对象:\n",result)
print("输出 filter 对象中的奇数列表:\n",list(result))
```

运行结果如下。

```
输出 filter 对象:
 <filter object at 0x0000000001D465C0>
输出 filter 对象中的奇数列表:
 [1, 7, 5, 3, 9]
```

过滤函数仍然通过 lambda 表达式定义，并对列表中的所有元素依次处理，最终返回 filter 对象“<filter object at 0x0000000001D465C0>”。将 filter 对象转换为列表，得到的结果为“[1, 7, 5, 3, 9]”。

总体来看，map()函数用于处理每个元素；reduce()函数用于全体元素的积累操作，例如累加、累减、组合等；filter()函数用于基于不同条件的过滤，如类型、数值大小、字母或数字等。三者用途不同。

5.6.5 zip()函数

zip()函数对序列中的元素执行打包操作。它将多个列表作为参数，依次将对应位置上的元素打包成元组，并且把生成的所有元组存放到一个列表中返回。

zip()函数的语法格式如下：

```
返回列表 = zp(列表 1[,列表 2,…])
```

【例 5-15】 zip()函数的应用。

实现代码如下。

```
result = zip([0,1,2,3,4],[5,6,7,8,9])
print("输出 zip 对象:\n",result)
print("输出 zip 对象的列表:\n",list(result))
```

运行结果如下。

```
输出 zip 对象:
 <zip object at 0x00000000028E96C8>
输出 zip 对象的列表:
 [(0, 5), (1, 6), (2, 7), (3, 8), (4, 9)]
```

在上述例子中,zip()函数将两个列表"[0,1,2,3,4],[5,6,7,8,9]"对应下标的元组打包成5个元组,最终返回一个zip对象"<zip object at 0x00000000028E96C8>"。如果将这个zip对象转换成列表,则得到打包之后的结果为"[(0, 5), (1, 6), (2, 7), (3, 8), (4, 9)]"。

本章小结

本章介绍了函数的定义与使用,主要内容如下。

(1) 函数能够提高应用程序的模块性和代码的重用率。

(2) 定义函数时通常需要指定若干形参,调用函数时需要通过实参传递数据,Python解释器会根据实参的数据类型自动推断形参的类型。传递不同的实参可以得到不同的返回结果,提高程序的灵活性。

(3) 传递参数时,既可以使用位置参数,也可以使用关键字参数。关键字参数要求实参和形参的顺序必须严格一致,实参和形参的数量必须相同,可以让函数更加清晰、容易使用。位置参数可以按形参名称赋值,参数的顺序可以与函数定义中的不一致。

(4) 定义函数时可以为参数设置默认值,默认值参数必须出现在形参列表的最后。调用函数时,如果没有传值,则函数会直接使用该参数的默认值。

(5) 如果函数在定义时无法确定参数的具体数目,可以使用不定长参数。

(6) 变量作用域规定了变量的有效范围。通常,在函数体内使用的变量为局部变量,在函数体外使用的变量为全局变量。通过global关键字可以在函数内定义或者使用全局变量。

(7) 匿名函数lambda相当于只有一条return语句的函数,通常作为另一个函数的参数。

(8) 递归调用是函数调用自身的一种特殊应用。递归必须有边界条件,即递归终止的条件。

(9) map()函数通过映射快速处理序列中的所有元素。

(10) reduce()函数首先取出序列的第1个和第2个元素作为参数传递给映射函数,得到的返回结果与第3个参数一起作为参数传递给函数,以此类推,直到所有的序列元素处理完毕。

(11) filter()函数用于过滤序列,去掉不符合条件的元素,返回值为过滤函数计算结果为 True 的所有元素组成结果序列,即返回一个 filter 对象。

(12) zip()函数对序列中的元素执行打包操作。

思考与练习

1. 函数的可变参数有哪几种,各有什么特点?

2. 函数传递时,基本数据类型作为参数和组合数据类型作为参数,有什么区别?

3. 什么是嵌套函数?举例说明。

4. 定义函数,计算水费。某地按照年度用水量,对水费实行阶梯计费:用水量不超过 180m^3,水价为 5 元/m^3;用水量为 181～260m^3,水价为 7 元/m^3;用水量超过 260m^3,水价为 9 元/m^3。

使用 input 语句输入用水量(整数),然后调用该函数计算阶梯水费并输出计算结果。

5. 模拟歌手打分程序。在歌咏比赛中,打分流程为评委对歌手打分,计算平均分时,需要去掉一个最高分,去掉一个最低分,然后输出平均分。

编写一个歌手打分程序,输入评委的打分(评委至少有 3 人),输出平均分。核心部分用带可变参数的函数实现。

6. 假设用户输入的英文名字不规范,没有按照首字母大写,后续字母小写的规则。利用 map()函数,把一个包含若干不规范的英文名字的列表规范化输出。

```
Input:['adam', 'LISA', 'barT']
Output:['Adam', 'Lisa', 'Bart']
```

7. 请利用 filter()过滤出 1～100 中平方根是整数的数,结果为:

```
[1, 4, 9, 16, 25, 36, 49, 64, 81, 100]
```

8. 利用函数,使用元组记录某地一周的最高温度和最低温度,统计这一周的最高温度、最低温度和平均温度,并输出统计结果。

第6章 面向对象编程基础

面向对象编程(Object-Oriented Programming,OOP)是一种程序设计思想。从20世纪60年代提出面向对象的概念到现在,它已经发展成为一种比较成熟的编程思想,并已成为目前软件开发领域的主流技术。比如我们经常听说的面向对象编程就是主要针对大型软件设计而提出的,它可以使软件设计更加灵活,并且能更好地进行代码复用,这些优势主要来自于面向对象程序设计的3个基本特性:封装性、继承性和多态性。

Python从设计之初就是一门面向对象的语言,它可以很方便地创建类和对象。本章将对面向对象编程的相关内容进行详细讲解。

6.1 类和对象

1. 什么是类

类是用来描述具有相同的属性和方法的对象的集合。它定义了该集合中每个对象所共有的属性和方法。对象是类的实例,如人类、电器类、蔬菜类、水果类。

在Python语言中,使用class关键字定义类,关键字之后有一个空格,然后是类的名称,最后是一个冒号,换行定义类的内部实现。

2. 什么是对象

对象是某个具体的实物,也可以说万物皆对象。对象拥有自己的特征和行为,如你手中的手机、你身边的某台计算机、你用的水杯等。

从概念层面讲,就是某种事物的抽象(功能)。抽象原则包括数据抽象和过程抽象两个方面:数据抽象就是定义对象的属性;过程抽象就是定义对象的操作。

3. 类与对象的关系

类是对象的类型,对象是类的实例。类是抽象的概念,而对象是一个你能够摸得着、看得到的实体。这二者相辅相成,谁也离不开谁。

类与对象的关系:用类来创建(实例化)一个对象。在程序开发中,先有类,后有对象。

6.2 类的定义和实例化

类是一个数据结构,类定义数据类型的数据(属性)和行为(方法)。对象是类的具体实体,也可以称为类的实例(instance)。

在 Python 语言中，类称为类对象(class object)，如 Student 类，类的实例称为实例对象(instance object)，实例是根据类创建出来的一个具体的“对象”，每个对象都拥有相同的方法，但各自的数据可能不同。

6.2.1 类的定义

在 Python 中，通过 class 关键字来定义类，在使用类时一般需要先实例化，然后才能调用实例化后的类的方法和属性等。

定义类的语法格式如下。

```
class ClassName:
    类的实体
```

关键字 class 后面紧接着是类名，比如 Employee，类名通常是以大写开头的单词。类名为有效的标识符，命名规则一般为多个单词组成的名称，每个单词除第一个字母大写外，其余的字母均小写。

类的实体由缩进的语句块组成。

在类的实体内的元素都是类的成员。类的主要成员包括两种类型，即描述状态的数据成员(属性)和描述操作的函数成员(方法)。

定义类时，用变量形式表示的对象属性称为数据成员或者属性(成员变量)，用函数形式表示的对象行为称为成员函数(成员方法)。成员属性和成员方法统称为类的成员。

【例 6-1】 类的定义示例。

实现代码如下。

```
class Student:
    name = "木子"
    def study(self):
        print("哈哈,我正在学习中")
```

6.2.2 类的实例化

类是抽象的，如果要使用类定义的功能，就必须实例化类，即创建类的对象。

在创建实例对象后，可以使用句点“.”运算符来调用其成员。创建类的对象、创建类的实例、实例化类等说法是等价的，都说明以类为模板生成了一个对象的操作。

比如定义好了 Student 类，定义完类后，并不会真正创建一个实例。语法格式如下。

```
obj = Student ()
```

定义了具体的对象后，可通过“对象名.成员”形式访问其中的数据成员或者成员方法。

【例 6-2】 类的创建与实例化。

实现代码如下。

```
#class 声明一个类
class Student:
    name = '木子'
    #self 是 class 内创建函数自带第一个位置的参数,命名可自定义
    def funcA(self):
        print("正在学习中")
x =Student                                    #实例化对象
print(x.name)                                 #输出对象的属性
x.funcA(' ')                                  #调用对象的方法
```

运行结果如下。

```
木子
正在学习中
```

注意:在 Python 中创建实例时,不使用 new 关键字。

6.3 实例与类的对象属性

类的数据成员是在类中定义的成员变量(域),用来存储描述类的特征的值,称为属性。属性既可以被该类中定义的方法访问,也可以通过类对象或实例对象进行访问。在函数体或代码块中定义的局部变量只能在其定义的范围内进行访问。

属性实际上是在类中的变量。Python 变量不需要声明,可直接使用。建议在类定义的开始位置初始化类属性,或者在构造函数(即__init__())中初始化实例属性。

6.3.1 实例对象属性

实例对象属性,也称为实例对象变量,是指通过"self.变量名"定义的属性。类的每个实例都包含了该类的实例对象变量的一个单独副本,实例对象变量属于特定的实例。实例对象变量在类的内部通过 self 访问,在外部通过对象实例访问。

实例对象属性一般在__init__()方法中通过如下形式初始化。

```
self.实例变量名=初始值
```

然后,在其他实例函数中,通过 self 访问。

```
self.实例变量名=值                            #写入 self.实例变量名
self.实例变量名                               #读取
```

或者，创建对象实例后，通过对象实例访问。

```
obj =类名()                                  #创建对象实例
obj.实例变量名=值                             #写入
obj.实例变量名                                #读取
```

【例 6-3】 实例对象属性应用示例。

实现代码如下。

```
class Student:                               #定义类 Student
    def __init__(self, name,age):            #__init__方法
        self.name = name                     #初始化 self.name,即成员变量 name
        self.age = age                       #初始化 self.age,即成员变量 age
    def say_hello(self):                     #定义类 Student 的函数 say_hello()
        print('您好, 我叫', self.name)        #在实例方法中通过 self.name 读取成员变
                                               量 name

obj = Student ('木子',18)                     #创建对象
obj. say_hello ()                            #调用对象的方法
print(obj.age)                               #通过 obj.age 读取成员变量 age
```

运行结果如下。

```
您好, 我叫木子
18
```

6.3.2 类对象属性

Python 也允许声明属于类对象本身的变量，即类对象属性。类对象属性也称为类属性、类变量、类对象变量、静态属性。类属性属于整个类，不是特定实例的一部分，而是所有实例之间共享一个副本。

对象属性一般在类体中通过如下形式初始化。

```
类变量名=初始值
```

然后，在其类定义的方法中或外部代码中，通过类名访问。

```
类名.类变量名=值                              #写入
类名.类变量名                                 #读取
```

【例 6-4】 类对象属性的应用。

实现代码如下。

```
class Student:
    count = 0                              #定义属性 count,表示计数
    name = "初心"                          #定义属性 name,表示名称

Student.count += 1                         #通过类名访问,将计数加 1
print(Student.count)                       #类名访问,读取并显示类属性
print(Student.name)                        #类名访问,读取并显示类属性
obj1 = Student()                           #创建实例对象 1
obj2 = Student()                           #创建实例对象 2
print((obj1.name, obj2.name))              #通过实例对象访问,读取成员变量的值
Student.name = "木子"                      #通过类名访问,设置类属性值
print((obj1.name, obj2.name))              #读取成员变量的值
obj1.name = "吴怡晴"                       #通过实例对象访问,设置实例对象成员变量的值
print((obj1.name, obj2.name))              #读取成员变量的值
```

运行结果如下。

```
1
初心
('初心', '初心')
('木子', '木子')
('吴怡晴', '木子')
```

6.3.3　类对象属性与实例对象属性的区别与联系

类对象属性与实例对象属性的区别表现在以下 3 个方面。

(1) 所属的对象不同：类对象属性属于类对象本身，可以由类的所有实例共享，在内存中只存在一个副本；实例对象属性则属于类的某个特定实例。如果存在同名的类对象属性和实例对象属性，则两者相互独立、互不影响。

(2) 定义的位置和方法不同：类对象属性是在类中所有成员方法外部以“类名.属性名”形式定义的；实例对象属性则是在构造方法或其他实例方法中以“self.属性名”形式定义的。

(3) 访问的方法不同：类对象属性是通过类对象以“类名.属性名”形式访问的；实例对象属性则通过类实例以“对象名.属性名”形式访问。

类对象属性与实例对象属性的共同点和联系表现在以下 3 个方面。

(1) 类对象和实例对象都是对象，它们所属的类都可以通过__class__属性来获得；类对象属于 type 类，实例对象则属于创建该实例时所调用的类。

(2) 类对象和实例对象的属性值都可以通过__dict__属性来获得，该属性的取值是一个字典，每个字典元素的关键字和值分别对应属性名与属性值。

(3) 如果要读取的某个实例对象属性不存在，但在类中定义了一个与其同名的类对象属性，则 Python 就会以这个类对象属性的值作为实例对象属性的值，同时还会创建一个新的实例对象属性。此后修改该实例对象属性的值时，将不会影响同名的类对象属性。

6.4 成员属性与成员方法

封装是面向对象的主要特性。所谓封装，是把客观事物抽象并封装成对象，即将数据成员、属性、方法和事件等集合在一个整体内。

通过访问控制可以隐藏内部成员，但只允许可信的对象访问或操作自己的那部分数据或方法。封装保证了对象的独立性，可以防止外部程序破坏对象的内部数据，同时便于程序的维护和修改。

6.4.1 成员属性

成员属性根据访问限制，可以分为私有属性和共有属性。

Python类的成员没有访问控制限制，这与其他面向对象的程序设计语言不同。通常约定以两个下画线开头，但是不以两个下画线结束的属性是私有的(private)，其他为公共的(public)。不能直接访问私有属性，但可以在方法中访问。

Python中通过一对前缀下画线“__”的属性名来定义私有属性。

例如，__private_attrs是以两个下画线开头，声明该属性为私有，不能在类的外部被使用或直接访问。在类内部的方法中使用self.__private_attrs。

【例6-5】 私有属性与共有属性的定义与访问。

实现代码如下。

```
class Custom(object):
    def __init__(self, name, money):
        self.name = name
        self.__money = money
c = Custom('tom', 100)
print(c.name)
print(c.__money)
```

运行结果如下。

```
Traceback (most recent call last):
tom
  File "C:/python_demo/demo.py", line 13, in <module>
    print(c.__money)
AttributeError: 'Custom' object has no attribute '__money'
```

在Custom类中，实现了两个属性，其中name是普通属性，__money属性是私有属性。在通过类对象访问私有属性__money时，代码报错了，说明不可以在类的外部访问

类的私有属性。

但是，如果这个私有属性已经定义好了，又需要在外部知道私有属性的值，怎么办呢？

有些属性不希望在创建对象时直接传值，因为可能会出现脏数据（比如存款不能是负数），怎么避免呢？

这时，可以设置一对包含 get()和 set()方法来供外部调用。

【例 6-6】 私有成员的访问。

实现代码如下。

```
class Custom(object):
    def __init__(self, name):
        self.name = name
    def get_money(self):
        return self.__money
    def set_money(self, money):
        if money > 0:
            self.__money = money
        else:
            self.__money = 0
            print('参数值错误!')
c = Custom('tom')
print(c.name)
c.name = 'TOM'
print(c.name)
c.set_money(-100)
c.set_money(100)
print(c.get_money())
```

运行结果如下。

```
tom
TOM
参数值错误!
100
```

非私有属性可以在类的外部访问和修改，而私有属性只能通过包含 set()方法来修改。这里在方法中加了数据判断的逻辑代码，先判断数据的有效性，再将数据赋值给属性，避免脏数据出现，此时，要在外面查看私有属性的值，可以通过包含 get()方法来实现。

Python 对象中包含许多以双下画线开始和结束的方法，称之为特殊属性，比如__class__，它可以返回其所属的类。

6.4.2 成员方法

1. 类的成员方法定义

方法是与类相关的函数,类方法的定义与普通的函数一致。

一般情况下,类方法的第一个参数一般为 self,这种方法称之为对象实例方法。对象实例方法对类的某个给定的实例进行操作,可以通过 self 显式地访问该实例。

成员方法的声明格式如下:

```
def 方法名(self,[形参列表]):
    函数体
```

对象实例方法的调用格式如下:

```
对象.方法名([实参列表])
```

值得注意的是,虽然类方法的第一个参数为 self,但调用时,用户不需要也不能给该参数传值。事实上,Python 自动把对象实例传递给该参数。

类的方法与函数的区别如下:

(1) 函数实现的是某个独立的功能,而类的方法是实现类中的一个行为,是类的一部分。

(2) 类的方法必须有一个额外的第一个参数名称,按照惯例它的名称为 self。self 代表的是类的实例,代表当前对象的地址,且 self.class 指向类。

2. 类方法的使用

通过类的实例名称和句点"."操作符进行访问,即 instanceName.functionName()。

【例 6-7】 类方法的应用示例。

实现代码如下。

```
class Student(object):
    def __init__(self,name,age):
        self.name = name
        self.age = age

    def print_tell(self):
        print('%s:%d'%(self.name,self.age))
stu_1 = Student('初心',18)
stu_1.print_tell()
```

运行结果如下。

```
初心:18
```

从外部看 Student 类，就只需要知道，创建实例需要给出 name 和 age，而如何打印等都是在 Student 类的内部定义的，这些数据和逻辑被“封装”起来了，调用很容易，却不用知道其内部的实现细节。

3. 构造方法和析构方法

构造方法(函数)是创建对象的过程中被调用的第一个方法，通常用于初始化对象中需要的资源，比如初始化变量。

类可以起到模板的作用，因此，可以在创建实例的时候，把一些我们认为必须绑定的属性强制填写进去。通过定义一个特殊的__init__()方法，在创建实例的时候，就把name、age 等属性绑定。

在定义构造方法时，需要在方法名的两侧加两个下画线，构造方法名为 init。完整的构造方法为__init__()。

__init__()是一个特殊的方法属于类的专有方法，称为类的构造函数或初始化方法，方法的前面和后面都有两个下画线。这是为了避免 Python 默认方法与普通方法发生名称的冲突。每当创建类的实例化对象的时候，__init__()方法都会默认被运行。其作用就是初始化已实例化后的对象。

注意：特殊方法__init__()前后分别为两个下画线。

__init__()方法的第一个参数永远是 self，表示创建的实例本身。因此，在__init__()方法内部，就可以把各种属性绑定到 self，因为 self 就指向创建的实例本身。

有了__init__()方法，在创建实例时，就不能传入空的参数了，必须传入与__init__()方法匹配的参数，但 self 不需要传递，Python 解释器自己会把实例变量传进去。

与普通的函数相比，在类中定义的函数只有一点不同，就是第一个参数永远是实例变量 self，并且调用时不用传递该参数。除此之外，类的方法与普通函数没有什么区别。因此，仍然可以使用默认参数、可变参数、关键字参数和命名关键字参数。

Python 中，类的__del__()方法用来释放对象占用的资源。当一个对象被删除时，Python 解释器会默认调用__del__()方法。

【例 6-8】　__init__()方法的应用。

实现代码如下。

```
class Student():
    def __init__(self,Name, Sex):
        self.name = Name
        self.sex = Sex
        print(self.__class__)               #验证初始化是否执行
    def showInfo(self,country):
        print('我是:',self.name, ' ,性别: ',self.sex, '来自', country)
xiaoming = Student ("辛里美","女")
xiaoming.showInfo('中国')                   #调用对象的方法
```

运行结果如下。

```
<class '__main__. Student '>
我是：辛里美,性别：女 来自 中国
```

构造方法包括创建对象和初始化对象,在 Python 中分以下两步执行。

第一步：执行__new__()方法。

第二步：执行__init__()方法。

在上面的 Student 类中,每个实例都拥有各自的 name 和 age 等数据。用户可以通过函数来访问这些数据。

但是,既然 Student 实例本身就拥有这些数据,要访问这些数据,就没有必要通过外面的函数去访问,可以直接在 Student 类的内部定义访问数据的函数,这样就把数据给封装起来了。这些封装数据的函数是与 Student 类本身关联起来的,称为类的方法。

4. 私有方法的定义与访问

私有方法与私有属性类似,方法名有两个前缀下画线"__",表明该方法是私有方法。

例如,__private_method 以两个下画线开头,声明该方法为私有方法,不能在类的外部调用。在类的内部调用 self.__private_methods。

【例 6-9】 类的私有方法的定义与使用。

实现代码如下。

```
class Interviewer(object):
    def __init__(self):
        self.wage = 0
    def ask_question(self):
        print('ask some question!')
    def __talk_wage(self):
        print('Calculate wage !')
    def talk_wage(self):
        if self.wage > 20000:
            print('too high !')
        else:
            self.__talk_wage()
            print('welcome to join us!')
me = Interviewer()
me.ask_question()
#me.__talk_wage()
me.wage = 30000
me.talk_wage()
print('-' * 20)
me.wage = 15000
me.talk_wage()
```

运行结果如下。

```
ask some question!
too high !
---------------------
Calculate wage !
welcome to join us!
```

在上面的类中，ask_question()方法是普通的方法，在类的外部可以直接调用，__talk_wage()方法是私有方法，只能在类的内部使用，如果在外部调用则会报错。

要在外部调用__talk_wage()，只能间接地通过普通方法 talk_wage()来调用。由此可以看出，与私有属性类似，Python 约定使用两个下画线开头，但不以两个下画线结束的方法是私有的（private），其他为公用的（public）。以双下画线开始和结束的方法是 Python 专有的特殊方法。特殊方法通常在针对对象的某种操作时自动调用。

5. 私有方法的作用和说明

私有属性和私有方法只能在类内部使用。定义私有方法和私有属性的目的主要有两个：保护数据或操作的安全性，以及向使用者隐藏核心开发细节。虽然私有属性和私有方法不能直接从外部访问和修改，但可以间接地访问和修改。

这说明，在 Python 类中，没有真正的私有属性和私有方法。

不过，这并不是说私有属性和私有方法没有用，首先，外部不能直接使用了；其次，可以在访问私有属性和私有方法的间接方法中做一些必要的验证或干扰，从而保证数据的安全性，隐藏私有方法的实现细节。

6. 方法重载

在其他程序设计语言中方法可以重载，即可以定义多个重名的方法，只要保证方法签名是唯一的就可以。方法签名包括 3 个部分，即方法名、参数数量和参数类型。

但 Python 本身是动态语言，方法的参数没有声明类型（调用传值时确定参数的类型），参数的数量由可选参数和可变参数来控制。故 Python 对象可以重载，定义一个方法即可实现多种调用，从而实现相当于其他程序设计语言的重载功能。

【例 6-10】 方法重载的应用示例。

实现代码如下。

```
class Student:                          #定义类 Student
    def say_hi(self, name=None):  #定义类方法 say_hi
        self.name = name          #把参数 name 赋值给 self.name,即成员变量 name(域)
        if name==None:
            print('您好！')
        else:
            print('您好, 我叫', self.name)
obj = Student()                         #创建对象
obj.say_hi()                            #调用对象的方法,无参数
obj.say_hi('吴怡晴')                    #调用对象的方法,带参数
```

运行结果如下。

```
您好!
您好, 我叫 吴怡晴
```

在Python类体中可以定义多个重名的方法,虽然不会报错,但只有最后一个方法有效,所以建议不要定义重名的方法。

6.5 类的继承与多态

6.5.1 类的继承与多重继承

1. 类继承的概念

继承是面向对象程序设计中代码重用的主要方法。继承源于人们认识客观世界的过程,是自然界普遍存在的一种现象。

在现实生活中,继承一般指的是子女继承父辈的财产。那么在程序中,继承描述的是事物之间的所属关系,例如猫和狗都属于动物,程序中可以描述为猫和狗都继承自动物。在程序设计中实现继承,表示这个类拥有它继承的类的所有共有成员。

在面向对象程序设计中,被继承的类称为父类或基类,新的类称为子类或派生类。通过继承不仅可以实现代码的重用,还可以通过继承来理顺类与类之间的关系。

在Python中,可以在类定义语句中,在类名的右侧使用一对圆括号将要继承的基类名称括起来,从而实现类的继承。

具体的语法如下:

```
class ClassName(baseclasslist):
    statement
```

参数说明如下。

- ClassName:用于指定类名。
- baseclasslist:用于指定要继承的基类,可以有多个,类名之间用逗号“,”分隔。如果不指定,将使用所有Python对象的根类object。
- statement:类体,主要由类变量(或类成员)、方法和属性等定义语句组成。如果在定义类时,没确定好类的具体功能,也可以在类体中直接使用pass语句代替。

声明派生类时,必须在其构造函数中调用基类的构造函数。调用格式如下:

```
基类名.__init__(self,参数列表)
super().__init__(参数列表)
```

【例6-11】 创建基类Animal,包含两个数据成员name和age;创建派生类Dog,包含一个数据成员color。

实现代码如下。

```
#动物类
class Animal(object):
    def __init__(self,name,age):
        self.name = name
        self.age = age

    def eat(self,food):
        print("我是{self.name},{self.age}岁,爱吃:{food}")

#创建 Dog 类
class Dog(Animal):                                #从 Animal 继承
    def __init__(self, name, age, color):         #构造函数
        Animal.__init__(self, name, age)          #调用基类构造函数
        self.color = color                        #颜色

    def eat(self,food):
        Animal.eat(self,food)                     #调用基类的 eat()方法
        print("我是{self.name},颜色是{self.color},爱吃:{food}")

lala = Animal("拉普拉多",3)                       #实例化对象
lala.eat("鱼罐头")
jinmao = Dog('金毛',2,'金黄')
jinmao.eat('牛肉罐头')
```

运行结果如下。

```
我是拉普拉多,3岁,爱吃:鱼罐头
我是金毛,2岁,爱吃:牛肉罐头
我是金毛,颜色是金黄,爱吃:牛肉罐头
```

基类的成员都会被派生类继承，当基类中的某个方法不完全适用于派生类时，就需要在派生类中重写父类的这个方法。

通过继承，派生类继承基类中除构造方法之外的所有成员。如果在派生类中重新定义从基类继承的方法，则派生类中定义的方法覆盖从基类中继承的方法。

2. 多重继承

如果在继承中列了一个以上的类，那么这就称为多重继承。

```
class A:                                 #定义类 A
...
Class B:                                 #定义类 B
...
```

```
class c(A,B):                                    #继承类 A 和 B
...
```

需要注意圆括号中父类的顺序,如果继承的父类中有相同的方法名,而在子类中使用时未指定,Python 将从左至右查找父类中是否包含方法。

【例 6-12】 多重继承的应用示例。

实现代码如下。

```
class A(object):
    def __init__(self,name):
        self.name = name

class B(object):
    def __init__(self,age):
        self.age = age

class C(A,B):
    def __init__(self,name,age):
        A.__init__(self,name)
        B.__init__(self,age)

#实例化对象
c = C('Marry',20)
print(c.name)
print(c.age)
```

运行结果如下。

```
Marry
20
```

在父类中定义的普通属性和普通方法,子类都继承了,子类可以直接使用,但是父类中的私有属性和私有方法子类无法直接使用,因为子类不会继承父类的私有属性和私有方法。如果想访问,可以通过间接的方式访问。

【例 6-13】 私有方法、私有属性不能被子类继承的示例。

实现代码如下。

```
class Father(object):
    def __init__(self):
        self.home = 'China'
        self.__house = 'house'
    def make_money(self):
```

```
        print('make money')
    def __project(self):
        print('project work')
class Son(Father):
    def work(self):
        print('work hard!')
s = Son()
print(s.home)
#print(s.__house)
s.work()
s.make_money()
#s.__project()
```

运行结果如下。

```
China
work hard!
make money
```

6.5.2　多态与多态性

1. 多态的概念及应用

派生类具有基类的所有非私有数据和行为以及新类自己定义的所有其他数据或行为，即子类具有两个有效类型：子类的类型及其继承的基类的类型。对象可以表示多个类型的能力称为多态性。

多态性允许每个对象以自己的方式去响应共同的消息，从而允许用户以更明确的方式建立通用软件，提高软件开发的可维护性。

从编程的角度来说，实现多态，需要 3 个步骤：

(1) 定义父类，并提供公用方法。

(2) 定义子类，并重写父类方法。

(3) 传递子类对象给调用者，可以看到不同子类执行效果不同。

【例 6-14】 多态的应用示例。

实现代码如下。

```
class Animal:
    def run(self):
        raise AttributeError('子类必须实现这个方法，否则报错。')

class Cat(Animal):
    def run(self):
        print("猫可以行走。")

class Pig(Animal):
```

```
    def run(self):
        print("猪可以走。")

class Dog(Animal):
    def run(self):
        print("狗可以走")

ooc = Cat()
oop = Pig()
ood = Dog()

ooc.run()
oop.run()
ood.run()
```

运行结果如下。

```
猫可以行走。
猪可以走。
狗可以走
```

2. 多态性的概念及应用

多态性是指具有不同功能的函数可以使用相同的函数名，这样就可以用一个函数名调用不同内容的函数。

向不同的对象发送同一条消息，不同的对象在接收时会产生不同的行为(方法)，即每个对象可以用自己的方式去响应共同的消息。

比如，在计算机桌面上右击，或右击“我的电脑”，或右击当前打开的 Word 文档，这样3个不同对象，都是右击，产生的菜单不一样。

所谓消息就是调用函数，不同的行为就是指不同的实现，即执行不同的函数。

【例 6-15】 多态性的应用示例。

实现代码如下。

```
class Animal:
    def run(self):
        raise AttributeError('子类必须实现这个方法，否则报错。')

class Cat(Animal):
    def run(self):
        print("猫可以行走。")

class Pig(Animal):
    def run(self):
        print("猪可以走。")
```

```
class Dog(Animal):
    def run(self):
        print("狗可以走")

ooc = Cat()
oop = Pig()
ood = Dog()
#利用多态行 :定义统一接口
def func(obj):
    obj.run()

func(ooc)
func(oop)
func(ood)
```

本章小结

本章主要介绍了面向对象的编程基础知识,比如类的定义与实例化,以及类的继承与多态等。

(1) 类是用来描述具有相同的属性和方法的对象的集合。对象是类的实例。类与对象的关系:用类去创建(实例化)一个对象。在应用开发中,先有类,后有对象。

(2) 通过 class 定义类,并创建类的实例。

(3) 在构建析构函数时,__init__()必须包含一个 self 参数,指向实体本身的引用。

(4) 创建实例方法并访问,其中实例对象属性是定义在类的方法中的属性,类属性是定义在类中,并且在函数体外的属性。

(5) 在访问限制方面,首尾双下画线表示定义特殊的方法,一般是系统使用名字。双下画线表示 private(私有)类型的成员,只允许定义该方法的类本身进行访问。

(6) 类方法的第一个参数一般为 self,这种方法称为对象实例方法。对象实例方法对类的某个给定的实例进行操作,可以通过 self 显式地访问该实例。

(7) 在 Python 中,可以在类定义语句中,在类名的右侧使用一对小括号将要继承的基类名括起来,从而实现类的继承。

思考与练习

1. 面向对象语言有哪 3 个特性?
2. 什么是对象? 什么是类? 类与对象的关系是什么?
3. 类属性与实例属性的区别是什么?
4. 构造方法和析构方法的名字分别是什么?
5. 什么是面向对象编程的继承性? 有什么优点?

6. 创建 Dog 类，并进行初始化调用。满足如下要求：

(1) 创建 Dog 类。

(2) 都有 4 条腿。

(3) 都有颜色，都会叫。

(4) 都有姓名和颜色。

7. 定义一个学生类。有下面的类属性：

```
姓名、年龄、成绩(语文，数学，英语) [每课成绩的类型为整数]
```

类方法如下。

(1) 获取学生的姓名：get_name()；返回类型：str。

(2) 获取学生的年龄：get_age()；返回类型：int。

(3) 返回 3 门科目中最高的分数：get_course()；返回类型：int。

编写好类以后，可以定义两个实例进行测试：

```
zhangsan = Student('张三",22,[70,80,90])
```

8. 创建一个包含实例对象属性的汽车类。

汽车类通常包括车型(rank)、颜色(color)、品牌(brand)、行驶里程(mileage)等属性，还可以包括设置和获取行驶里程的方法。

本任务要求：编写一个汽车类，该类包括上述属性(要求为实例对象属性)和方法，然后实现以下功能：

(1) 创建两个汽车类的实例，分别输出它们的属性。

(2) 调用汽车类的方法设置行驶里程，再读取最终的行驶里程并输出。

9. 创建基类及其派生类。

本任务要求：创建 Person(人)类，再创建两个派生类。具体要求如下。

(1) 在 Person 类中，包括类属性 name(记录姓名)和方法 work(输出现在所做的工作)。

(2) 创建一个派生类 Student，在该类的__init__()方法中输出"我是学生"，并且重写 work()方法，输出所从事的工作。

(3) 创建另一个派生类 Teacher，在该类的__init__()方法中输出"我是老师"，并且改变类属性 name 的值，然后再重写 work()方法，输出所从事的工作。

(4) 分别创建派生类的实例，然后调用各自的 work()方法，并且输出类属性的值。

10. 创建四边形基类并且在派生类中调用基类的__init__()方法。

本任务要求：编写一个四边形类、平行四边形类和矩形类，其中，平行四边形类继承自四边形类，矩形类继承自平行四边形类。要求：在平行四边形类中调用基类的__init__()方法，但是在矩形类中不调用基类的__init__()方法。

第7章 Python 文件操作

文件是数据持久存储的一种重要方式。Python 数据分析涉及从不同来源、不同类型的文件中获取数据、处理数据并将处理结果保存到文件中。本章介绍常用文本文件的读取以及数据处理操作方法。

7.1 文件与文件操作

在程序执行过程,可以将整型、浮点型、字符串、列表、元组、字典、集合等类型的数据赋值给变量进行处理,处理结果可以通过 print 语句显示在屏幕上。这些数据都临时存储在内存中,退出程序或关机后,数据就会丢失。如果要持久地存储数据或数据处理的结果,就需要将数据保存到文件中。当程序运行结束或关机后,存储在文件中的数据不丢失,以后还可以重复使用,并且可以在不同程序之间共享。

7.1.1 文件数据的组织形式

文件是数据的抽象和集合,是数据持久存储的重要方式。日常工作中经常使用的电子表格文件、数据库文件、图像文件、音视频文件等都以不同的文件形式存储在外部存储设备(如硬盘、U 盘、光盘等)中,程序在执行过程中需要使用这些数据时,再从外存读入内存。

按数据的组织形式,文件分为文本文件和二进制文件。

1. 文本文件

文本文件存储的是字符串,采用单一特定编码(如 UTF-8 编码),由若干文本行组成,通常每行都以换行符"\n"结尾。扩展名为 TXT、CSV 等格式的文件都是常见的文本文件,在 Windows 系统中可以用记事本来查看和编辑。

2. 二进制文件

二进制文件以字节串的形式对信息进行存储,无法直接用记事本等普通的文本处理软件编辑和阅读,需要进行解码才能正确地显示、修改或执行。图像文件、音视频文件、可执行文件等都属于二进制文件。

在 Python 程序中,除了可以直接操作 TXT 格式的文件,还可以通过调用 Python 标准库和丰富的第三方库所提供的方法对多种格式的文件进行管理和操作。

7.1.2 文件的操作方法

文件操作的作用就是把一些内容(数据)存储存放起来,可以让程序下一次执行的时候直接使用,而不必重新制作一份,省时省力。

编写程序操作计算机本地文件的步骤一般如下。

(1) 打开文件:通过open()函数,需指定要打开的文件的路径和名称,创建一个文件对象。

(2) 通过文件对象对文件内容进行读取、写入等操作,如read()、readline()、readlines()、write()等。

(3) 关闭并保存文件:close()。

1. 文件的打开

对文件操作之前需要使用open()函数打开文件,打开之后将返回一个文件对象(即file对象)。如果指定的文件不存在、访问权限不够、磁盘空间不足或因其他原因而导致创建文件对象失败,则抛出异常。

open()函数的语法格式如下。

```
file_object = open(file, mode, encoding)
```

功能:根据指定的操作模式打开文件,并返回一个文件对象。

参数说明如下。

- file:用字符串表示的文件名称。如果文件不在当前目录中,则需要指定文件的绝对路径。
- mode:文件打开模式,常用的文件打开模式如表7-1所示。默认模式为'r',表示以只读方式打开文本文件。以不同模式打开文件,文件指针的初始位置不同,文件的处理策略也有所不同。例如,以只读方式打开的文件无法进行写入操作。

表7-1 常用的文件打开模式

模式	描　述
r	以只读方式打开文件。文件的指针将会放置在文件的开头。这是默认模式
w	打开一个文件只用于写入。如果该文件已存在则打开文件,并从开头开始编辑,即原有内容会被删除;如果该文件不存在,则创建新文件
a	打开一个文件用于追加。如果该文件已存在,文件指针将会放在文件的结尾。也就是说,新的内容将会被写入到已有内容之后。如果该文件不存在,则创建新文件后进行写入
b	二进制模式
+	读、写模式,可与其他模式组合使用,如r+、w+、a+都表示可读可写

- encoding:字符编码格式。可以使用Python支持的任何格式,如ASCII、CP936、GBK、UTF-8等。读写文本文件时应注意编码格式的设置,否则会影响内容的正确识别和处理。

调用open()函数时,如果要在当前目录下打开文件,则第一个参数可以直接使用文件名，否则需要在文件名中包含路径。文件路径中的分隔符“\”需要加转义符“\”。为减少路径分隔符的输入，通常在包含路径的文件名前面加上“r”或“R”，表示使用原始字符串。

```
f = open("data.txt", "r")           #以只读模式打开当前目录下的文件
f = open(r"c:\data.txt", "w")       #以写模式打开 C 盘中的文件
f = open("c:\\data.txt", "w")       #文件路径中加转义字符
```

执行成功后，会返回一个文件对象，如上面的变量 f，利用文件对象可以进行文件的读写操作。如果指定的文件不存在或者因访问权限不够等原因而导致无法创建文件对象时，则会抛出异常。

2. 数据的读取方法

数据的读取方法描述如表 7-2 所示。

表 7-2　数据的读取方法描述

方　法	描　述
read([size])	读取文件所有内容，返回字符串类型，参数 size 表示读取的数量，以字节为单位，可以省略
readline([size])	读取文件一行的内容，以字符串形式返回，若定义了 size，则读出一行的部分
readlines([size])	读取所有的行到列表里面[line1，line2，…，linen]（文件每一行是 list 的一个成员），参数 size 表示读取内容的总长

【例 7-1】 读取 TXT 格式文件中的内容。

所读取的 TXT 格式文件内容如下所示。

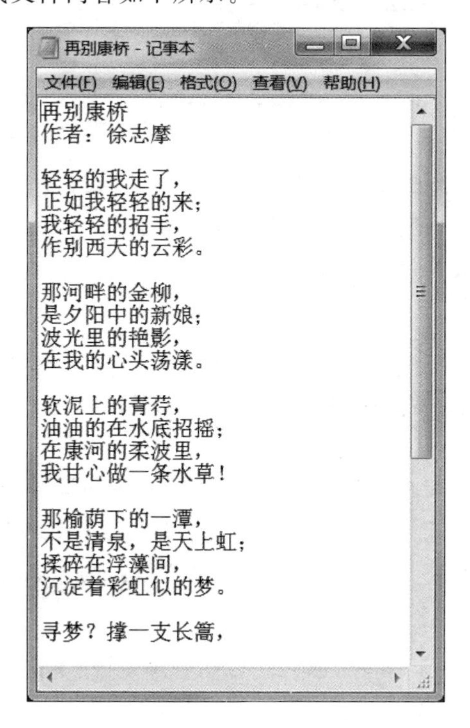

实现代码如下。

```
file = open("再别康桥.txt",mode='r')
content = file.read()
print(content)
file.close()
```

运行结果如下。

```
再别康桥
作者:徐志摩

轻轻的我走了,
正如我轻轻的来;
我轻轻的招手,
作别西天的云彩。
……
```

【例 7-2】 读取 TXT 格式文件时指定读取数量。

实现代码如下。

```
file = open("再别康桥.txt",mode='r')
content = file.read(2)
print(content)
file.close()
```

运行结果如下。

```
再别
```

注意:readlines()读取后得到的是每行数据组成的列表,一行样本数据全部存储为一个字符串,换行符也未去掉。另外,每次用完文件后,都要关闭文件,否则,文件就会一直被 Python 占用,不能被其他进程使用。

3. 文件的关闭

用 open 语句打开文件,执行读写操作后,需要使用文件对象的 close()方法来关闭文件,才能够将文件操作的结果保存到文件中。例如,关闭打开的文件对象 f 所使用的语句 f.close()。

文件在打开并操作完成之后应及时关闭,否则程序的运行可能会出现异常。在打开的文本文件中写入数据时,Python 出于效率的考虑会先将数据临时存储缓冲区,只有使用 close()方法关闭文件时,才会将缓冲区中的数据真正写入文件。

4. 上下文管理语句

使用 with 语句进行文件读写可以实现自动管理资源,不论由于什么原因而跳出 with

代码块，with 语句总能保证文件被正确关闭。例如，

```
with open(filename,mode, encoding) as f:
    #这里可以通过文件对象 f 进行文件访问
```

7.2 CSV文件读取与写入操作

CSV文件也称为字符分隔值(Comma Separated Values,CSV)文件，其分隔符除了逗号，还可以是制表符。CSV是一种常用的文本格式，用以存储表格数据，包括数字或者字符。CSV文件具有如下特点：

(1) 纯文本，使用某个字符集，例如ASCI1、Unicode或GB-2312。

(2) 以行为单位读取数据，每行一条记录。

(3) 每条记录被分隔符分隔为字段。

(4) 每条记录都有同样的字段序列。

7.2.1 读取CSV文件

Python提供了CSV标准库，导入csv库之后就可以读取CSV格式文件了。通过csv库的writer()方法和reader()方法可以创建用于读写CSV文件的对象，方便地进行CSV文件访问。

1. writer(fileobj)方法

功能：根据文件对象fileobj创建并返回一个用于写操作的CSV文件对象。调用该CSV文件对象的writerow()方法或writerows()方法可以将一行或多行数据写入CSV文件。

2. reader(iterable)方法

功能：根据可迭代对象iterable(如文件对象或列表)创建并返回一个用于读操作的CSV文件对象。该CSV文件对象每次可以迭代CSV文件中的一行，并将该行中的各列数据以字符串的形式存入列表后再返回该列表。

【例7-3】 利用reader()方法读取studentinfo.csv文件，并显示文件内容。

实现代码如下。

```
import csv
with open("studentinfo.csv",'r') as f:
    csv_reader = csv.reader(f)
    rows = [row for row in csv_reader]
for item in rows:
    print(item)
f.close()
```

运行结果如下。

```
['学号', '姓名', '性别', '班级']
['20210101', '初心', '女', '大数据 01']
['20210201', '步忘', '男', '智能 01']
['20210301', '梦想', '男', '区块链 01']
```

csv_reader 是一个可迭代对象，它每次迭代 CSV 文件中的一行，并将该行中的各列数据以字符串的形式存入列表后再返回该列表。

7.2.2 CSV 文件的写入与关闭

1. 文件的写入

write()函数用于向文件中写入指定字符串，同时需要将 open()函数中打开文件的参数设置为 mode=w。write()函数是逐次写入，而 writelines()函数可将一个列表中的所有数据一次性写入文件。如果有换行需要，则需要在每条数据后增加换行符，同时用“字符串.join()”的方法将每个变量数据合成一个字符串，并增加间隔符“\t”。此外，对于写入 CSV 文件的 writer()函数，可以调用 writerow()函数将列表中的每个元素逐行写入文件。

【例 7-4】 CSV 格式文件的写入应用。

实现代码如下。

```
import csv
content = [
    ['学号','姓名','性别','班级'],
    ['20210101','初心','女','大数据 01'],
    ['20210201','步忘','男','智能 01'],
    ['20210301', '梦想', '男', '区块链 01']
]
f = open("studentinfo.csv",'w',newline='')
content_out = csv.writer(f)
for con in content:
    content_out.writerow(con)
f.close()
```

运行结果如下。

```
学号,姓名,性别,班级
20210101,初心,女,大数据 01
20210201,步忘,男,智能 01
20210301,梦想,男,区块链 01
```

在本例中，content 是一个嵌套列表，包含 4 个子列表，第 1 个子列表是说明信息，第 2～4

个子列表分别对应3条记录。

open()函数中的参数newline用于控制通用换行模式，其值可以是None、''、'\n'、'\r'和'\r\n'。它的工作原理如下：从流中读取输入时，如果参数为None，那么启用换行符，结尾可以是'\n'、'\r'或'\r\n'，并且这些控制符都会编码为'\n'。如果是''，启用换行符模式，但行尾的换行符在返回调用时将不会被编码。如果给出其他有效参数，返回调用时将会使用指定的参数。

将输出写入流时，如果参数为None，任何'\n'将会编码成系统默认的分隔符。如果参数为''或者'\n'，将不会编码。如果参数为其他有效值，'\n'将会编码成给定的值。

2. 文件的关闭

文件操作完毕，一定要使用close()方法关闭文件，以便释放资源供其他程序使用。

7.3 文件操作的应用

7.3.1 数据的维度

数据在被计算机处理前需要进行一定的组织，表明数据之间的基本关系和逻辑，进而形成"数据的维度"。

根据数据的关系不同，数据组织可以分为：一维数据、二维数据和高维数据。

一维数据由对等关系的有序或无序数据构成，采用线性方式组织，对应于数学中的数组。

二维数据，也称表格数据，由具有关联关系的数据构成，采用二维表格方式组织，对应于数学中的矩阵，常见的表格都属于二维数据。

高维数据由键值对类型的数据构成，采用对象方式组织，可以多层嵌套，属于维度更高的数据组织方式。

高维数据在Web系统中十分常用，是当今Internet组织内容的主要方式，高维数据衍生出HTML、XML、JSON等具体数据组织的语法结构。

相比一维和二维数据，高维数据更能表达灵活和复杂的数据关系。

7.3.2 一维数据和二维数据的读写

1. 一维数据的处理

一维数据是最简单的数据组织类型，由于是线性结构，在Python语言中主要采用列表形式表示。比如个人爱好就可以用一个列表变量表示。

```
hobby=['运动','读书','跳舞','唱歌']
```

一维数据的文件存储主要是采用特殊字符分隔各数据。比如采用空格分隔元素；采用逗号分隔元素；采用换行分隔元素；其他特殊符号分隔。这4种方法中，逗号分隔的存储格式称为CSV格式(Comma-Separated Values，即逗号分隔值)，它是一种通用的、相对简单的文件格式，在商业和科学上广泛应用，大部分编辑器都支持直接读入或保存文件为CSV格式，如Windows平台上的记事本或Office Excel等。存储的文件一般采用.csv为扩展名。

一维数据保存成CSV格式后，各元素采用逗号分隔，形成一行，这里的逗号是半角逗号。从Python表示到数据存储，需要将列表对象输出为CSV格式以及将CSV格式读入成列表对象。

列表对象输出为CSV格式文件方法如下，采用字符串的join()方法最为方便。

对一维数据进行处理，首先需要从CSV格式文件读入一维数据，并将其表示为列表对象。需要注意，从CSV文件中获得内容时，最后一个元素后面包含了一个换行符('\n')。对于数据的表达和使用来说，这个换行符是多余的，需要采用字符串的strip()方法去掉数据尾部的换行符，进一步使用split()方法以逗号进行分割。

一维数据采用简单的列表形式表示，一位数据的处理与列表类型操作一致。

【例 7-5】 将爱好列表的数据写入CSV文件后，读出并显示。

实现代码如下。

```
hobby=['运动','读书','跳舞','唱歌']
f = open("hobby.csv","w")
f.write(",".join(hobby)+"\n")
f.close()
f_new = open("hobby.csv","r")
ls = f_new.read().strip("\n").split(".")
f_new.close()
print(ls)
```

运行结果如下。

```
['运动,读书,跳舞,唱歌']
```

2. 二维数据的处理

二维数据由多个一维数据构成，可以看作是一维数据的组合形式。因此，二维数据可以采用二维列表来表示，即列表的每个元素对应二维数据的一行，这个元素本身也是列表类型，其内部各元素对应这行中的各列值。

二维数据由一维数据组成，用CSV格式文件存储。CSV文件的每一行是一维数据，整个CSV文件是一个二维数据。

二维数据存储为CSV格式，需要将二维列表对象写入CSV格式文件以及将CSV格式读入成二维列表对象。

对二维数据进行处理，首先需要从CSV格式文件读入二维数据，并将其表示为二维列表对象。

【例 7-6】 读取score.csv中的数据，统计分析成绩的平均值，并打印出结果。

实现代码如下。

```
import csv
scores = []                           #创建空列表,用于储存从csv文件中读取的成绩信息
csvfilepath = 'score.csv'
with open(csvfilepath, newline='') as f: #打开文件
    f_csv = csv.reader(f)                #创建csv.reader对象
    headers = next(f_csv)                #标题
    for row in f_csv:                    #循环打印各行(列表)
        scores.append(row)
print("原始记录:",scores)
scoresData = []
for rec in scores:
    scoresData.append(int(rec[2]))
print("成绩列表:",scoresData)
print("平均成绩:",sum(scoresData)/len(scoresData))
```

运行结果如下。

```
原始记录: [['20220101', '申志凡', '99'], ['20220102', '冯默风', '78'], ['20220103',
'石双英', '84'], ['20220104', '史伯威', '101']]
成绩列表: [99, 78, 84, 101]
平均成绩: 90.5
```

本章小结

本章主要介绍了Python编程基础,主要包括Python的基本语法、内置数据类型、函数以及文件操作。

(1) 文件是数据的抽象和集合,文件方式可以持久地保存数据。Python通过调用标准库和丰富的第三方库提供的方法对多种格式的文件进行管理和操作。

(2) Python程序对计算机本地文件进行操作的一般步骤:打开文件并创建文件对象;通过文件对象进行文件内容的读取、写入、删除、修改等操作;关闭文件并保存文件的内容。

(3) 对于文件访问操作,推荐使用上下文管理语句with,不论因为什么原因而跳出with代码块,with语句总能保证文件被正确关闭。

(4) 在数据库或电子表格中,CSV是最常见的导入/导出格式,它以一种简单而明了的方式存储和共享数据,Python的csv标准库提供了CSV文件的读写方法。

(5) Python的os标准库提供了目录与文件的操作方法(前面没有介绍)。

(6) 根据数据的关系不同,数据组织可以分为:一维数据、二维数据和高维数据。

(7) 一维数据采用简单的列表形式表示,一维数据的处理与列表类型操作一致。

(8) 对二维数据进行处理,首先需要从CSV格式文件读入二维数据,并将其表示为二维列表对象。

思考与练习

1. 请列出任意4种文件访问模式，说明其含义。

2. readlines()方法和readline()方法读取文本文件时，主要区别是什么？

3. 接收用户从键盘输入的一个文件名，然后判断该文件是否存在于当前目录。若存在，则输出以下信息：文件是否可读和可写、文件的大小、文件是普通文件还是目录。

4. 编写一个注册程序，要求用户输入用户名、密码、密码确认、真实姓名、E-mail地址、找回密码问题和答案等进行注册，将注册信息保存到文本文件user.txt中，并显示所有注册信息。

5. 读取score.txt中的数据（假设文件中存储若干成绩，每行一个成绩），统计分析成绩的个数、最高分、最低分以及平均分，并把结果写入result.txt文件中。

第8章 使用模块与库编程

Python 提供了强大的模块支持,主要表现为不仅在 Python 标准库中包含了大量的模块(称为标准模块),而且还有很多第三方模块,另外开发者自己也可以开发自定义模块。通过这些强大的模块支持,极大地提高了程序人员的开发效率。随着程序的不断变大,为了便于维护,需要将其分为多个文件,将代码按模块和包的方式组织起来,这样可以提高代码的可维护性。另外,使用模块还可以提高代码的可重用性。

Python 中的库是借用其他编程语言的概念,没有特别具体的定义,Python 库着重强调其功能性。在 Python 中,具有某些功能的模块和包都可以被称为库。模块由诸多函数组成,包由多个模块组成,库中也可以包含包、模块和函数。

本章主要讲述模块、包、常见的标准库 turtle、random 和时间日期库使用以及第三方库。

8.1 模块的使用与创建

8.1.1 模块概述

1. 模块的概念

模块是一组 Python 源程序代码,包含多个函数或类。如果程序中包含多个可以复用的函数或类,则通常把相关的函数和类分组包含在单独的模块(module)中。这些提供计算功能的代码单元就称为模块(或函数模块),导入并使用这些模块的程序,则称为客户程序。

在客户程序使用模块提供的函数或类时,无须了解其实现细节。模块和客户程序之间遵循的契约称为 API(Application Programming Interface,应用程序编程接口)。API 描述了模块中提供的函数或类的功能和调用方法。模块化程序设计的基本原则是先设计 API(即模块提供的函数或类的功能描述),然后实现 API(即编写程序,实现函数或类的功能),最后在客户程序中导入并使用这些函数或类。

注意: 模块在命名时要符合 Python 标识符命名规则,不要以数字开头,也不要与其他的模块同名。

在每个模块的定义中都包括一个记录模块名称的变量"__name__",程序可以检查该变量,以确定该程序当前在哪个模块中执行。如果一个模块不是被导入到其他程序中执行,那么它可能在解释器的顶级模块中执行。

__name__是 Python 的内置属性，用于表示当前模块的名字，也能反映一个包的结构。如果.py 文件作为模块被调用，__name__的属性值为模块文件的主名，如果模块独立运行，__name__属性值为__main__。

语句 if __name__ == 'main'的作用就是控制在这两种不同情况下执行代码的过程，当 __name__值为__main__时，为顶级模块，文件作为脚本直接执行，而使用 import 或 from 语句导入到其他程序中时，模块中的代码是不会被执行的。

2. 模块化程序设计的优越性

(1) 可以编写大规模的软件系统：通过把复杂的任务分解为子任务，可以实现团队合作开发，完成大规模的软件系统。

(2) 控制程序的复杂度：分解后的子任务，其实现模块代码规模一般控制在数百行之内，从而可以控制程序的复杂度，各代码调试也可以限制在较少代码范围内。

(3) 实现代码重用：一旦实现了通用模块如 math、random 等，任何客户程序都可通过导入模块，直接重用代码，而无须重复实现。

(4) 增强可维护性：模块化程序设计可以增强程序的可读性。通过改进一个模块的实现，可以使得使用该模块的客户程序同时得到改进。

3. Python 中使用的模块

Python 中使用的模块有以下 3 种。

(1) 内置模块：内置模块是 Python 自带的模块，也称为标准库，如数学计算的 math、日期和时间处理的 datetime、系统相关功能的 sys 等。

(2) 第三方模块：第三方模块指不是 Python 自带的模块，也称为扩展库，这类模块需要另外安装。

(3) 自定义模块：自己先编写好一个实现了特定功能的模块后，在以后需要该功能的客户程序中，都可以导入这个模块，这就称为自定义模块。要实现自定义模块主要包括两部分：一部分是创建模块；另一部分是导入模块。

8.1.2 模块的导入

客户程序遵循 API 提供的调用接口，导入后可调用模块中实现的函数功能。如果想在代码中使用这些模块，则必须通过 import 语句导入模块，导入方式有以下 3 种。

1. import 语句导入模块

直接通过 import 导入模块后，就可以在当前程序中使用该模块的所有内容，但在使用模块中的某个具体的函数、类或属性时，需要加上模块的名字。使用方式为“模块名.函数名/类名/属性名”。

```
import math
print( math.fabs(-1))
```

使用 import 语句导入模块时，模块名区分大小写字母，例如，上述模块名 math 不能写成 Math。

可以在一行内导入多个模块，如：

```
import time,os,sys
```

2. from…import…语句导入模块

如果在程序中只需要使用模块中的某个函数、类或属性，则可以用关键字 from 导入，这种导入方式可以在程序中直接使用函数名、类名或属性名。

from…import…语句的语法格式如下。

```
from modulename import member
```

参数说明如下。

- modulename：模块名称，区分字母大小写，需要与定义模块时所设置的模块名的大小写保持一致。
- member：用于指定要导入该模块中的成员，它包括模块中的函数、类或属性等。可以同时导入多个成员，各个成员之间使用逗号“,”分隔。如果想导入全部定义，也可以使用通配符“*”代替。若查看具体导入了哪些成员，可以通过显示 dir() 函数的值来查看。

【例 8-1】 from…import…语句导入模块应用示例。

实现代码如下。

```
from math import fabs
print( fabs(-1))
```

3. from…import…as…语句导入模块

在导入模块或者某个具体函数时，如果出现同名的情况或者为了简化名称，可以使用关键字 as 为模块或者函数定义一个别名。

```
import numpy as np
```

8.1.3 模块自定义与使用

在通常情况下，我们把能够实现某一特定功能的代码放置在一个文件中作为一个模块，从而方便其他程序导入并使用。把计算任务分解成不同模块的程序设计方法称为模块化编程。

使用模块可以将计算任务分解为大小合理的子任务，并实现代码的重用。另外，使用模块也可以避免函数名或变量名的冲突。

模块的自定义就是将若干函数或类的代码保存在一个扩展名为“.py”的文件中。

【例 8-2】 创建两个模块：一个是矩形模块，其中包括计算矩形周长和面积的函数；另一个是圆形模块，其中包括计算圆形周长和面积的函数。然后在一个 Python 文件中导入这两个模块，并调用相应的函数计算周长和面积。

(1) 创建矩形模块，对应的文件名为 rectangle.py，在该文件中定义两个函数：一个用于计算矩形的周长；另一个用于计算矩形的面积，实现代码如下。

```
def girth(width,height):          #功能:计算周长   参数:width(宽度)、height(高)
    return (width + height) * 2

def area(width,height):           #功能:计算面积   参数:width(宽度)、height(高)
        return width * height

if __name__ == '__main__':        #顶级模块,可以在当前文件下执行
    print(area(10,20))
```

(2) 创建圆形模块，对应的文件名为 circle.py，在该文件中定义两个函数：一个用于计算圆形的周长；另一个用于计算圆形的面积，实现代码如下。

```
from math import pi as PI
def girth(r):                                #功能:计算周长       参数:r(半径)
    return round(2 * PI * r ,2 )             #计算周长并保留两位小数

def area(r):                                 #功能:计算面积      参数:r(半径)
    return round(PI * r * r ,2)              #计算面积并保留两位小数

if __name__ == '__main__':
    print(girth(10))
```

(3) 创建一个名称为 compute.py 的 Python 文件，在该文件中，导入矩形和圆形模块，最后分别调用计算圆形周长的函数和计算矩形周长的函数，实现代码如下。

```
import rectangle as r                        #导入矩形模块
import circle as c                           #导入圆形模块

if __name__ == '__main__':
    print("圆形的周长为:",c.girth(5))        #调用计算圆形周长的方法
    print("矩形的周长为:",r.girth(15,25))    #调用计算矩形周长的方法
```

执行 compute.py 文件，运行结果如下。

```
圆形的周长为:31.42
矩形的周长为:80
```

8.2 包的创建与使用

使用模块可以避免函数名和变量名重名引发的冲突。为了解决模块名重复的问题，Python 中提出了包(Package)的概念。所谓包的是一个有层次的文件目录结构，通常将一组功能相近的模块组织在一个目录下，它定义了一个由模块和子包组成的 Python 应用程序执行环境。包可以解决如下问题：

(1) 把命名空间组织成有层次的结构。

(2) 允许程序员把有联系的模块组织到一起。

(3) 允许程序员使用有目录结构而不是一大堆杂乱无章的文件。

(4) 解决有冲突的模块名称。

包简单理解就是文件夹，一个包对应着一个存放了特定代码的文件夹。包的另外一个特点就是该文件夹中必须有一个__init__.py 文件，包可以包含模块，也可以包含包。

常见的包结构如图 8-1 所示。

最简单的情况下，只需要一个空的 __init__.py 文件即可。导入包时的初始化代码或定义__all__变量适合放在此文件中。当然包内可以有子包，这与文件夹内可有子文件夹一样。

模块和包的区别在于模块是一个包含变量、语句、函数或类的程序文件，文件的名字就是模块名加上.py 扩展名，包是模块文件所在的目录，模块是实现某一特定功能的函数和类的文件。二者之间的关系是模块通常在包中，包用于模块的组织。

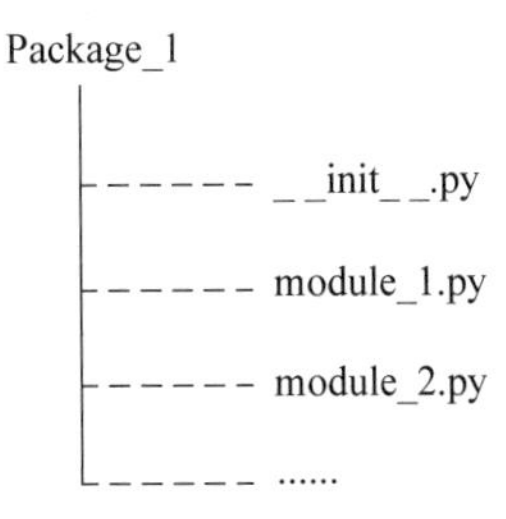

图 8-1 常见的包结构图

8.2.1 创建包

创建包实际上就是创建一个文件夹，并且在该文件夹根目录中创建一个名称为__init__.py 的 Python 文件。在__init__.py 文件中所编写的代码，在导入包时会自动执行。在__init__.py 文件中，可以不编写任何代码，也可以编写一些在该包被导入时需要先执行的代码。

例如，在 C 盘的根目录下创建一个名称为 config 的包，具体步骤如下：

(1) 在计算机的 C 盘根目录下，创建一个名称为 config 的文件夹。

(2) 在 config 文件夹下，创建一个名称为__init__.py 的文件。

至此，名称为 config 的包就创建完成了，然后可以在该包下创建所需要的模块。

在 PyCharm 中，可以通过选中所创建的工程文件名，右击，单击 New，然后选择 Python Package，输入 config 即可成功创建 config 包，__init__.py 文件会被自动生成。

8.2.2 使用包

对于包的使用通常有如下 3 种方式。

(1) 通过“import 完整包名.模块名”的形式加载指定模块。

比如在 config 包中，有名为 size 的模块，导入时，可以使用代码：

```
import config.size
```

若在 size 模块中定义了 3 个变量，比如：

```
length = 30
width = 20
height = 10
```

创建 main.py 文件，在导入 size 模块后，在调用 length、width 和 height 变量时，需要在变量名前加入 config.size 前缀。输入代码如下：

```
import config.size
if __name__ == '__main__':
    print("长度:", config.size.length)
    print("宽度:", config.size.width)
    print("高度:", config.size.height)
```

运行结果如下。

```
长度: 30
宽度: 20
高度: 10
```

(2) 通过“from 完整包名 import 模块名”的形式加载指定模块。与第(1)种方式的区别在于，在使用时，不需要带包的前缀，但需要带模块名称。代码如下：

```
from config import size
if __name__ == '__main__':
    print("长度:", size.length)
    print("宽度:", size.width)
    print("高度:", size.height)
```

运行结果与前例相同。

(3) 通过“from 完整包名.模块名 import 定义名”的形式加载指定模块。与前两种方式的区别在于，通过该方式导入模块的函数、变量或类后，在使用时直接使用函数、变量或类名即可。代码如下：

```
from config.size import length,width,height
if __name__ == '__main__':
    print("长度:", length)
    print("宽度:", width)
    print("高度:", height)
```

运行结果与前例相同。

在通过“from 完整包名.模块名 import 定义名”的形式加载指定模块时，可以使用星号“*”代替定义名，表示加载该模块下的全部定义。

8.3 常见标准库的使用

在 Python 中，自带了一些实用模块，称为标准模块（或称为标准库）。对于标准库，可以直接使用 import 语句导入 Python 文件中使用。

8.3.1 turtle 库的使用

海龟绘图是 Python 内置的一个比较有趣的库，库名为 turtle。它源于 20 世纪 60 年代的 LOGO 语言。

海龟绘图提供了一些简单的绘图方法，可以根据编写的控制指令（代码），让一个“海龟”在屏幕上移动，在它爬行的路径上绘制图形。这样，不仅可以在屏幕上绘制图形，还可以看到整个绘制过程。

turtle 库绘图的基本框架：一个小海龟在坐标系中爬行，其爬行轨迹形成了绘制图形。对于小海龟来说，有前进、后退、旋转、提起画笔、放下画笔等动作。小海龟的前进、后退、左转、右转的方向是通过相对于小海龟当前的前进方向来确定的。绘图初始时，小海龟位于画布正中央，此处坐标为坐标原点(0,0)，前进方向为水平右方。横向为 x 轴，纵向为 y 轴，x、y 坐标值的单位为像素。

turtle 库绘图初始时小海龟的方向和画布的坐标系，如图 8-2 所示。

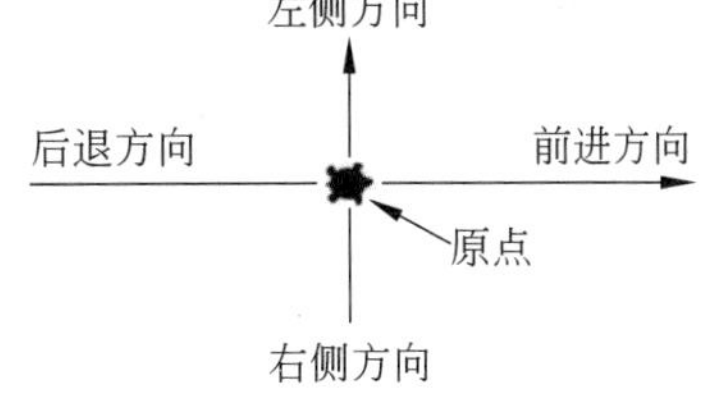

图 8-2　turtle 库绘图坐标体系

海龟绘图是 Python 内置的模块，在使用前无需安装，只需导入即可。

turtle 库包含 100 多个功能函数，主要包括窗体设置函数、画笔状态函数、画笔运动函数等 3 类。

1. 窗体设置函数

在海龟绘图中，提供了 setup()函数设置海龟绘图窗口的尺寸、颜色和初始位置。setup()函数的语法如下：

```
turtle.setup(width="width", height="height", startx="leftright",
          starty="topbottom")
```

参数说明如下。

- width：设置窗口的宽度，可以是表示大小为多少像素的整型数值，也可以是表示屏幕占比的浮点数值；默认为屏幕的 50%。
- height：设置窗口的高度，可以是表示大小为多少像素的整型数值，也可以是表示屏幕占比的浮点数值：默认为屏幕的 50%。

- startx：设置窗口的 x 轴位置，设置为正值，表示初始位置距离屏幕左边缘多少像素，负值表示距离右边缘，None 表示窗口水平居中。
- starty：设置窗口的 y 轴位置，设置为正值，表示初始位置距离屏幕上边缘多少像素，负值表示距离下边缘，None 表示窗口垂直居中。

例如，设置窗口宽度为 400 像素，高度为 300 像素，距离屏幕的左边缘 50 像素，上边缘 30 像素，实现代码如下。

```
turtle.setup(width=400, height=300, startx=50, starty=30)
```

再如，设置宽度和高度都为屏幕的 50%，并且位于屏幕中心，实现代码如下：

```
turtle.setup(width=.5, height=.5, startx=None, starty=None)
```

2. 画笔状态函数

在初始的绘图窗口中，坐标原点(0,0)的位置默认有一个指向 x 轴正方向的箭头(或小乌龟)，这就相当于我们的画笔。可以控制画笔的线条粗细、颜色、运动速度以及是否显示光标等。设置画笔状态的函数如表 8-1 所示。

表 8-1　turtle 库的画笔状态函数

函 数 名	功 能 描 述
pendown()	放下画笔，绘图初始时，画笔处于放下状态
penup()	提起画笔，与 pendown()，配对使用
pensize(width)	笔线条的粗细为指定大小
pencolor()	设置画笔的颜色
begin_fill()	填充图形前，调用该方法
end_fill()	填充图形结束
filling()	返回填充的状态，True 为填充，False 为未填
clear()	清空当前窗口，但不改变当前画笔的位置
reset()	清空当前窗口，并重置位置等状态为默认值
screensize()	设置画布的长和宽
hideturtle()	隐藏画笔的 turtle 形状
showturtle()	显示画笔的 turtle 形状
isvisible()	如果 turtle 可见，则返回 True，否则返回 False
write(str,font=None)	输出 font 字体的字符串
shape()	画笔初始形状，常用的形状名有 arrow(向右的等腰三角形)、turtle(海龟)、circle(实心圆)、square(实心正方形)、triangle(向右的正三角形)或 classic(箭头)等 6 种

3. 画笔运动函数

turtle 通过一组函数控制画笔的行进动作，进而绘制形状，如表 8-2 所示。

表 8-2 turtle 库的画笔运动函数

函 数 名	功 能 描 述
forward()	沿前方向前进指定距离
backward()	沿着当前相反方向后退指定距离
right(angle)	向右旋转 angle 角度
left(angle)	向左旋转 angle 角度
goto(x,y)	移动到绝对坐标(x,y)处
setx()	将当前 x 轴移动到指定位置
sety()	将当前 y 轴移动到指定位置
setheading(angle)	设置当前朝向为 angle 角度
home()	设置当前画笔位置为原点，朝向东
circle(radius,e)	绘制一个指定半径 r 和角度 e 的圆或弧形
dot(r,color)	绘制一个指定半径 r 和颜色 color 的圆点
undo()	撤销画笔最后一步动作
speed()	设置画笔的绘制速度，参数为 0～10

【例 8-3】 绘制随机颜色、粗细、瓣数的雪花。

实现代码如下。

```
import turtle                     #导入海龟绘图模块
import random
turtle.shape('turtle')            #设置海龟光标为小海龟形状
r=random.random()                 #随机获取红色值
g=random.random()                 #随机获取绿色值
b=random.random()                 #随机获取蓝色值
turtle.pencolor(r,g,b)            #设置画笔颜色
dens=random.randint(6,10)         #随机生成雪花瓣数
turtle.width(random.randint(1,3))
snowsize=16                       #雪花大小
for j in range(dens):
    turtle.forward(snowsize)
    turtle.backward(snowsize)
    turtle.right(360/dens)
turtle. hideturtle ()             #隐藏海龟光标
turtle.done()          #海龟绘图程序的结束语句(防止窗口在绘图动作结束后被自动关闭)
```

运行结果如下。

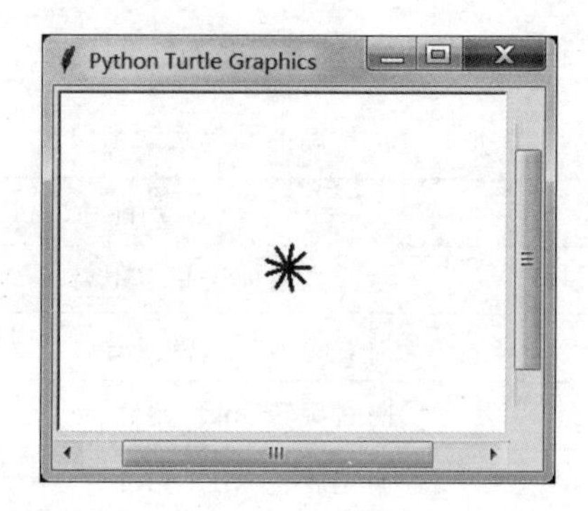

8.3.2 random库的使用

Python提供了标准库random来实现生成随机数以及与随机数相关的操作。对于random库来说，常见的随机数函数介绍如下。

1. random()函数

random()函数用于生成一个0～1的随机浮点数。

【例8-4】 随机生成2个数的函数应用。

实现代码如下。

```
import random
print("第一个随机数:", random.random())    #生成第一个随机数
print("第二个随机数:", random.random())    #生成第二个随机数
```

运行结果如下。

```
第一个随机数: 0.40410725560502847
第二个随机数: 0.35348632682287706
```

2. uniform (a,b)函数

返回a与b之间的随机浮点数N，范围为[a, b]。如果a的值小于b的值，则生成的随机浮点数N的取值范围为a≤N≤b；如果a的值大于b的值，则生成的随机浮点数N的取值范围为b≤N≤a。

【例8-5】 随机生成2个浮点数的函数应用。

实现代码如下。

```
import random
print("第一个[50,100]随机数:",random.uniform(50,100))
print("第二个[50,100]随机数:",random.uniform(100,50))
```

运行结果如下。

```
第一个[50,100]随机数: 67.68694161817494
第二个[50,100]随机数: 79.84856987973592
```

3. randint(a,b)函数

返回一个随机的整数 N,N 的取值范围为 a≤N≤b。需要注意的是,a 和 b 的取值必须为整数,并且 a 的值一定要小于 b 的值。

【例 8-6】 随机生成 2 个整数的函数应用。

实现代码如下。

```
import random
print(random.randint(12,20))                #生成的随机数 n: 12 <= n <= 20
print(random.randint(20,20))                #结果永远是 20
```

运行结果如下。

```
18
20
```

4. randrange(start, stop, step)函数

返回某个区间内的整数,可以设置 step,只能传入整数。例如,random.randrange(10, 100, 2),结果相当于从[10,12,14,16,…,96,98]序列中获取一个随机数。

5. choice(sequence)函数

从 sequence 中返回一个随机的元素。其中,sequence 参数可以是序列,如列表、元组和字符串。若 sequence 为空,则会引发 IndexError 异常。

【例 8-7】 从序列中随机抽取一个元素的函数应用。

实现代码如下。

```
import random
print(random.choice('不忘初心牢记使命'))
print(random.choice([3,5,1,9,8,6]))
print(random.choice(('Tuple','List','Dict')))
```

运行结果如下。

```
记
8
Dict
```

6. shuffle()函数

用于将列表中的元素打乱顺序,俗称为洗牌。

【例 8-8】 把列表[1, 2, 3, 4, 5]中的元素打乱顺序的应用。

实现代码如下。

```
import random
arr=[1,2,3,4,5]
random.shuffle(arr)
print(arr)
```

运行结果如下。

```
[3, 2, 1, 5, 4]
```

7. sample(sequence, k)函数

从指定序列中随机获取 k 个元素作为一个片段返回,sample()函数不会修改原有序列。

【例 8-9】 指定序列([1, 2, 3, 4, 5])中随机获取 3 个元素。

实现代码如下。

```
import random
arr=[1,2,3,4,5]
sub=random.sample(arr,3)
print(sub)
```

运行结果如下。

```
[2, 3, 5]
```

8. random 模块的综合应用

【例 8-10】 应用 random 模块,生成由数字、大写字母和小写字母组成的 6 位验证码,要求这 3 种字符必须同时具备,并且为了便于区分,不允许出现容易混淆的数字 0 和 1 以及大写字母 O 与小写字母 l。

实现代码如下。

```
from random import choice,sample,shuffle
from string import digits,ascii_uppercase as upper,ascii_lowercase as lower
dChars=digits[2:]                    #得到除了数字 0、1 之外的 8 个数字顺序构成的字符串
uChars=upper.replace('O',"")         #得到除了大写字母 O 之外的所有大写字母字符串
lChars=lower.replace('l',"")         #得到除了小写字母 l 之外的所有小写字母字符串
allChars=dChars+uChars+lChars        #得到由 3 种可取的全部字符构成的字符串
aList=[]                             #初始时,aList 为空列表
aList.append(choice(dChars))         #在列表 aList 末尾追加 1 个元素,该元素为数字字符
```

```
aList.append(choice(uChars))    #在列表 aList 末尾追加 1 个元素,该元素为可取大写
                                #字母
aList.append(choice(lChars))    #在列表 aList 末尾追加元素,该元素为可取小写字母
#在列表 aList 末尾追加含有 3 个元素的列表,它们随机取自全部可取字符集
aList+=sample(allChars,3)
shuffle(aList)              #随机打乱列表 aList 的元素。该列表中有 6 个单字符的元素
print("6 位验证码为:"+"".join(aList))      #输出最终结果
```

运行结果如下。

```
验证码为: kvh63H
```

8.3.3　时间和日期库的使用

Python 中的 time 库与 datetime 库可以处理与时间和日期相关的数据。

1. time 库系统时间的记录方式

在系统内部,日期和时间为从 epoch 开始的秒数,称之为时间戳(timestamp)。epoch 是系统规定的时间起始点,它通常是 1970 年 1 月 1 日 0 时 0 分 0 秒。

2. time 库时间的表现方式

(1) timestamp 对象。时间戳表示的是从 1970 年 1 月 1 日 0 时 0 分 0 秒开始按秒计算的偏移量。返回的是 float 类型,返回时间戳的函数有 time()和 clock()。

(2) struct_time 对象。struct_time 元组共有 9 个属性,返回 struct_time 的函数主要有 gmtime()、localtime()和 strptime()。表 8-3 所示为列出了这 9 个元素的属性和值。

表 8-3　struct_time 元组的 9 个元素

序号	属　性	值
1	tm_year	年,比如 2022
2	tm_mon	月,取值为 1～12
3	tm_mday	日,取值为 1～31
4	tm_hour	时,取值为 0～23
5	tm_min	分,取值为 0～59
6	tm_sec	秒,取值为 0～61(60 或 61 是闰秒)
7	tm_wday	星期几,取值为 0～6(0 表示星期一)
8	tm_yday	年内第几天,取值为 1～366(儒略历)
9	tm_isdst	是否夏令时,0 表示否、1 表示是、-1 表示未知

(3) 格式化时间字符串。此形式使时间更具可读性,包括自定义格式和固定格式,比

如“2022-5-11”。

3. time 库的常用函数

(1) time.sleep(secs)：暂停指定的时间，单位为秒。

(2) time.time()：获取当前时间戳。

(3) time.gmtime()：把一个时间戳转换为 UTC 时区(0 时区)的 struct_time 对象，其 9 个属性含义如表 8-3 所示。

```
import time
a=time.gmtime()
print(a)
```

(4) time.localtime(secs)：把一个时间戳转换为当前时区的 struct_time 对象。secs 缺省为当前时间的时间戳。例如，time.localtime()。

(5) time.asctime([t])：把一个表示时间的元组或 struct_time 表示为形如'Sun Jun 20 23：21：05 1993'的字符串。如果没有参数，则会将 time.localtime()作为参数传入。例如，time.asctime()。

(6) time.ctime(secs)：把时间戳转为这个形式的'Sun Jun 20 23:21:05 1993'格式化时间。如果没有参数，则会将 time.localtime()作为参数传入。此函数相当于调用 time.asctime(localtime(secs))。

```
import time
a = time.ctime(3600)
print(a)
```

运行结果如下。

```
Thu Jan  1 09:00:00 1970
```

(7) time.strftime(format[，t])：把一个代表时间的元组或者 struct_time(如由 time.localtime()和 time.gmtime()返回)转换为格式化的时间字符串。如果 t 未指定，将传入 time.localtime()。如果元组中任何一个元素越界，将会抛出 ValueError 错误。

```
import time
local_time = time.localtime()
print(time.strftime('%Y-%m-%d  %H:%M:%S', local_time))
```

运行结果如下。

```
2022-02-03  21:39:27
```

(8) time.strptime(string[，format])：把一个格式化时间字符串转换为 struct_

time。实际上它与 strftime()是互逆操作。在这个函数中,format 默认为"%a %b %d %H:%M:%S %Y"。

```
import time
a=time.localtime()
print(a)
```

运行结果如下。

```
time.struct_time(tm_year=2020, tm_mon=4, tm_mday=1, tm_hour=15, tm_min=52,
tm_sec=1, tm_wday=2, tm_yday=92, tm_isdst=0)
```

(9) time 模块还包含如下用于测量程序性能的函数。

- time.process_time():返回当前进程的处理器运行时间。此函数取代 time.clock(),后者在 Python 3.8 中已移除。
- time.perf_counter():返回性能计数器。
- time.monotonic():返回单向时钟获得的当前时间。

【例 8-11】 测量程序运行时间。用户可以使用程序运行到某两处的时间差值,计算该程序片段所花费的运行时间,也可使用 time.time()函数,该函数返回以秒为单位的系统时间(浮点数)。

实现代码如下。

```
import time
t1 = time.monotonic()                 #通过单向时钟获得计时起始时间
sum = 0
for i in range(0, 9999999):           #此循环表示待计时程序运行时间的程序代码片段
    sum += i
t2 = time.monotonic()                 #通过单向时钟获得计时终止时间
print('程序运行时间:', t2-t1)
```

运行结果如下。

```
程序运行时间: 1.217000000004191
```

说明:由于不同计算机的配置不同,此程序的运行时间也会不同。

datetime 模块包含用于表示日期的 date 对象、表示时间的 time 对象和表示日期时间的 datetime 对象。它也包含表示时间日期差值的 timedelta 对象。

datetime 模块的 date.today()函数返回表示当前日期的 date 对象。通过它可以获取年、月、日等信息。

datetime 模块的 datetime.now()函数返回表示当前日期时间的 datetime 对象,通过它可以获取年、月、日、时、分、秒等信息。

datetime 库包括 datetime.MINYEAR 和 datetime.MAXYEAR 个常量，分别表示最小年份和最大年份，其值分别为 1 和 9999。

【例 8-12】 获取当前日期时间。

实现代码如下。

```
import datetime
d = datetime.date.today()
dt = datetime.datetime.now()
print ("当前的日期是 %s" % d)
print ("当前的日期和时间是 %s" % dt)
print ("ISO 格式的日期和时间是 %s" % dt.isoformat() )
print ("当前的年份是 %s" %dt.year)
print ("当前的月份是 %s" %dt.month)
print ("当前的日期是  %s" %dt.day)
print ("dd/mm/yyyy 格式是  %s/%s/%s" % (dt.day, dt.month, dt.year) )
print ("当前小时是 %s" %dt.hour)
print ("当前分钟是 %s" %dt.minute)
print ("当前秒是  %s" %dt.second)
```

运行结果如下。

```
当前的日期是 2022-05-01
当前的日期和时间是 2022-05-01 18:44:10.956169
ISO 格式的日期和时间是 2022-05-01T18:44:10.956169
当前的年份是 2022
当前的月份是 5
当前的日期是  1
dd/mm/yyyy 格式是  1/5/2022
当前小时是 18
当前分钟是 44
当前秒是  10
```

8.4 常见的第三方库

Python 语言有数十万的第三方库，覆盖几乎所有的信息技术领域。这些第三方库全由专家、工程师和爱好者开发和维护。这些第三方库构成了 Python 计算生态。

通过 PyPI 官网(https://pypi.org/)可以查找和浏览第三方库的基本信息。了解要使用的第三方库的基本信息后，这些第三方库需要先安装才能使用。有多种方式对这些第三方库进行安装和管理。本章重点介绍使用 pip 安装和管理 Python 第三方库。

8.4.1 第三方库的安装

安装第三方模块可以使用 Python 提供的包管理工具 pip 命令来实现。pip 命令的语法格式如下。

```
pip <命令> [模块名]
```

参数说明如下。

- 命令：用指定要执行的命令。常用命令有 install(用于安装第三方模块)、uninstall(用于卸载已经安装的第三方模块)、list(用于显示已经安装的第三方模块)等。
- 模块名：可选参数，用于指定要安装或者卸载的模块名，当命令为 install 或者 uninstall 时不能省略。

例如，安装第三方的 NumPy 模块(用于科学计算)。首先，定位到 pip.exe 所在目录，它通常在 Python 的安装根目录下的 Scripts 文件夹中，然后，在命令窗口中输入以下代码：

```
pip install numpy
```

执行上述代码时，将在线安装 NumPy 模块，安装完成之后，将显示如图 8-3 所示界面。

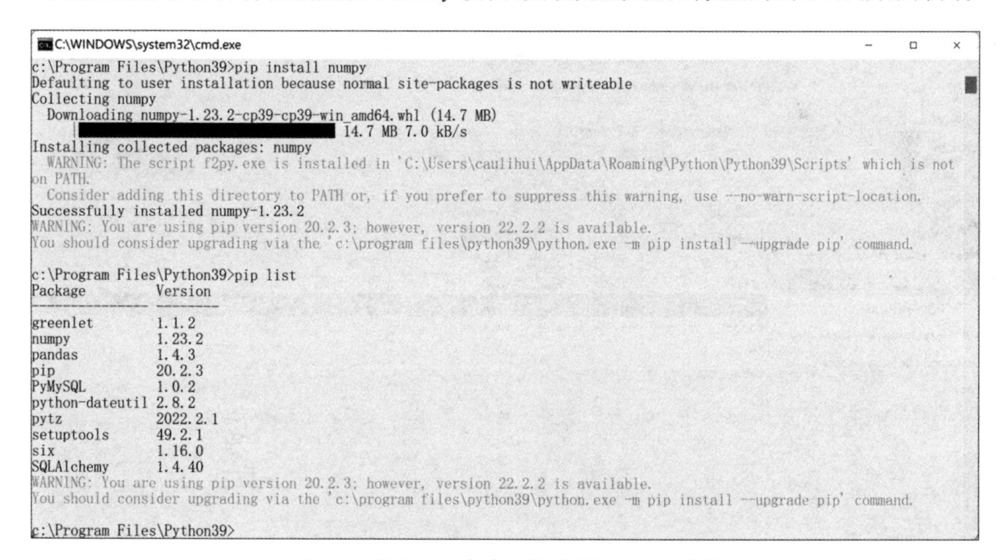

图 8-3 利用 pip 命令在线安装 NumPy 模块

利用 pip 进行包的安装、升级、卸载，如下所示。

(1) 指定安装的软件包版本，通过使用==、>=、<=、>、<来指定一个版本号。

```
pip install markdown==2.0
```

(2) 升级包，升级包到当前最新的版本，可以使用-U 或者-upgrade。

```
pip install -U django
```

（3）搜索包。

```
pip search "django"
```

（4）列出已安装的包。

```
pip list
```

（5）卸载包。

```
pip uninstall django
```

（6）导出包到文本文件，可以用 pip freeze > requirements.txt，将需要的模块导出到文件里，然后在另一个地方 pip install -r requirements.txt 再导入。

当某个包安装完毕后，可在 PyCharm 中，可以通过选择菜单栏 File→Settings 查看已经安装的包，如图 8-4 所示。

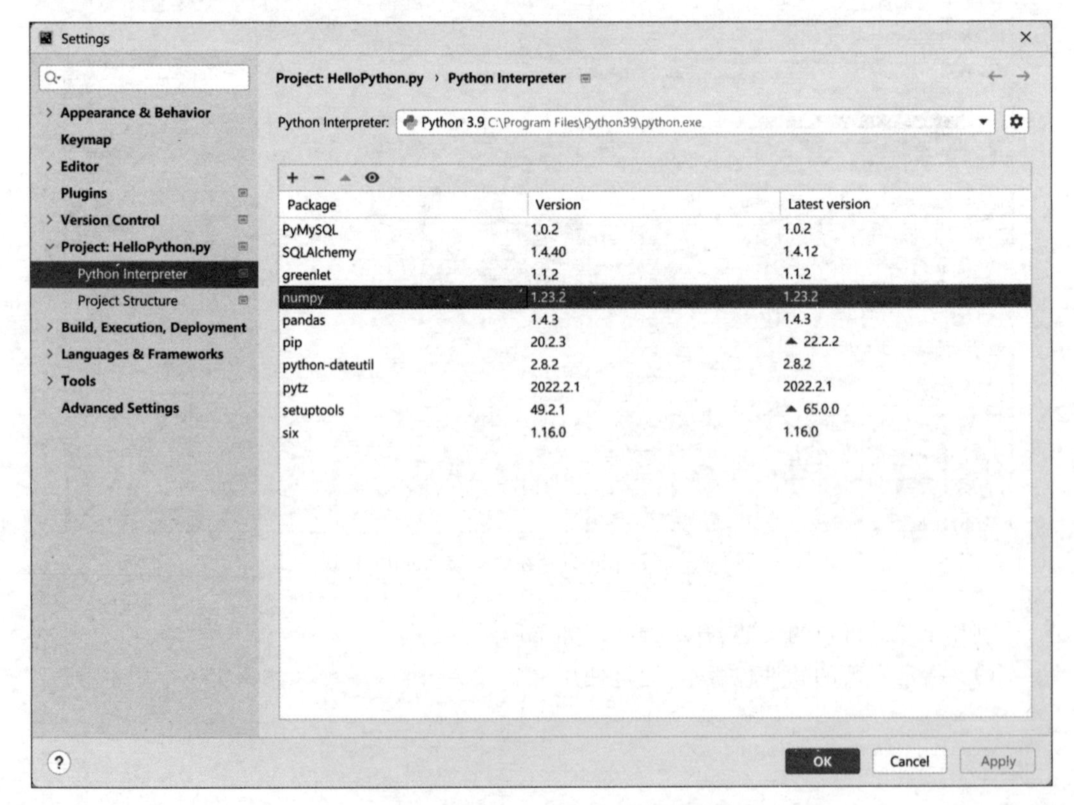

图 8-4　查看 PyCharm 中已经安装的包

8.4.2 中文处理相关库

1. 中文分词库 jieba 的使用

jieba 是目前好用的 Python 中文分词工具，是中文文本处理和分析不可或缺的利器。

在文本处理中，常常需要通过分词，将连续的字序列按照一定的规范重新组合成词序列。在英文的句子中，单词之间是以空格作为自然分界符的，因而分词相对容易。而在中文句子中，字词之间没有形式上的分界符，因而中文分词比较复杂和困难，使用 Python 第三方库 jieba 可以方便地实现中文分词。

jieba 库支持如下 3 种分词模式。

(1) 精确模式：试图将句子最精确地切开，不存在冗余字词，适合文本分析。

(2) 全模式：把句子中所有的可以成词的词语都扫描出来，速度非常快，会存在冗余字词，不能解决歧义。

(3) 搜索引擎模式：在精确模式的基础上，对长词再次切分，提高召回率，适合用于搜索引擎分词。

jieba 库提供的主要 API 函数如表 8-4 所示。

表 8-4 jieba 库的主要 API 函数

函 数	功能说明
cut(s,cut_all=False, HMM=True)	对文本 s 进行分词，返回可迭代对象。cut_all 默认为 False，表示分词模式为精确模式；cut_all 为 True，表示全模式。HMM 默认为 True，表示采用隐马尔可夫模型
lcuts(s, * args, **kwargs)	除了返回值为列表对象外，其余与 cut()函数类似
cut_for_search(s, HMM=True)	对文本 s 进行分词，返回可迭代对象，分词模式为搜索引擎模式
lcut_for_search(s, * args, **kwargs)	除了返回值为列表对象外，其余与 cut_for_search()函数类似
add_word(w,freq=None,tag=None)	为分词词典增加新词 w
del_word(w)	从分词词典删除词汇 w
load_userdict(f)	载入用户自定义分词词典，参数 f 为用户自定义词典所在的 UTF-8 编码的文本文件、字典文件。文件 f 的结构为： 单词 1 词频 词类型 单词 2 词频 词类型 …… 其中，词类型为非必须

【例 8-13】 使用 jieba 库对“2022 年的中央一号文件.txt”进行统计，分析出现频率最高的 6 个词。该文件为文本文件，字符编码格式为 UTF-8。这里的词不包括单字的词。

实现代码如下。

```
import jieba
txtfile = '2022 年的中央一号文件.txt '
```

```
with open(txtfile, encoding='utf-8') as f:  #打开文件
    txt = f.read()                          #读取文本文件的所有内容
words = jieba.cut(txt)                      #使用精确模式对文本进行分词
counts = {}                                 #通过键值对的形式存储词语及其出现的次数
for word in words:                          #遍历所有词语,每出现一次其对应的值加 1
    if  len(word) == 1:                     #单字的词语不计算在内,例如标点、介词、连接词等
        continue
    else:
        counts[word] = counts.get(word, 0) + 1
items = list(counts.items())                #将键值对转换成列表
items.sort(key=lambda x: x[1], reverse=True)
                                            #根据词语出现的次数进行从大到小排序
for i in range(6):
    word, count = items[i]
    print(f"{word}\t{count}")
```

运行结果如下。

```
乡村    77
推进    63
建设    61
农村    60
发展    47
振兴    45
```

2. 词云库 WordCloud 的使用

在文本分析中,当统计关键字(词)的频率后,可以通过词云图(也称为文字云)对文本中出现频率较高的"关键词"予以视觉化的展现,从而突出文本中的主旨。使用 Python 第三方库 WordCloud 可以方便地得到词云图。

在 Windows 命令提示符窗口中,输入命令行命令"pip install wordcloud",以安装 WordCloud 库。注意,使用该方法需要本地计算机安装了 Microsoft Visual C++ 14.0 编译器,否则安装会失败,下载该编译器的网址为:

https://visualstudio.microsoft.com/visual-cpp-build-tools/

WordCloud 库的核心是 WordColoud 类,该库的所有功能都封装在 WordCloud 类中。使用 WordCloud 库生成词云图,一般遵循以下步骤。

(1) 实例化一个 WordCloud 对象,例如,wc = WordCloud()。

(2) 调用 wc.generate(text),对文本 text 进行分词,并生成词云图。

(3) 调用 wc.to_file("wc.png"),把生成的词云图输出到图像文件 wc.png。

其他相关函数如表 8-5 所示。

表 8-5　生成词云图的函数

函　　数	作　　用
fit_words(frequencies)	根据词频生成词云
generate(text)	根据文本生成词云
generate_from_frequencies(frequencies[,…])	根据词频生成词云
generate_from_text(text)	根据文本生成词云
process_text(text)	将长文本分词并去除屏蔽词，但仅适用于英语文本，中文分词还是需要自己用其他的库先行实现，再使用 fit_words()函数
recolor([random_state, color_func, colormap])	对现有输出重新着色。重新着色会比重新生成整个词云快很多
to_array()	转换为 NumPy 数组
to_file(filename)	输出到文件

在生成词云时，WordCloud 默认会以空格或标点为分隔符对目标文本 text 进行分词处理。

默认情况下，WordCloud 对象使用默认参数创建词云图。创建 WordCloud 实例对象时，用户可以通过参数控制词云图的绘制。

创建 WordCloud 对象的常用参数如表 8-6 所示。

表 8-6　创建 WordCloud 对象的常用参数

参　　数	描　　述
width = n	画布宽度，默认为 400 像素
height = n	画布高度，默认为 400 像素
scale = n	按比例放大或缩小画布
font_path= '字体路径'	词云文字所用字体的路径，例如，黑体字体文件的路径通常为'C:/Windows/fonts/simhei.ttf'
min_font_size = n	设置最小的字体大小
max_font_size = n	设置最大的字体大小
stopwords = words	设置要屏蔽的词语列表
background_color ='color'	设置背景板颜色
relative_scaling = n	设置字体大小与词频的关联性
contour_width = n	设置轮廓宽度
contour_color ='color'	设置轮廓颜色
scale=n	设置数值越大，产生的图片分辨率越高，字迹越清晰
max_words: n	显示词汇的最大数目，默认为 200
mask: nd-array	设置二值遮罩(mask)。例如用图片指定绘制词云的范围，使词云绘制在图片除白色之外的区域。该图片可预先载入到 NumPy 的 nd-array 对象中

【例 8-14】 编写程序,先通过 jieba 库将文件“2022 年的中央一号文件.txt”进行文本分词处理,然后使用 WordCloud 库显示中文词云图。

实现代码如下。

```
import jieba
import wordcloud
excludes =['和','的','等','不','与','对','为','发展','开展','建设',
           '完善','实施','推进','加强']
with open("2022 年的中央一号文件.txt","r",encoding="utf-8") as f:
    txt=f.read()
words=jieba.lcut(txt)                          #使用精准模式对文本进行分词
newtxt=" ".join(words)                         #使用空格,将 jiebar 分词结果拼接成文本
wc=wordcloud.WordCloud(scale=4,
                       font_path="c:/Windows/fonts/simhei.ttf",  #黑体字体
                       width=1000,height=700,
                       max_words=80,
                       background_color="white",
                       stopwords=excludes )
wc.generate(newtxt)
wc.to_file("2022 年的中央一号文件_词云图.png")
```

运行结果将得到生成的词云图片文件“2022 年的中央一号文件_词云图.png”,打开此图片文件如下图所示。

3. 其他的文本处理与分析相关库

(1) PDFMiner：PDFMiner 是一个 Python 的 PDF 解析器,可以从 PDF 文档中提取信息。与其他 PDF 工具不同,它侧重于获取和分析 PDF 文件中的文本数据。PDFMiner 允许获取某一页中文本的准确位置和一些诸如字体、行数的信息。它包括一个 PDF 转换器,可把 PDF 文件转换成 HTML 等格式。还有一个扩展的 PDF 解析器,可以用于除文本分析以外的其他用途。

(2) OpenPyXL：OpenPyXL 是一个开源项目,它可读写 Excel 文档。OpenPyXL 不仅能够同时读取和修改 Excel 文档,而且可以对 Excel 文件的单元格进行详细设置,包括

单元格样式等内容，甚至还支持图表插入、打印设置等内容，也可读写 XLTM、XLTX、XLSM、XLSX 等类型的文件。它可以处理数据量较大的 Excel 文件。

（3）python-docx：python-docx 是用于创建和更新 Microsoft Word 文件的 Python 库，支持读取、查询以及修改 DOC、DOCX 等格式文件。

（4）NLTK：NLTK（Natural Language ToolKit）是一套基于 Python 的自然语言处理工具集。NLTK 包含 Python 模块、数据集和教程，用于自然语言处理（Natural Language Processing，NLP）的研究和开发。通过在 Windows 命令行界面执行"pip install nltk"命令可以安装最新版本的 NLTK 及其依赖包。

8.4.3 网络爬虫相关库

网络爬虫通过跟踪超链接访问 Web 页面的程序。每次访问一个网页时，就会分析网页内容，提取结构化数据信息。最简单最直接的方法是使用 Requests（或 URLLib）库请求网页得到结果，然后使用正则表达式匹配分析并抽取信息。

1. Requests 与 URLLib

Requests 是使用 Python 语言基于 URLLib3 编写的，采用的是 Apache2 Licensed 开源协议的 HTTP 库。Requests 比 URLLib 更加方便，可以为用户节约大量的工作时间。Requests 库在处理 Cookies、登录验证、代理设置等操作方面都更加简单高效。

2. BeautifulSoup

BeautifulSoup4（BeautifulSoup 或 bs4）是用于解析和处理 HTML 和 XML 的第三方库，其最大优点是能根据 HTML 和 XML，语法建立解析树，从而高效解析其中的内容。

BeautifulSoup 最主要的功能是从网页抓取数据，自动把输入文档转换为 Unicode 编码，把输出文档转换为 UTF-8 编码。

3. Scrapy

Scrapy 是最流行的 Python 语言爬虫框架之一，用于从网页中提取结构化的数据。Scrapy 框架是高层次的 Web 获取框架，本身包含了成熟的网络爬虫系统所应该具有的部分共用功能，广泛用于数据挖掘、监测和自动化测试。

4. Pyspider

Pyspider 是一款灵活便捷的爬虫框架。与 Scrapy 框架相比，Pyspider 更适合用于中小规模的爬取工作。Pyspider 提供了强大的 WebUI 和脚本编辑器、任务监控和项目管理以及结果查看功能。

【例 8-15】 爬取标题新闻。

演示利用 Requests 库与 BeautifulSoap 库爬取某网站主页上的新闻标题信息。

为了爬取网站页面的信息，必须先分析页面 HTML 源代码，确定能唯一定位所需信息的代码特征，然后利用此特征，从页面中提取所需信息。具体步骤如下。

首先，利用浏览器打开该网站主页。本例中将获取的新闻标题信息在页面中的位置如图 8-5 所示。

为了能查阅到我们想获取的新闻标题信息在 Web 页面的 HTML 代码信息，可以利

图 8-5 搜狐主页图

用浏览器的开发者工具。以 Chrome 浏览器为例，单击浏览器窗口右上角的菜单图标，然后选择“更多工具”→“开发者工具”，如图 8-6 所示。

图 8-6 发者工具查看操作图

此时，将在浏览器的右侧显示开发者工具窗口。单击“元素”，单击此窗口左上角的箭头图标，移动鼠标指向要获取的新闻标题处，例如将鼠标指向第一个新闻标题，此时右侧的开发者工具窗口将显示鼠标所指处的页面代码，如图 8-7 所示。

图 8-7　通过开发者工具查看页面代码图

在此处不难发现，我们需要的新闻信息在如下的 div 标签中：

```
<div class="news" data-spm="top-news1">
    十条新闻信息在此标签内
</div>
```

div 标签有两个属性，其一是名为 class 的属性，其值为"news"，其二是名为 data-spm 属性，其值为"top-news1"，如图 8-8 所示。

利用以上方法，进一步查看页面中其他部分的代码。

通过对页面代码的对比分析后，我们不难确定：利用此 div 标签的信息就能唯一定位页面中要爬取的十条新闻的标题。

下面进行 Python 程序代码设计。

```
import requests
from bs4 import BeautifulSoup as BS4
url = "https://www.sohu.com"
response=requests.get(url)
mySoup = BS4(response.text, features="lxml")
res=mySoup.find_all("div", attrs={"class":"news", "data-spm":"top-news1"})
print(res[0].text)
```

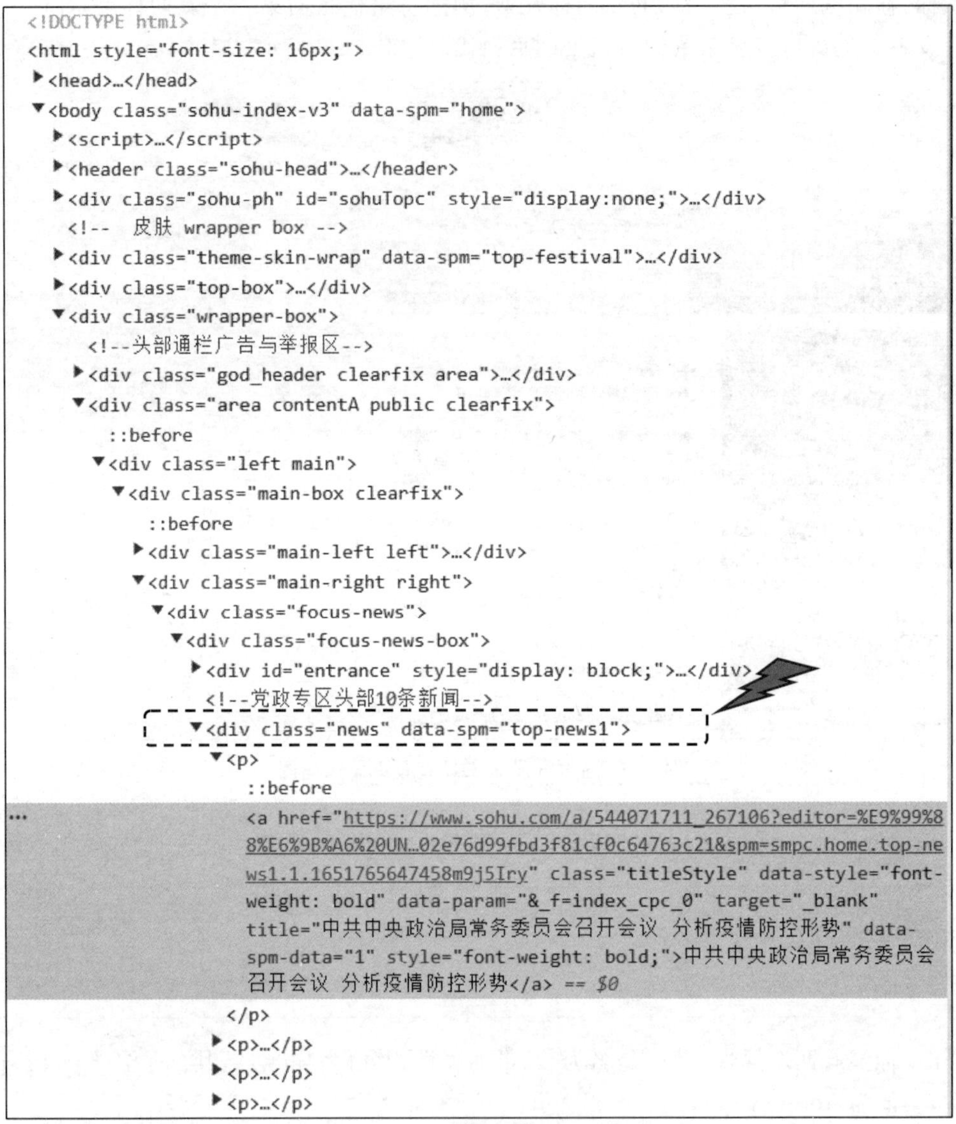

```
<!DOCTYPE html>
<html style="font-size: 16px;">
▶<head>…</head>
▼<body class="sohu-index-v3" data-spm="home">
  ▶<script>…</script>
  ▶<header class="sohu-head">…</header>
  ▶<div class="sohu-ph" id="sohuTopc" style="display:none;">…</div>
   <!--  皮肤 wrapper box -->
  ▶<div class="theme-skin-wrap" data-spm="top-festival">…</div>
  ▶<div class="top-box">…</div>
  ▼<div class="wrapper-box">
     <!--头部通栏广告与举报区-->
    ▶<div class="god_header clearfix area">…</div>
    ▼<div class="area contentA public clearfix">
       ::before
      ▼<div class="left main">
        ▼<div class="main-box clearfix">
           ::before
          ▶<div class="main-left left">…</div>
          ▼<div class="main-right right">
            ▼<div class="focus-news">
              ▼<div class="focus-news-box">
                ▶<div id="entrance" style="display: block;">…</div>
                 <!--党政专区头部10条新闻-->
                ▼<div class="news" data-spm="top-news1">
                  ▼<p>
                     ::before
…                    <a href="https://www.sohu.com/a/544071711_267106?editor=%E9%99%8
                     8%E6%9B%A6%20UN…02e76d99fbd3f81cf0c64763c21&spm=smpc.home.top-ne
                     ws1.1.1651765647458m9j5Iry" class="titleStyle" data-style="font-
                     weight: bold" data-param="&_f=index_cpc_0" target="_blank"
                     title="中共中央政治局常务委员会召开会议 分析疫情防控形势" data-
                     spm-data="1" style="font-weight: bold;">中共中央政治局常务委员会
                     召开会议 分析疫情防控形势</a> == $0
                   </p>
                  ▶<p>…</p>
                  ▶<p>…</p>
                  ▶<p>…</p>
```

图 8-8 看网页源码标签

代码说明：

第 1～2 行：导入 Requests 库与 BeautifulSoup 库。

第 3 行：此为本例中需要爬取的 Web 页面的 URL(即通常所说的网址)。

第 4 行：调用 Requests 库的函数 get(url)，此函数将根据参数 url 所确定的网址请求相应的 Web 页面，返回值 response 为网站对此请求的响应，它通常是 Web 页面的 HTML 代码，有兴趣者可以利用 print(response.text)查看。

第 5 行：利用获得的 response.text 构造 BeautifulSoup 的对象 mySoup。

第 6 行：利用 mySoup 对象的 find_all()函数，查找标签名为 div 且其属性 class 值为"news"、其属性 data-spm 值为"top-news1"的页面元素，返回的结果为根据此特征所查找到的页面元素对象的列表，存放在变量 res 中。根据前面的分析可知，此对象是唯一的，因此列表 res 只有一个元素。

第 7 行：res[0]表示查找到的第一个页面元素对象，其中的文本内容可由 res[0].text 得到。

以上程序的输出结果如图 8-9 所示。

```

中共中央政治局常务委员会召开会议 分析疫情防控形势
我们正青春丨这，就是中国青年
|
青春的誓言

星火成炬
|
“五一”云上音乐会
|
燃情新时代
|
凡人微光

数说如今浙西南
|
松涛响彻六盘山
|
稳住产业链、供应链

青年担当
|
复工复市
|
闭环管理
|
居家办公
|
减少线下会议

```

图 8-9　输出结果

从以上输出结果可以看出，此程序已经能够爬取到页面中的新闻标题信息，并且多行新闻标题之间由换行分隔。但是，有两点不足：

(1) 有许多多余的换行。

(2) 在 Web 页面中由“|”分隔的属于同一行标题中的并列标题，在此均由换行分隔了。

因此，只需要将以上代码的第 7 行改为如下代码，就能得到与 Web 页面中展现的十条新闻标题了。

```
print(res[0].text.replace("\n|\n","|").replace("\n\n","").strip())
```

以上代码是将 res[0].text 所获得的字符串进行了三步处理：首先将竖杠“|”字符前

后的换行符替换为空字符串，然后将连续的换行符替换为空字符串，最后将字符串首尾的换行符符替换为空字符串。

修改后，程序运行后运行结果如下：

```
中共中央政治局常务委员会召开会议 分析疫情防控形势
我们正青春|这，就是中国青年|青春的誓言
星火成炬|“五一”云上音乐会|燃情新时代|凡人微光
数说如今浙西南|松涛响彻六盘山|稳住产业链、供应链
青年担当|复工复市|闭环管理|居家办公|减少线下会议
不以利害移操守
郑州：封控区外主城区居民如何外出采购生活物资？解答来了
测核酸还能读诗词！北京高中生制作古诗词2米间隔线
艾力·阿不都热衣木：小小足球运动员 踢出精彩的童年
美政府正欠下更多人权债(钟声)
```

关于BeautifulSoup库用法的详细介绍可参考其官方文档，网址为：

https://beautifulsoup.readthedocs.io/zh_CN/v4.4.0/

8.4.4 其他第三方库简介

8.4.4.1 科学计算与数据分析库

1. NumPy

NumPy(Numerical Python)是一种开源的数值计算扩展。它可用来存储和处理大型矩阵，支持大量的维度数组与矩阵运算，此外也针对数组运算提供大量的数学函数库。

NumPy包括一个强大的N维数组对象Array；比较成熟的(广播)函数库；用于整合C/C++和Fortran代码的工具包；实用的线性代数、傅里叶变换和随机数生成函数。

NumPy库是Python的数值计算扩展，其内部使用C语言编写，对外采用Python语言进行封装，因此基于NumPy的Python程序可以达到接近C语言的处理速度。NumPy是其他Python数据分析库的基础依赖库，已经成为科学计算事实上的“标准库”。许多科学计算库(包括Matplotlib、Pandas、SciPy和SymPy等)均基于NumPy库。

通过在Windows命令行界面执行“pip install numpy”命令可以安装最新版本的NumPy及其依赖包。

2. SciPy

SciPy是一个开源的Python算法库和数学工具包。SciPy是基于NumPy的科学计算库，用于数学、科学、工程学等领域，很多有一些高阶抽象和物理模型需要使用SciPy。

SciPy包含的模块有最优化、线性代数、积分、插值、特殊函数、快速傅里叶变换、信号处理和图像处理、常微分方程求解以及其他科学与工程中常用的计算。

通过在Windows命令行界面执行“pip install scipy”命令可以安装最新版本的SciPy及其依赖包。

3. Pandas

Pandas 是 Python 语言的一个扩展程序库，用于数据分析。Pandas 是一个开放源码、BSD 许可的库，提供高性能、易于使用的数据结构和数据分析工具。

Pandas 名字衍生自术语"panel data"（面板数据）和"Python data analysis"（Python 数据分析）。

Pandas 是一个强大的分析结构化数据的工具集，其基础是 NumPy（提供高性能的矩阵运算）。Pandas 可以从各种文件格式（比如 CSV、JSON、SQL、Microsoft Excel）导入数据。Pandas 可以对各种数据进行运算操作，比如归并、再成形、选择，还具有数据清洗和数据加工特征。

Pandas 广泛应用在学术、金融、统计学等各个数据分析领域。

通过在 Windows 命令行界面执行"pip install pandas"命令可以安装最新版本的 Pandas 及其依赖包。

8.4.4.2 数据可视化库

1. Matplotlib

Matplotlib 是提供数据绘图功能的第三方库，广泛用于科学计算的二维数据可视化，可以绘制 100 多种数据可视化效果。

通过在 Windows 命令行界面执行"pip install matplotlib"命令可以安装最新版本的 Matplotlib 及其依赖包。

2. Seaborn

Seaborn 是基于 Matplotlib 进行再封装开发的第三方库，并且支持 NumPy 和 Pandas。Seaborn 能够对统计类数据进行有效的可视化展示，它提供了一批高层次的统计类数据的可视化展示效果。

通过在 Windows 命令行界面执行"pip install seaborn"命令可以安装最新版本的 Seaborn 及其依赖包。

3. PyEcharts

PyEcharts 是一个用于生成 Echarts 图表的类库。Echarts 是百度公司的一个开源数据可视化库，用 Echarts 生成的图可视化效果非常好。使用 PyEcharts 库可以在 Python 中生成 Echarts 数据图。

4. TVTK

VTK（http://www.vtk.org/）是一套三维的数据可视化工具，它是用 C++ 编写的，包涵了近千个类，帮助我们处理和显示数据。它在 Python 下有标准的绑定，不过其 API 和 C++ 相同，不能体现出 Python 作为动态语言的优势。因此 enthought.com 开发了一套 TVTK 库，对标准的 VTK 库进行包装，提供了 Python 风格的 API、支持 Trait 属性和 NumPy 的多维数组。

5. Mayavi

Mayavi 是基于 VTK 开发的第三方库，可以方便快速绘制三维可视化图形。Mayavi

也称为 Mayavi2。

通过在 Windows 命令行界面执行“pip install mayavi”命令可以安装最新版本的 Mayavi 及其依赖包。

8.4.4.3 用户图形界面(GUI)相关库

1. PyQt

PyQt 是一个创建 GUI 应用程序的工具包。它是 Python 编程语言与 Qt 库的成功融合。Qt 库是最强大的库之一。PyQt 是由 Phil Thompson 开发。

PyQt 实现了一个 Python 模块集。它有超过 300 类,将近 6000 个函数和方法。它是一个多平台的工具包,可以运行在所有主要操作系统上,如 UNIX、Windows 和 MacOS。

2. wxPython

wxPython 是一个用于 wxWidgets(用 C++ 编写)的 Python 包装器,这是一个流行的跨平台 GUI 工具包。由 Robin Dunn 和 Harri Pasanen 共同开发,wxPython 被实现为一个 Python 扩展模块。它可以从官方网站 http://wxpython.org 下载。

wxPython API 中的主要模块包括一个核心模块。它由 wxObject 类组成,它是 API 中所有类的基础。

wxPython API 具有 GDI(图形设备接口)模块。它是一组用于绘制小部件的类。像字体、颜色、画笔等类是其中的一部分。所有容器窗口类都在 Windows 模块中定义。

通过在 Windows 命令行界面执行“pip install wxpython”命令可以安装最新版本的 wxPython 及其依赖包。

3. PyGTK

PyGTK 是一组用 Python 和 C 编写的包装器,用于 GTK + GUI 库。它是 GNOME 项目的一部分。它提供了用 Python 构建桌面应用程序的全面工具。其他流行的 GUI 库的 Python 绑定也可用。PyQt 是 QT 库的 Python 端口。

8.4.4.4 Web 开发相关库

1. Django

Django 是 Python 生态中最流行的开源 Web 应用框架。Django 采用 MTV 模式(Model(模型)、Template(模板)、View(视图))模型,可以高效地实现快速开发 Web 网站。

通过在 Windows 命令行界面执行“pip install django”命令可以安装最新版本的 Django 及其依赖包。

2. Pyramid

Pyramid 是一个通用、开源的 Python Web 应用程序开发框架。Pyramid 的特色是灵活性,开发者可以灵活选择所使用的数据库、模板风格、URL 结构等。

通过在 Windows 命令行界面执行“pip install pyramid”命令可以安装最新版本的 Pyramid 及其依赖包。

3. Flask

Flask 是一个使用 Python 编写的轻量级 Web 应用框架。其 WSGI 工具箱采用 Werkzeug，模板引擎则使用 Jinja2。Flask 使用 BSD 授权。

通过在 Windows 命令行界面执行“pip install flask”命令可以安装最新版本的 Flask 及其依赖包。

4. FastAPI

FastAPI 是一个现代的、快速(高性能)的 Python Web 框架。它基于标准的 Python 类型提示，使用 Python 3.6+构建 API 的 Web 框架。

8.4.4.5　游戏开发相关库

1. Pygame

Pygame 是一个入门级 Python 游戏开发框架，提供了大量与游戏相关的底层逻辑和功能支持。Pygame 是在 SDL 库基础上进行封装的第三方库。SDL(SimpleDirectMedia Layer，简单直接媒体层)是开源、跨平台的多媒体开发库，通过 OpenGL 和 Direct3D 底层函数提供对音频、键盘、鼠标和图形硬件的简洁访问。除了开发游戏外，Pygame 还用于开发多媒体应用程序。

通过在 Windows 命令行界面执行“pip install pygame”命令可以安装最新版本的 Pygame 及其依赖包。

2. Panda3D

Panda3D 是一个开源、跨平台的 3D 渲染和游戏开发库。Panda3D 由迪士尼公司和卡内基-梅隆大学娱乐技术中心共同进行开发，支持很多先进游戏引擎的特性，例如法线贴图、光泽贴图、HDR、卡通渲染和线框渲染等。

通过在 Windows 命令行界面执行“pip install panda3d”命令可以安装最新版本的 Panda3D 及其依赖包。

3. Cocos2D

Cocos2D 是一个构建 2D 游戏和图形界面交互式应用的框架。Cocos2D 基于 OpenGL 进行图形渲染，能够利用 GPU 进行加速。Cocos2D 引擎采用树形结构来管理游戏对象，一个游戏划分为不同场景，一个场景又分为不同层，每个层处理并响应用户事件。

通过在 Windows 命令行界面执行“pip install cocos2d”命令可以安装最新版本的 Cocos2D 及其依赖包。

8.4.4.6　机器学习相关库

1. Scikit-learn

Scikit-learn(以前称为 Scikits.learn，也称为 Sklearn)是针对 Python 编程语言的免费软件机器学习库。它具有各种分类、回归和聚类算法，包括支持向量机、随机森林、梯度提升、k 均值和 DBSCAN，并且旨在与 Python 数值科学库 NumPy 和 SciPy 联合使用。

通过在 Windows 命令行界面执行“pip install scikit-learn”命令可以安装最新版本的

scikit-learn 及其依赖包。

2. TensorFlow

TensorFlow 是一个基于数据流编程(dataflow programming)的符号数学系统,被广泛应用于各类机器学习(machine learning)算法的编程实现,其前身是谷歌公司的神经网络算法库 distbelief。Tensor(张量)指 N 维数组,Flow(流)指基于数据流图的计算,TensorFlow 描述张量从流图的一端流动到另一端的计算过程。

TensorFlow 拥有多层级结构,可部署于各类服务器、PC 终端和网页,并支持 GPU 和 TPU 高性能数值计算,被广泛应用于谷歌公司内部的产品开发和各领域的科学研究。

通过在 Windows 命令行界面执行"pip install tensorflow"命令可以安装最新版本的 TensorFlow 及其依赖包。

3. Theano

Theano 是为执行深度学习中大规模神经网络算法的运算而设计的机器学习库,用于处理多维数组。Theano 是一个偏向底层开发的库,偏向于学术研究。

通过在 Windows 命令行界面执行"pip install theano"命令可以安装最新版本的 Theano 及其依赖包。

4. PaddlePaddle

飞桨(PaddlePaddle)以百度公司多年的深度学习技术研究和业务应用为基础,集深度学习核心训练和推理框架、基础模型库、端到端开发套件、丰富的工具组件于一体,是我国首个自主研发、功能完备、开源开放的产业级深度学习平台。

5. PyTorch

PyTorch 是一个开源的 Python 机器学习库,基于 Torch,用于自然语言处理等应用程序。

2017 年 1 月,由 Facebook 公司人工智能研究院(FAIR)基于 Torch 推出了 PyTorch。它是一个基于 Python 的可续计算包,提供两个高级功能:具有强大的 GPU 加速的张量计算(如 NumPy);包含自动求导系统的深度神经网络。

8.4.4.7 其他

1. Pillow

Pillow 是 Python 中的图像处理库(Python Image Library,PIL),提供了广泛的文件格式支持和强大的图像处理能力,主要包括图像存储、图像显示、格式转换以及基本的图像处理操作等。

通过在 Windows 命令行界面执行"pip install pillow"命令可以安装最新版本的 Pillow 及其依赖包。

2. OpenCV

OpenCV(Open Computer Vision Library,开源计算机视觉库)是应用最广泛的计算机视觉库之一。opencv-python 是 OpenCV 的 Python API,由于后台是采用 C/C++ 编写

的代码，因而运行速度快，是 Python 生态环境中执行计算密集型任务的计算机视觉处理的最佳选择。

通过在 Windows 命令行界面执行“pip install opencv-python”命令可以安装最新版本的 opencv-python 及其依赖包。

3. WeRoBot

WeRoBot 是一个微信公众号开发框架，也称为微信机器人框架。WeRoBot 可以解析微信服务器发来的消息，并将消息转换成 Message 或者 Event 类型。其中，Message 表示用户发来的消息，如文本消息、图片消息；Event 则表示用户触发的事件，如关注事件、扫描二维码事件。在消息解析和转换完成后，WeRoBot 会将消息转交给 Handler 进行处理，并将 Handler 的返回值返回给微信服务器，进而实现完整的微信机器人功能。

通过在 Windows 命令行界面执行“pip install werobot”命令可以安装最新版本的 WeRoBot 及其依赖包。

4. MyQR

MyQR 是一个能够生成基本二维码、艺术二维码和动态效果二维码的 Python 第三方库。

通过在 Windows 命令行界面执行“pip install myqr”命令可以安装最新版本的 MyQR 及其依赖包。

5. PyInstaller

PyInstaller 是最常用的 Python 程序打包和发布第三方库，用于将 Python 源程序生成直接运行的程序。生成的可运行程序可以分发到对应的 Windows 或 Mac OS X 平台上运行。

通过在 Windows 命令行界面执行“pip install pyinstaller”命令可以安装最新版本的 PyInstaller 及其依赖包。

本 章 小 结

本章介绍了模块、包和库的使用，主要内容如下。

(1) 模块是一组 Python 源程序代码，包含多个函数、对象及其方法。

(2) Python 中使用的模块有以下 3 种：内置模块、第三方模块和自定义模块。

(3) 模块的导入方式主要有 import 语句、from…import…语句和 from…import…as…语句 3 种方式。

(4) 模块的自定义就是若干实现函数或类的代码的集合，保存在一个扩展名为.py 的文件中。

(5) 创建包实际上就是创建一个文件夹，并且在该文件夹中创建一个名称为__init__.py 的 Python 文件。在 __init__.py 文件中，可以不编写任何代码，也可以编写一些 Python 代码。

(6) 常见标准库 turtule、random、time 和 datetime 的使用。

(7) 了解第三方库：网络爬虫、科学技术与数据分析、文本处理与分析、数据可视化、用户图形界面、机器学习、Web 开发、游戏开发等的库名称以及应用领域。

(8) 第三方库：中文分词库、词云库和网络爬虫库的使用。

思考与练习

1. Python 的内置属性__name__有什么作用？

2. Python 的第三方库如何安装？如何查看当前计算机中已经安装的第三方库？

3. 模块和包有什么区别？它们之间的关系是什么？

4. turtle.setup()方法功能是什么？

5. 使用 jieba 库的什么方法可以实现精确分词，并返回一个列表？

6. 编写一个自定义模块，在该模块中，定义一个计算圆柱体体积的函数。然后，再创建一个 Python 文件，导入该模块，并且调用计算圆柱体体积的函数来计算出圆柱体的体积(要求：输入底面半径和高，π 取 3.14)。

7. 使用 turtle 模块绘制一个红色的正五角星。

8. 使用 random 库，产生 10 个 100～200 的随机数，并求其最大值、平均值、标准差和中位数。

9. 绘制“2022 年的中央一号文件.txt”的词云，直观展示热点。思路：先提取关键词，再用 jieba 分词后提取词汇；过滤掉“和”“为”等无意义的词；最后用 WordCloud 绘制词云。

第 9 章 NumPy 数值计算

NumPy 是 Numerical Python 的简写，它是开源的 Python 科学计算库，支持多维数组与矩阵运算。NumPy 的运算速度快，占用的资源少，并提供大量的数学函数，为数据科学提供了强大的科学计算环境，是学习数据分析和机器学习相关算法的重要基础。

在使用 NumPy 前，必须先安装 NumPy 模块，可以使用 pip 工具，安装命令为：pip install numpy。

使用 NumPy 库前必须先执行下列导入操作：from numpy import *，或者采用 import numpy as np 语句，表示导入 NumPy 库，并用 np 代指 NumPy，后文不再赘述。

NumPy 库可以通过数组进行矢量算术运算，本章介绍 NumPy 库的一维数组和二维数组的基本使用方法，并通过示例加以应用。

9.1 数组的创建与访问

NumPy 的数据结构是 N 维（多维）的数组对象，称为 ndarray（或 array）对象。数组对象可以存储相同类型、以多种形式组织的数据，组成数组的各数据称为数组的元素。

NumPy 提供了两种基本的对象：

(1) ndarray(n-dimensional array object)：存储单一数据类型的多维数组。

(2) ufunc(universal function object)：一种能够对数组进行处理的函数。

9.1.1 创建数组

NumPy 提供了多种创建数组的方法，可以创建多种形式的数组。本节主要介绍创建一维数组和二维数组的常用方法。

一维数组只有一个维度，二维数组有两个维度，从形式上可以看作一个由行和列构成的二维表格，每个维度对应一个轴(axis)。图 9-1 所示是一个二维数组的示意图，包含 4 行 4 列，第 1 维度（即第 0 轴）有 4 行，第 2 维度（即第 1 轴）有 4 列。

第1轴

第0轴				
	1	2	3	4
	5	6	7	8
	9	10	11	12
	13	14	15	16

图 9-1 二维数组示意图

1. 使用 array()函数创建数组对象

使用 array()函数可以将 Python 序列对象或可迭代对象转换为 NumPy 数组。

【例 9-1】 利用 array()函数生成 NumPy 数组。

实现代码如下。

```
import numpy as np
arr_1 = np.array([1, 4, 7])                        #列表转换为数组
print(arr_1)
print(type(arr_1))                                 #查看数据类型
arr_2 = np.array((1, 4, 7), dtype=np.float64)      #元组转换为数组
print(arr_2)
arr_3 = np.array(range(6))                         #range 对象转换为数组
print(arr_3)
arr_4 = np.array([[1, 4, 7], [2, 5, 8]])           #嵌套列表转换为二维数组
print(arr_4)
```

运行结果如下。

```
[1 4 7]
<class 'numpy.ndarray'>
[1. 4. 7.]
[0 1 2 3 4 5]
[[1 4 7]
 [2 5 8]]
```

2. 使用 arange()函数根据指定数值范围创建数组

使用 arange()函数创建基于指定区间,均匀分布数值的数组。

语法格式如下。

```
arrange ( start, stop, step)
```

用法类似 Python 的内置函数 range(),只不过 arange()函数生成的是一系列数字元素的数组。

【例 9-2】 使用 arange()函数创建数组示例。

实现代码如下。

```
import numpy as np
arr_1 = np.arange(6)            #创建一个由 0~5 的整数组成的一维数组
print(arr_1)
arr_2 = np.arange(1, 10, 2)   #创建一个元素为 1~10,步长为 2 的数据组成的一维数组
print(arr_2)
```

运行结果如下。

```
[0 1 2 3 4 5]
[1 3 5 7 9]
```

可以用 arrange()函数结合 reshape()方法改变数组的维度，例如，将 arr_1 改为 2 行 3 列的二维数组，实现代码如下。

```
new_arr=arr_1.reshape(2,3)
print(new_arr)
```

运行结果如下。

```
[[0 1 2]
 [3 4 5]]
```

3. 创建随机数数组

使用 numpy.random 模块中的函数可以创建随机整数数组、随机小数数组、符合正态分布的随机数数组等。

说明：由于是随机数，所以每次的执行结果都不完全相同。

【例 9-3】 创建随机数数组示例。

实现代码如下。

```
import numpy as np
arr_1 = np.random.randint(0, 50, size=(3,4))    #3行×4列的随机整数
print(arr_1)
arr_2 = np.random.rand(4)                       #[0,1)之间均匀分布的随机数
print(arr_2)
arr_3 = np.random.standard_normal(5)            #符合标准正态分布的随机数
print(arr_3)
```

运行结果如下。

```
[[47 27 25 24]
 [32 42 13 41]
 [37 41  8 31]]
[0.5055911  0.92648401  0.59602371  0.10923207]
[ 0.22533595  1.29729245  -1.40389456  1.36343792  -1.67341697]
```

seed()用于指定随机数生成时所用算法开始的整数值。

(1) 如果使用相同的 seed()值，则每次生成的随机数都相同。

(2) 如果不设置这个值，则系统根据时间来自己选择这个值，生成自己的种子，此时每次生成的随机数因时间差异而不同。

(3) 设置的 seed()值仅一次有效。

【例 9-4】 seed()函数的使用示例。

实现代码如下。

```
import numpy as np
for i in range(3):
    np.random.seed(18)
    print(i,np.random.random())
for i in range(3):
    np.random.seed(i)
    print(i,np.random.random())
```

运行结果如下。

```
0 0.6503742417395917
1 0.6503742417395917
2 0.6503742417395917
0 0.5488135039273248
1 0.417022004702574
2 0.43599490214200376
```

4. 创建数组的其他方式

NumPy 库还提供了很多创建数组的其他函数,如表 9-1 所示。

表 9-1 NumPy 中创建数组的其他常用函数

函　　数	功　　能
zeros()	创建元素全为 0 的数组
ones()	创建元素全为 1 的数组
full()	创建元素全为某个指定值的数组
linespace()	用指定的起始值、终止值和元素个数创建一个等差数列
logspace()	用指定的起始值、终止值和元素个数创建一个对数数列
identity()	创建单位矩阵

【例 9-5】 创建数组的其他方式示例。

实现代码如下。

```
import numpy as np
arr_1 = np.zeros(3)
print(arr_1)
arr_2 = np.ones((2,3))
print(arr_2)
arr_3 = np.full((2, 3), 8)                    #元素为 6 的二维数组
```

```
print(arr_3)
arr_4 = np.linspace(0, 1, 5)
print(arr_4)
arr_5 = np.identity(4)
print(arr_5)
```

运行结果如下。

```
[0. 0. 0.]
[[1. 1. 1.]
 [1. 1. 1.]]
[[8 8 8]
 [8 8 8]]
[0.   0.25 0.5  0.75 1.  ]
[[1. 0. 0. 0.]
 [0. 1. 0. 0.]
 [0. 0. 1. 0.]
 [0. 0. 0. 1.]]
```

9.1.2 查看数组属性

通过 NumPy 对象的 shape、ndim、size 和 dtype 等属性可以查看数组的形状、维度、大小和元素的数据类型等。

【例 9-6】 查看 ndarray 对象的属性示例。

实现代码如下。

```
import numpy as np
arr_1 = np.arange(6)
print("数组一:",arr_1)
print(f"形状为:{ arr_1.shape},维度为:{arr_1.ndim},大小为:{arr_1.size}")
arr_2 = np.array([[1,4,7],[2,5,8]])
print("数组二:\n",arr_2)
print(f"形状为:{ arr_2.shape},维度为:{arr_2.ndim},大小为:{arr_2.size}")
```

运行结果如下。

```
数组一: [0 1 2 3 4 5]
形状为:(6,),维度为:1,大小为:6
数组二:
 [[1 4 7]
 [2 5 8]]
形状为:(2, 3),维度为:2,大小为:6
```

注意：利用shape属性查看数组形状时，返回的元组中包含几个元素就表示这是几维数组，例如(6,)表示元组中只有一个元素，因此该数组为一维数组，而(2,3)是二维数组；元组中的元素值表示每个维度的数据量，即每个轴的长度，例如(6,)表示该一维数组由6个数据组成，(2,3)表示该二维数组包含2行3列数据。

9.1.3 访问数组

数组支持通过索引和切片访问数组元素，通过索引可以访问数组的单个元素、多个元素或一整行元素，NumPy中提供了多种形式的索引，常用的索引方式包括整数索引和布尔索引。

1. 整数索引

整数索引是通过数组的下标访问数组，以下将阐述如何通过整数索引访问一维数组和二维数组。

(1) 访问一维数组，语法格式如下。

```
数组对象名[下标]
```

说明：可以使用索引、切片和列表作为下标。

索引和切片的使用方法与访问列表相同。数组也支持双向索引，当正整数作为下标时，0表示第1个元素，1表示第2个元素，以此类推；当负整数作为下标时，−1表示最后1个元素，−2表示倒数第2个元素，以此类推。

【例9-7】 一维数组的访问示例。

实现代码如下。

```
import numpy as np
arr = np.arange(1,20,2)
print(arr)
print(arr[3], arr[-1])                  #索引访问
print(arr[0:3])                         #切片访问:获取前3个元素
print(arr[::2])                         #从0位置开始,间隔2个步长获取元素
print(arr[[1, 2, 5]])                   #列表作为下标:获取下标为1、2、5位置的元素
```

运行结果如下。

```
[ 1  3  5  7  9 11 13 15 17 19]
7 19
[1 3 5]
[ 1  5  9 13 17]
[ 3  5 11]
```

（2）访问二维数组，语法格式一如下。

```
数组对象名[行下标]
```

说明：按行访问，行下标可以是索引、切片或列表形式。

【例 9-8】 运用行下标访问二维数组示例。

实现代码如下。

```
import numpy as np
arr_1 = np.array(([1,4,7],[2,5,8],[3,6,9]))
print("输出全部元素:\n", arr_1)
print("输出第 0 行的所有元素:\n", arr_1[0])          #返回第 0 行的所有元素
print("输出第 0~1 行的所有元素:\n", arr_1[0:2])      #返回第 0~1 行的所有元素
#返回第 0 行和第 2 行的所有元素
print("输出第 0 行和第 2 行的所有元素:\n", arr_1[[0, 2]])
```

运行结果如下。

```
输出全部元素:
 [[1 4 7]
 [2 5 8]
 [3 6 9]]
输出第 0 行的所有元素:
 [1 4 7]
输出第 0~1 行的所有元素:
 [[1 4 7]
 [2 5 8]]
输出第 0 行和第 2 行的所有元素:
 [[1 4 7]
 [3 6 9]]
```

语法格式二如下。

```
数组对象名[行下标,列下标]
```

说明：通过行和列两个维度定位元素。行下标和列下标可以是索引、切片或列表形式。

使用“:”可以表示所有行或所有列。

【例 9-9】 通过行和列两个维度定位元素示例。

实现代码如下。

```
import numpy as np
arr_1 = np.array(([1,4,7],[2,5,8],[3,6,9]))
```

```
print("输出全部元素:\n", arr_1)
print("输出第 0 行第 2 列位置上的元素:\n", arr_1[0, 2])
print("输出第 0~1 行的第 1~2 列区域中的元素:\n", arr_1[0:2, 1:3])
print("输出第 0 行的第 1~2 列区域中的元素:\n", arr_1[0, 1:3])
print("输出第 0 行和第 2 行的第 1~2 列区域中的元素:\n", arr_1[[0,2], 1:3])
print("输出所有行的第 1~2 列区域中的元素:\n", arr_1[:, 1:3])
```

运行结果如下。

```
输出全部元素:
 [[1 4 7]
 [2 5 8]
 [3 6 9]]
输出第 0 行第 2 列位置上的元素:
 7
输出第 0~1 行的第 1~2 列区域中的元素:
 [[4 7]
 [5 8]]
输出第 0 行的第 1~2 列区域中的元素:
 [4 7]
输出第 0 行和第 2 行的第 1~2 列区域中的元素:
 [[4 7]
 [6 9]]
输出所有行的第 1~2 列区域中的元素:
 [[4 7]
 [5 8]
 [6 9]]
```

2. 布尔型索引访问

语法格式如下。

```
数组对象名[布尔型索引]
```

说明：布尔型索引通过一组布尔值(True 或 False)对 NumPy 数组进行取值操作，返回数组中索引值为 True 位置对应的元素。通常利用数组的条件运算(也称为布尔运算)得到一组布尔值，再通过这组布尔值从数组中选出满足条件的元素。

【例 9-10】 假设现在有一组存储了学生姓名的数组，以及一组存储了学生各科成绩的数组。在存储学生成绩的数组中，每一行成绩对应的是一个学生的成绩。如果要筛选某个学生对应的成绩，可以通过比较运算符，首先生成一个布尔型数组，然后利用布尔型数组作为索引，返回布尔值为 True 位置对应的元素。

实现代码如下。

```
import numpy as np
#存储学生姓名的数组
student_name = np.array(['申凡', '石英', '史伯', '王骏'])
#存储学生成绩的数组
student_score = np.array([[75, 98, 56], [79, 86, 78],
                          [76, 89, 90], [84, 87, 76]])
#对 student_name 和字符串"王骏"通过运算符生成一个布尔型数组
student_name == '王骏'
#将布尔数组作为索引应用于存储成绩的数组 student_score,
#返回的数据是 True 值所对应的行
print(student_score[student_score > 85])
print(student_score[student_name=='王骏'])
```

运行结果如下。

```
[98 86 89 90 87]
[[84 87 76]]
```

9.1.4 修改数组

对于已经建立的数组,可以修改数组元素,也可以改变数组的形状。

1. 修改数组元素

使用下列 NumPy 函数可以添加或删除数组元素。这些操作会返回一个新的数组,原数组不受影响。

- append():追加一个元素或一组元素。
- insert():在指定位置插入一个元素或一组元素。
- delete():删除指定位置上的一个元素。

通过为数组元素重新赋值也可以修改数组元素,但赋值操作属于“原地修改”,会改变原来的数组。

【例 9-11】 运用方法实现数组元素的增、删、改示例。

实现代码如下。

```
import numpy as np
arr_1 = np.arange(6)
print(arr_1)
arr_2 = np.append(arr_1, 6)                  #追加一个元素,返回一个新的数组
print(arr_2)
arr_3 = np.append(arr_1, [9, 10])            #追加一组元素
print(arr_3)
arr_4 = np.insert(arr_1, 1, 8)               #在第 1 个下标位置处插入元素 8
```

```
print(arr_4)
arr_5 = np.delete(arr_1, 1)                    #删除下标为 1 的元素
print(arr_5)
arr_1[3] = 8                                   #修改元素值
print(arr_1)
```

运行结果如下。

```
[0 1 2 3 4 5]
[0 1 2 3 4 5 6]
[ 0  1  2  3  4  5  9 10]
[0 8 1 2 3 4 5]
[0 2 3 4 5]
[0 1 2 8 4 5]
```

2. 查询数组元素

数组的查询,既可以使用索引和切片方法来获取指定范围的数组或数组元素,也可以通过 where()函数查询符合条件的数组或数组元素。

where()函数的语法格式如下。

```
numpy.where(condition, x,y)
```

说明:第一个参数 condition 为一个布尔数组,第二个参数 x 和第三个参数 y 可以是标量也可以是数组。

功能是:满足条件(参数 condition),则输出参数 x;不满足条件,则输出参数 y。如果不指定参数 x 和 y,则输出满足条件的数组元素。

【例 9-12】 运用方法实现数组元素的查询。

实现代码如下。

```
import numpy as np
arr_1 = np.arange(6)
print(arr_1)
arr_6 = arr_1[np.where(arr_1 >= 5)]
print(arr_6)                                   #输出大于 5 的数组元素
```

运行结果如下。

```
[0 1 2 3 4 5]
[8 5]
```

3. 数组的重塑

数组的重塑实际是更改数组的形状,例如,将原来 2 行 3 列的数组重塑为 3 行 2 列

的数组。使用数组对象的 shape 属性和 reshape()、flatten()、ravel()等函数可以在保持元素数目不变的情况下改变数组的形状，即只是改变数组每个轴的长度来实现数组的重塑。

在 NumPy 中常使用 reshape()函数用于改变数组的形状。与 reshape()函数相反的功能方法是数据散开(ravel()函数)或数据扁平化(flatten()函数)。

【例 9-13】 数组重塑示例。

实现代码如下。

```
import numpy as np
arr = np.arange(6)
print("创建的一维数组为:\n",arr)
arr2d = arr.reshape(2,3)
print("由一维变二维数组为:\n",arr2d)
arr2d = np.array([[1,4,7],[2,5,8]])
arr2d_new = arr2d.reshape(3,2)
print("改变数组维度为:\n",arr2d_new)
arr2d_r = arr2d.ravel()
print("数据散开为:\n",arr2d_r)
```

运行结果如下。

```
创建的一维数组为:
 [0 1 2 3 4 5]
由一维变二维数组为:
 [[0 1 2]
 [3 4 5]]
改变数组维度为:
 [[1 4]
 [7 2]
 [5 8]]
数据散开为:
 [1 4 7 2 5 8]
```

注意：数据重塑不会改变原来的数组。数组重塑是基于数组元素不发生改变的情况下实现的，重塑后的数组包含的元素个数必须与原数组的元素个数相同，如果数组元素发生改变，程序就会报错。

修改数组的 shape 属性会直接改变原数组的形状，这种操作称为原地修改。reshape()、flatten()、ravel()等函数不会影响原数组，而是返回一个改变形状的新数组。

改变数组形状时，可以将某个轴的大小设置为−1，Python 会根据数组元素的个数和其他轴的长度自动计算该轴的长度。

9.2 数组的运算

无论形状是否相同,数组之间都可以执行算术运算,与 Python 的列表不同,数组在参与算术运算时,无需遍历每个元素,便可以执行批量运算,因而效率更高。创建数组后,可以进行算术运算、布尔运算、点积运算和统计运算等。

9.2.1 数组的转置

数组的转置是指交换数组的行和列,可以使用数组对象的 T 操作完成转置。

【例 9-14】 数组的转置示例。

实现代码如下。

```
import numpy as np
arr_1 = np.array([[1, 4, 7], [2, 5, 8]])
print("输出原数组:\n",arr_1)
arr_2 = arr_1.T
print("输出转置后的数组:\n",arr_2)
arr_3 = np.array([1,2,3])
print("输出原一维数组:\n",arr_3)
print("一维数组转置后:\n",arr_3.T)          #一维数组转置后与原来是一样的
```

运行结果如下。

```
输出原数组:
 [[1 4 7]
 [2 5 8]]
输出转置后的数组:
 [[1 2]
 [4 5]
 [7 8]]
输出原一维数组:
 [1 2 3]
一维数组转置后:
 [1 2 3]
```

9.2.2 数组的算术运算

1. 数组与标量的算术运算

标量就是一个数值,既可以使用算术运算符,又可以使用相应功能的数学函数对数组和标量进行算术运算,如表 9-2 所示。

表 9-2 NumPy 的算术运算符和相应的数学函数

算术运算	算术运算符	数学函数
加	+	add()
减	-	subtract()
乘	*	multiply()
除	/	divide()
整除	//	divmod()(整除得到商和余数)
取余	%	remainder()
乘方	**	power()
开方		sqrt()

当数组与标量进行算术运算时,数组中的每个元素都与标量进行运算,结果返回一个新的数组。对于除法运算和乘方运算,标量在前与在后时的运算方法是不同的。

【例 9-15】 数组的加、减、乘和除运算示例。

实现代码如下。

```
import numpy as np
arr_1 = np.array((1, 2, 3, 4, 5))
print("数组:\n",arr_1)
print("数组与 2 相加的结果:\n",arr_1+2)                  #相加
print("数组与 2 相除的结果:\n",arr_1/2)                  #相除
print("数组的 2 次幂的结果:\n",arr_1**2)                 #计算数组中每个元素的 2 次方
print("数组与 2 相乘的结果:\n",np.multiply(arr_1, 2))#相乘
#结果分别表示商和余数
print("数组与 2 整除得到商和余数的结果:\n",np.divmod(arr_1, 2))
```

运行结果如下。

```
数组:
 [1 2 3 4 5]
数组与 2 相加的结果:
 [3 4 5 6 7]
数组与 2 相除的结果:
 [0.5 1.  1.5 2.  2.5]
数组的 2 次幂的结果:
 [ 1  4  9 16 25]
数组与 2 相乘的结果:
 [ 2  4  6  8 10]
数组与 2 整除得到商和余数的结果:
 (array([0, 1, 1, 2, 2], dtype=int32), array([1, 0, 1, 0, 1], dtype=int32))
```

2. 形状相同的数组间运算

当数组与数组进行算术运算时，如果两个数组的形状相同，则得到一个新数组，其每个元素值为原来两个数组中相同位置上的元素进行算术运算后的结果。形状相同的数组间运算称为数组的矢量化运算。

例如，两个形状均为(2,3)的数组 data1 和 data2，经过相加得到新数组 result 的计算如图 9-2 所示。

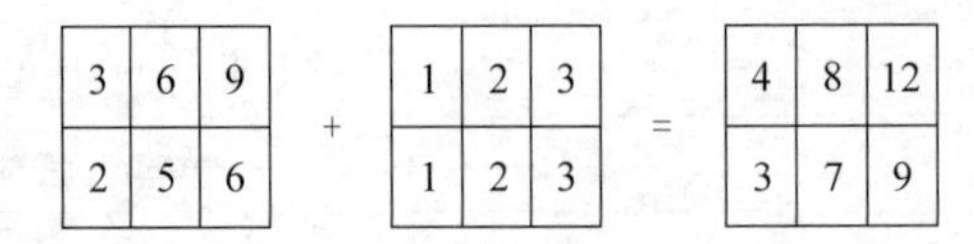

图 9-2　形状相同的数组间运算示意图

【例 9-16】 形状相同的数组之间的算术运算示例。

实现代码如下。

```
import numpy as np
data1 = np.array([[3, 6, 9], [2, 5, 6]])
data2 = np.array([[1, 2, 3], [1, 2, 3]])
print('两个数组相加的结果:\n',data1+data2)
print('两个数组相乘的结果:\n',data1 * data2)
print('两个数组相减的结果:\n',data1-data2)
print('两个数组相除的结果:\n',data1/data2)
print('两个数组幂运算的结果:\n',data1**data2)
```

运行结果如下。

```
两个数组相加的结果:
 [[ 4  8 12]
 [ 3  7  9]]
两个数组相乘的结果:
 [[ 3 12 27]
 [ 2 10 18]]
两个数组相减的结果:
 [[2 4 6]
 [1 3 3]]
两个数组相除的结果:
 [[3.  3.  3. ]
 [2.  2.5 2. ]]
两个数组幂运算的结果:
 [[  3  36 729]
 [  2  25 216]]
```

3. 形状不同的数组间运算

当形状不相等的数组进行算术运算的时候，就会触发广播机制，该机制会对形状相对较小的数组进行扩展，以匹配与之计算的形状较大的数组，从而使两个数组的 shape 属性值一样，这样就可以转换为形状相同的数组之间的运算，即可进行矢量化运算。

广播机制实现了对两个或两个以上数组的运算，但并不适用于所有数组间运算，它要求两个数组满足如下 2 个规则。

（1）数组的某一维度等长。

（2）其中一个数组的某一维度为 1。

广播机制的使用需要遵循如下 4 个原则。

（1）让所有输入数组都向其中 shape 最长的数组看齐，shape 中不足的部分都通过在前面加 1 补齐。

（2）输出数组的 shape 是输入数组 shape 的各个轴上的最大值。

（3）如果输入数组的某个轴与输出数组的对应轴的长度相同或者其长度为 1 时，这个数组能够用来计算，否则出错。

（4）当输入数组的某个轴的长度为 1 时，沿着此轴运算时都用此轴上的第一组值。

【例 9-17】 形状不相同的数组间运算示例。

实现代码如下。

```
import numpy as np
arr1 = np.array([[0], [1], [2], [3]])
print('数组 arr1 的形状:\n',arr1.shape)
arr2 = np.array([1, 2, 3])
print('数组 arr2 的形状:\n',arr2.shape)
print('arr1 与 arr2 相加的结果为:\n',arr1 + arr2)
```

运行结果如下。

```
数组 arr1 的形状:
 (4, 1)
数组 arr2 的形状:
 (3,)
arr1 与 arr2 相加的结果为:
 [[1 2 3]
 [2 3 4]
 [3 4 5]
 [4 5 6]]
```

上述代码中，数组 arr1 的 shape 是(4, 1)，arr2 的 shape 是(3,)，这两个数组要是进行相加，按照广播机制会对数组 arrl 和 arr2 都进行扩展，使得数组 arrl 和 arr2 的 shape 都变成(4, 3)。

下面通过一张图来描述广播机制扩展数组的过程，具体如图 9-3 所示。

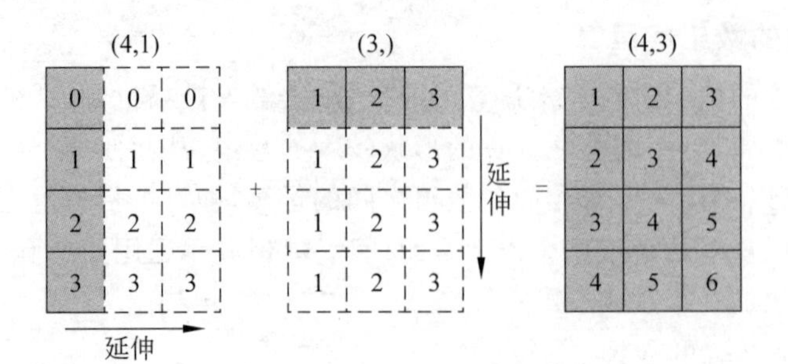

图 9-3 数组广播机制过程

9.2.3 数组的布尔运算

布尔运算是指运算结果为布尔型对象(True 或 False)的操作,包括关系运算和逻辑运算。布尔运算的结果可用作访问数组元素的条件。

1. 数组与标量的布尔运算

当数组与标量进行布尔运算时,就是将数组中的每个元素与标量进行比较。

【例 9-18】 数组与标量的布尔运算示例。

实现代码如下。

```
import numpy as np
arr_1 = np.random.rand(5)                    #随机数数组
print(arr_1)
print(arr_1 > 0.6)
print(arr_1[(arr_1 > 0.6)])                  #条件选择
```

运行结果如下。

```
[0.46281078 0.69593133 0.01058559 0.84583793 0.76860401]
[False  True False  True  True]
[0.69593133 0.84583793 0.76860401]
```

2. 数组与数组的布尔运算

当数组与数组进行布尔运算时,就是将两个数组对应位置上的元素进行比较。当数组形状不同时,如果符合广播要求,则进行广播,否则会报错。

【例 9-19】 数组与数组的布尔运算示例。

实现代码如下。

```
import numpy as np
arr_1 = np.array([[3, 6, 9], [2, 5, 7]])
arr_2 = np.array([[1, 8, 7], [2, 5, 8]])
print(arr_1 < arr_2)
print(arr_1[arr_1 < arr_2])                  #条件选择
```

运行结果如下。

```
[[False  True False]
 [False False  True]]
[6 7]
```

9.2.4 数组的点积运算

进行点积运算时，如果两个数组是长度相同的一维数组，则运算结果为两个数组对应位置上的元素乘积之和，即向量内积；如果两个数组是形状分别为(m,k)和(k,n)的二维数组，则表示数组相乘，运算结果是形状为(m,n)的二维数组，这种情况与NumPy的matmul()函数计算结果等价。

【例9-20】 数组相乘的dot()方法，求数组的点积。

实现代码如下。

```
import numpy as np
arr_x = np.array([[1, 2, 3], [4, 5, 6]])
arr_y = np.array([[1, 2], [3, 4], [5, 6]])
result = arr_x.dot(arr_y)                    #等价于 np.dot(arr_x, arr_y)
print("输出两个数组的点积:\n",result)
```

运行结果如下。

```
输出两个数组的积:
 [[22 28]
 [49 64]]
```

9.2.5 数组的统计运算

NumPy中定义了多个数学统计函数，可以对整个数组或某个轴向的数据进行统计计算。常用的统计函数如表9-3所示。

表9-3 NumPy常用的统计函数

名　称	功　能	名　称	功　能
sum()	计算和	prod()	计算乘积
min()	计算最小值	percentitle()	计算百分位数
max()	计算最大值	argmax()	返回最大值的索引
mean()	计算平均值	argmin()	返回最小值的索引
std()	计算标准差	cumsum()	计算累计和
var()	计算方差	cumprod()	计算累计乘积

使用方法如下。

【例 9-21】 数组统计函数的应用示例。

实现代码如下。

```
import numpy as np
arr = np.arange(10)
print("输出数组元素:",arr)
print("所有数组元素求和:",arr.sum())
print("所有数组元素求平均值:",arr.mean())
print("所有数组元素求最小值:",arr.min())
print("所有数组元素求最大值:",arr.max())
print("所有数组元素求最小值的索引:",arr.argmin())
print("所有数组元素求最大值的索引:",arr.argmax())
print("所有数组元素求累计和:",arr.cumsum())
print("所有数组元素求累计积:",arr.cumprod())
```

运行结果如下。

```
输出数组元素: [0 1 2 3 4 5 6 7 8 9]
所有数组元素求和: 45
所有数组元素求平均值: 4.5
所有数组元素求最小值: 0
所有数组元素求最大值: 9
所有数组元素求最小值的索引: 0
所有数组元素求最大值的索引: 9
所有数组元素求累计和: [ 0  1  3  6 10 15 21 28 36 45]
所有数组元素求累计积: [0 0 0 0 0 0 0 0 0 0]
```

对于多维数组，可以选择在不同的轴向进行统计运算。

数组中的每个维度都对应一个轴。二维数组有两个维度，对二维数组进行统计运算时，如果不指定轴向，则默认是对整个数组进行统计；如果指定 axis=0，则表示按第 1 个维度统计；如果指定 axis=1，则表示按第 2 个维度统计，以此类推。

【例 9-22】 统计数组中各行和列上的均值示例。

实现代码如下。

```
import numpy as np
arr_1 = np.array([[1, 4, 7], [2, 5, 8]])
print("输出原数组:\n", arr_1)
print("统计各列的均值:\n", np.mean(arr_1, axis=0))
print("统计各行的均值:\n", np.mean(arr_1, axis=1))
```

运行结果如下。

```
输出原数组:
 [[1 4 7]
 [2 5 8]]
统计各列的均值:
 [1.5 4.5 7.5]
统计各行的均值:
 [4. 5.]
```

9.3 数组的操作

NumPy 中的数组在处理数据时可以用简洁的表达式代替循环，它比内置的 Python 循环快了至少一个数量级，因此成为大量数据处理的首选。本节将讲解数组中常见的数据操作，包括排序、合并等。

9.3.1 数组的排序

使用 NumPy 对象的 sort()函数或 NumPy 的 sort()函数可以对数组进行排序，前者是原地排序，会改变原数组中元素的位置；后者会返回新的排序结果，不会影响原数组中元素的位置。如果要返回排序后的元素在原数组中的索引，则可以使用 arg()函数或 argsort()函数。

在 NumPy 中，直接排序经常使用 sort()函数，间接排序经常使用 argsort()函数和 lexsort()函数。

1. sort()函数

sort()函数是最常用的排序方法，它改变原始数组，其语法格式如下。

```
sort(a,axis,kind,order)
```

参数说明如下。

- a：要排序的数组。
- axis：使得 sort()函数可以沿着指定轴对数据集进行排序。axis=1 为沿横轴排序；axis=0 为沿纵横排序；axis=None，将数组平坦化之后再进行排序。
- kind：排序算法，默认为 quicksort。
- order：如果数组包含字段，则是要排序的字段。

【例 9-23】 利用 sort()函数对数组排序示例。

实现代码如下。

```
import numpy as np
arr = np.array([[4, 1, 7], [3, 9, 6], [8, 5, 2]])
arr_copy = arr
print("输出原数组:\n",arr)
```

```
arr.sort()
print("输出排序后的数组:\n",arr)
arr_copy.sort(0)                              #沿着编号为 0 的轴对元素排序
print("沿着编号为 0 的轴对元素排序:\n",arr_copy)
```

运行结果如下。

```
输出原数组:
 [[4 1 7]
 [3 9 6]
 [8 5 2]]
输出排序后的数组:
 [[1 4 7]
 [3 6 9]
 [2 5 8]]
沿着编号为 0 的轴对元素排序:
 [[1 4 7]
 [2 5 8]
 [3 6 9]]
```

从上述代码可以看出，当调用 sort()函数后，数组 arr 中数据默认按行从小到大进行排序。需要注意的是，使用 sort()函数排序会修改数组本身。

2. argsort()函数

使用 argsort()函数对数组进行排序，返回升序排序之后的数组值为从小到大的索引值。

【例 9-24】 argsort()函数的应用示例。

实现代码如下。

```
import numpy as np
x=np.array([4,8,3,2,7,5,1,9,6,0])
print('升序排序后的索引值:')
y = np.argsort(x)
print(y)
print('排序后的顺序重构原数组:')
print(x[y])
```

运行结果如下。

```
升序排序后的索引值:
[9 6 3 2 0 5 8 4 1 7]
排序后的顺序重构原数组:
[0 1 2 3 4 5 6 7 8 9]
```

3. lexsort()函数

lexsort()函数用于对多个序列进行排序。可以把它当作是对电子表格进行排序，每一列代表一个列，排序时会优先照顾靠后的列。

【例 9-25】 使用 argsort()函数和 lexsort()函数进行排序示例。

实现代码如下。

```
import numpy as np
arr = np.array([7,9,5,2,9,4,3,1,4,3])
print('原数组:',arr)
print('排序后各数据的索引:',arr.argsort())
#返回值为数组排序后的下标排列
print('显示较大的 5 个数:',arr[arr.argsort()][-5:])
a = [1,5,7,2,3,-2,4]
b = [9,5,2,0,6,8,7]
ind=np.lexsort((b,a))
print('ind:',ind)
tmp=[(a[i],b[i])for i in ind]
print('tmp:',tmp)
```

运行结果如下。

```
原数组: [7 9 5 2 9 4 3 1 4 3]
排序后各数据的索引: [7 3 6 9 5 8 2 0 1 4]
显示较大的 5 个数: [4 5 7 9 9]
ind: [5 0 3 4 6 1 2]
tmp: [(-2, 8), (1, 9), (2, 0), (3, 6), (4, 7), (5, 5), (7, 2)]
```

二维数组排序时需要指定按哪个轴进行排序，默认 axis=1，表示按第 2 个维度排序；如果 axis=0，则表示按第 1 个维度排序。

9.3.2 数组的合并

数组合并用于多个数组间的操作，两个数组可以沿不同的轴向进行合并，NumPy 提供了 vstack()、hstack()、concatenate()等合并函数。

横向合并是将 ndarray 对象构成的元组作为参数，传给 hstack()函数。

纵向合并是使用 vstack()函数实现数组合并。

【例 9-26】 数组纵向与横向合并示例。

实现代码如下。

```
import numpy as np
arr1 = np.array([[1,2],[3,4],[5,6]])
arr2 = np.array([[10,20],[30,40],[50,60]])
```

```
h_arr = np.hstack((arr1,arr2))
print("横向合并数据后的数组:\n",h_arr)
v_arr = np.vstack((arr1,arr2))
print("纵向合并数据后的数组:\n",v_arr)
```

运行结果如下。

```
横向合并数据后的数组:
 [[ 1  2 10 20]
 [ 3  4 30 40]
 [ 5  6 50 60]]
纵向合并数据后的数组:
 [[ 1  2]
 [ 3  4]
 [ 5  6]
 [10 20]
 [30 40]
 [50 60]]
```

【例 9-27】 应用 concatenate()函数合并数组示例。

实现代码如下。

```
arr1 = np.arange(6).reshape(3,2)
arr2 = arr1 * 2
print('横向合并为:\n',np.concatenate((arr1,arr2),axis = 1))
print('纵向合并为:\n',np.concatenate((arr1,arr2),axis = 0))
```

运行结果如下。

```
横向合并为:
 [[ 0  1  0  2]
 [ 2  3  4  6]
 [ 4  5  8 10]]
纵向合并为:
 [[ 0  1]
 [ 2  3]
 [ 4  5]
 [ 0  2]
 [ 4  6]
 [ 8 10]]
```

本章小结

本章介绍了 NumPy 中一维数组和二维数组的创建与使用，主要内容如下。

(1) NumPy 是 Python 的扩展库，它提供了多种创建数组的方法，既可以将 Python 序列对象或可迭代对象转换为 NumPy 数组，也可以直接创建不同类型和维度的数组。

(2) 数组既支持使用索引、切片和列表作为下标访问数组元素，也支持布尔型索引访问。

(3) 可以添加、修改或删除数组元素，也可以改变数组的形状。

(4) 数组支持算术运算、布尔运算、点积运算和统计运算。进行统计运算时，既可以按整个数组进行计算，也可以按不同的轴向进行计算。

(5) 数组既可以按不同的轴向排序，也可以将两个数组合并到一起。

思考与练习

1. NumPy 数组有什么特点？

2. 使用 NumPy 库创建数组有哪几种方法？

3. 完成下列数组和随机数的操作与运算。

(1) 创建 2 行 4 列的数组 arr_a，数组中的元素为 0～7，要求用 arange()函数创建。

(2) 利用生成随机数函数创建有 4 个元素的一维数组 arr_b。

(3) 向 arr_a 数组添加元素[9,10]后，再赋值给 arr_a 数组。

(4) 在 arr_a 数组第 3 个元素之前插入[11,12]元素后，再赋值给 arr_a 数组。

(5) 从 arr_a 数组中删除下标为奇数的元素。

(6) 将 arr_a 数组转换为列表。

第 10 章 Pandas 数据处理分析

Pandas 是数据分析的三剑客之一，也是 Python 的核心数据分析库，它是基于 NumPy 的 Python 库。Pandas 最初被作为金融数据分析工具而开发出来，后来被广泛地应用到经济、统计、分析等学术和商业等领域。Pandas 能够简单、直观、快速地处理各种类型的数据，比如表格数据、矩阵数据、时间序列数据、统计数据集等。

Pandas 基于 NumPy 构建，是进行数据分析和数据挖掘的有效工具。Pandas 中有两个主要的数据结构：Series 和 DataFrame，两者分别用于处理带标签的一维数组和带标签的二维数组。

使用 Pandas 库，必须先执行下列导入操作。

```
import pandas as pd              #导入 pandas 模块
```

10.1 Pandas 基本数据结构

10.1.1 Series 数据结构定义与操作

Series 对象由索引(index)和值(values)两部分组成，索引就是值的标签。

默认使用正整数作为每个值的索引(从 0 开始，表示数据的位置编号)；也可以为索引定义一个标识符(称为索引名或标签)，这种形式类似字典的键-值对结构，每个索引作为键。

1. Series 原理

Series 是 Pandas 中的基本对象，在 NumPy 的 ndarray 基础上进行扩展。Series 支持下标存取元素和索引存取元素。每个 Series 对象都由两个数组组成，即索引和值。

2. index 原理

index 是索引对象，用于保存标签信息。若创建 Series 对象时不指定 index，Pandas 将自动创建一个表示位置下标的索引。

3. values 原理

values 是保存元素值的数组。

接下来，通过一张图来描述 Series 的结构，具体如图 10-1 所示。

Series

index (索引)	element (数据元素)
0	1
1	2
2	3
3	4
4	5
5	6

图 10-1　Series 对象结构示意图

图 10-1 展示的是 Series 结构表现形式，其索引位于左边，数据位于右边。

利用列表、元组、字典、range 对象和一维数组等可以创建一个 Series 对象。

语法结构如下。

```
Series(data, index, dtype)
```

参数说明如下。

- data：Series 中的数据。
- index：自定义的索引标识符。标识符的个数要与数据个数相同。
- dtype：指定数据类型。

创建 Series 对象后，可以使用索引、切片或列表作为下标访问系列中的元素。

【例 10-1】 利用 Pandas 的 Series()方法创建 Series 对象与元素访问。

实现代码如下。

```
import pandas as pd
ser_obj1 = pd.Series(data=[185, 165, 156, 175])   #直接使用 Series 对象创建
print("自动生成整数索引的 ser_obj1:\n",ser_obj1)
ser_obj2 = pd.Series(data=[185, 165, 156, 175],index=['Strong', 'Tommy',
                        'Berry', 'Bill'])       #手动设置 Series 索引
print("手动设置索引的 ser_obj2:\n",ser_obj2)
#强制转换数据类型为 float,并指定列名
ser_obj3 = pd.Series(data=[185, 165, 156, 175],index=['Strong', 'Tommy',
                        'Berry', 'Bill'],dtype='float',name='height')
print(ser_obj3)
#利用字典创建对象 Series,键为索引
ser_obj4 = pd.Series({'Strong':185, 'Tommy':165, 'Berry':156, 'Bill':175})
print("字典创建对象 ser_obj4:\n",ser_obj4)
print('ser_obj4 的索引:\n',ser_obj4.index)
print('ser_obj4 的值:\n',ser_obj4.values)
print('ser_obj1 的 1 位置的元素值:\n',ser_obj1[1])
print('ser_obj1 的 1:3 位置的元素值:\n',ser_obj1[1:3])
print('ser_obj3 中的 Tommy 的身高:\n',ser_obj3['Tommy'])
print('ser_obj2 中大于 175:\n',ser_obj2[ser_obj2>175])
```

运行结果如下。

```
自动生成整数索引的 ser_obj1:
0    185
1    165
2    156
3    175
dtype: int64
```

```
手动设置索引的 ser_obj2:
Strong    185
Tommy     165
Berry     156
Bill      175
dtype: int64
Strong    185.0
Tommy     165.0
Berry     156.0
Bill      175.0
Name: height, dtype: float64
字典创建对象 ser_obj4:
Strong    185
Tommy     165
Berry     156
Bill      175
dtype: int64
ser_obj4 的索引:
Index(['Strong', 'Tommy', 'Berry', 'Bill'], dtype='object')
ser_obj4 的值:
[185 165 156 175]
ser_obj1 的 1 位置的元素值:
165
ser_obj1 的 1:3 位置的元素值:
1    165
2    156
dtype: int64
ser_obj3 中的 Tommy 的身高:
165.0
ser_obj2 中大于 175:
Strong    185
dtype: int64
```

由上述例子可以看出，首先 Series()方法中通过传入一个列表来创建一个 Series 类对象，从输出结果可以看出，左边一列是索引，索引是从 0 开始递增的，右边一列是数据，数据的类型是根据传入的列表参数中元素的类型推断出来的，即 int64。

其次，可以在创建 Series 类对象的时候，为数据手动指定索引。除了使用列表构建 Series 类对象外，还可以使用 dict 进行构建。

结果中输出的 dtype，是 DataFrame 数据的数据类型，int 为整型，后面的数字表示位数。利用 Python 内置函数、运算符，以及 Series 对象方法可以操作 Series 对象。

【例 10-2】 Series 对象数据的修改与运算。

实现代码如下。

```
import pandas as pd
scorelist= pd.Series([95,69,85], index=['python','database','web'])
scorelist['web'] = 88                       #修改元素
scorelist['linux'] = 82                     #添加元素
print(scorelist)
print(scorelist.max())                      #查找元素中的最大值
print(round(scorelist.mean(), 1) )          #求均值,保留1位小数
scorelist = scorelist + 5                   #算术运算
print(scorelist)
```

运行结果如下。

```
python      95
database    69
web         88
linux       82
dtype: int64
95
83.5
python      100
database     74
web          93
linux        87
dtype: int64
```

Series对象的索引可以是一个时间序列。使用Pandas库中的date_range()函数可以创建时间序列对象(DatetimeIndex)。

语法结构如下。

```
date_range(start, end, periods, freq)
```

功能：根据指定的起止时间，创建时间序列对象。

参数说明如下。

- start、end：时间序列的起始时间和终止时间。
- periods：时间序列中包含的数据数量。
- freq：时间间隔，默认为'D'(天)。间隔还可以是'W'(周)、'H'(小时)等。

start、end、periods三个参数只需要指定其中两个(三选二)。

【例10-3】 创建时间序列对象示例。

实现代码如下。

```
import pandas as pd
 #间隔1天
```

```
date_1 = pd.date_range(start='20220204', end='20220206', freq='D')
print("间隔一天的时间序列:\n",date_1)
 #间隔 6 小时
date_2 = pd.date_range(start='20220204', end='20220205', freq='6H')
print("间隔 6 小时的时间序列:\n",date_2)
#间隔 1 个月
date_3 = date = pd.date_range(start='20220204', freq='M', periods=4)
print("间隔一个月的时间序列:\n",date_3)
height = [20,25,30,40]
ser_height = pd.Series(height, index = date_3)    #时间序列作为索引
print("作为生长高度记录:\n",ser_height)
```

运行结果如下。

```
间隔一天的时间序列:
 DatetimeIndex(['2022-02-04', '2022-02-05', '2022-02-06'],
              dtype='datetime64[ns]', freq='D')
间隔 6 小时的时间序列:
 DatetimeIndex(['2022-02-04 00:00:00', '2022-02-04 06:00:00',
             '2022-02-04 12:00:00', '2022-02-04 18:00:00',
             '2022-02-05 00:00:00'],
            dtype='datetime64[ns]', freq='6H')
间隔一个月的时间序列:
 DatetimeIndex(['2022-02-28', '2022-03-31', '2022-04-30', '2022-05-31'],
              dtype='datetime64[ns]', freq='M')
作为生长高度记录:
2022-02-28    20
2022-03-31    25
2022-04-30    30
2022-05-31    40
Freq: M, dtype: int64
```

10.1.2 DataFrame 数据结构定义与操作

DataFrame 是一个二维表格结构,包含 index(行索引)、columns(列索引)和 values(值)三部分。DataFrame 中的一行称为一条记录(或样本),一列称为一个字段(或属性)。

DataFrame 中的每一列都是一个 Series 类型,存储相同数据类型和语义的数据。

DataFrame 中每行的前面和每列的上面都有一个索引,用来标识一行或一列,前者称为 index,后者称为 columns,如图 10-2 所示。默认使用正整数作为索引(从 0 开始),也可以自定义标识符,作为行标签和列标签。

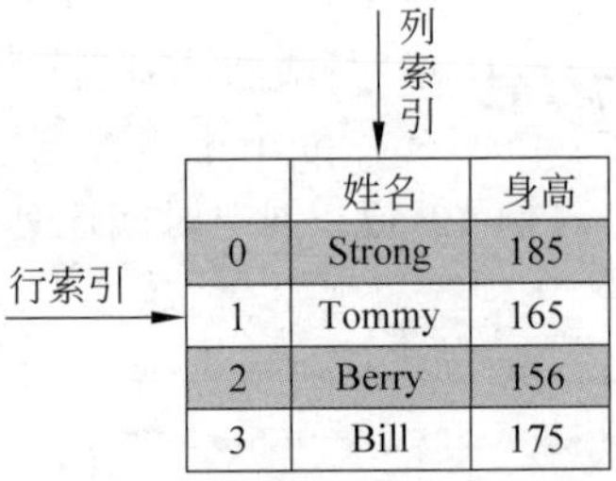

列索引 ↓

	姓名	身高
0	Strong	185
1	Tommy	165
2	Berry	156
3	Bill	175

行索引 →

图 10-2 DataFrame 对象的结构

列标签通常也称为“字段名”或“列名”。

1. 创建 DataFrame

用户可以利用 Python 字典、嵌套列表和二维数组等对象可以创建一个 DataFrame 对象，也可以通过导入文件的方法创建。本节主要介绍使用代码创建 DataFrame 对象的方法。

语法结构如下。

```
DataFrame(data, index, columns, dtype)
pandas.DataFrame(data = None,index = None,columns = None,dtype = None)
```

参数说明如下。

- data：表示数据，可以是 ndarray 数组、series 对象、列表、字典等。
- index：表示行标签(索引)。如果没有传入索引参数，则默认会自动创建一个 0～N 的整数索引。
- columns：表示列标签(索引)。如果没有传入索引参数，则默认会自动创建一个 0～N 的整数索引。
- dtype：每一列数据的数据类型，与 Python 数据类型有所不同。

【例 10-4】 利用二维数组和字典两种方法创建 DataFrame 对象。

实现代码如下。

```
import pandas as pd
#解决数据输出时列名与数据不对齐的问题
pd.set_option('display.unicode.east_asian_width',True)
data = [['Strong',185],['Tommy',165],['Berry',156],['Bill',175]]
columns = ['姓名', '身高']                         #指定列索引
df1 = pd.DataFrame(data=data,columns=columns)
                                                   #通过二维数组创建 DataFrame 对象
print(df1)
df2 = pd.DataFrame({'姓名':['Strong', 'Tommy', 'Berry', 'Bill'],'身高':[185,
165, 156, 175],'班级':'大数据 2021'})           #通过字典创建 DataFrame 对象
print(df2)
```

运行结果如下。

```
     姓名  身高
0  Strong   185
1   Tommy   165
2   Berry   156
3    Bill   175
```

```
     姓名    身高   班级
0  Strong   185  大数据2021
1   Tommy   165  大数据2021
2   Berry   156  大数据2021
3    Bill   175  大数据2021
```

2. 查看 DataFrame 的基本信息

通过DataFrame对象的属性可以查看DataFrame的行标签、列标签、值项、数据类型、行数和列数以及DataFrame的形状等信息。

【例 10-5】 DataFrame的相关基本信息查看。

实现代码如下。

```
import pandas as pd
data = [['Strong',185],['Tommy',165],['Berry',156],['Bill',175]]
columns = ['姓名', '身高']
df_1 = pd.DataFrame(data=data,columns=columns)
print("原DF数据:\n",df_1)
print("复制DF数据:\n",df_1.copy())
print("DF数据的形状:\n",df_1.shape)
print("DF数据的行索引:\n",df_1.index)
print("DF数据的行数:\n",df_1.index.size)
print("DF数据的记录数:\n",len(df_1))
print("DF数据的列索引:\n",df_1.columns)
print("DF数据的列数:\n",df_1.columns.size)
print("DF数据的数据:\n",df_1.values)
print("DF数据的数据类型:\n",type(df_1))
```

运行结果如下。

```
原DF数据:
     姓名  身高
0  Strong  185
1  Tommy  165
2  Berry  156
3  Bill  175
复制DF数据:
     姓名  身高
0  Strong  185
1  Tommy  165
2  Berry  156
3  Bill  175
DF数据的形状:
```

```
 (4, 2)
DF 数据的行索引:
 RangeIndex(start=0, stop=4, step=1)
DF 数据的行数:
 4
DF 数据的记录数:
 4
DF 数据的列索引:
 Index(['姓名', '身高'], dtype='object')
DF 数据的列数:
 2
DF 数据的数据:
 [['Strong' 185]
 ['Tommy' 165]
 ['Berry' 156]
 ['Bill' 175]]
DF 数据的数据类型:
 <class 'pandas.core.frame.DataFrame'>
```

10.1.3　访问 DataFrame 数据元素

DataFrame 是一个二维表格结构,与二维数组类似,可以通过下标或布尔型索引访问。

1. 下标访问

语法格式一如下。

```
DataFrame 对象名.loc[行下标, 列下标]
DataFrame 对象名.iloc[行下标, 列下标]
```

参数说明如下。

- 可以使用索引、标签、切片或列表作为下标。
- loc 表示完全基于标签名的选择方式。
- iloc 表示完全基于位置索引的选择方式。
- 如果选择所有行,行下标可表示为“:”。
- 如果选择所有列,列下标可表示为“:”,也可以直接省略列下标。

语法格式二如下。

```
DataFrame 对象名.at[行下标, 列下标]
DataFrame 对象名.iat[行下标, 列下标]
```

这种方式用于选择 DataFrame 中指定位置的一个值,只能用位置索引或标签作为下标。

语法格式三如下。

```
DataFrame 对象名[下标]
```

这种方式用于选择整行或整列数据。下标为切片，表示选择若干行；下标为标签或标签列表，表示选择若干列。

【例 10-6】 使用 loc 属性和 iloc 属性，读取指定的列数据。

实现代码如下。

```
import pandas as pd
pd.set_option('display.unicode.east_asian_width',True)
data = [['男',185,80],['女',165,60],['女',156,45],['男',175,70]]
name = ['Strong','Tommy','Berry','Bill']
columns = ['性别', '身高','体重']
df = pd.DataFrame(data=data,index=name,columns=columns)
print(df.loc[:, [ '身高','体重']])          #选取 '身高'和'体重'两列数据
print(df.iloc[:, [ 0,2]])                   #选取第 1 列和第 3 列
print(df.loc[:, '身高':])                   #选取从"身高"到最后一列
print(df.iloc[:,:2])                        #连续选取从 1 列开始到第 3 列,但不包括第 3 列
```

运行结果如下。

```
          身高  体重
Strong    185    80
Tommy     165    60
Berry     156    45
Bill      175    70
        性别  体重
Strong    男    80
Tommy     女    60
Berry     女    45
Bill      男    70
          身高  体重
Strong    185    80
Tommy     165    60
Berry     156    45
Bill      175    70
        性别  身高
Strong    男   185
Tommy     女   165
Berry     女   156
Bill      男   175
```

【例 10-7】 利用 iat[ ]与.iat[ ]获取单个值。

实现代码如下。

```
import pandas as pd
pd.set_option('display.unicode.east_asian_width',True)
data = [['男',185,80],['女',165,60],['女',156,45],['男',175,70]]
name = ['Strong','Tommy','Berry','Bill']
columns = ['性别', '身高','体重']
df = pd.DataFrame(data=data,index=name,columns=columns)
print('原数据:\n',df)
print(df.at['Berry','身高'])
print(df.iat[2,1])
```

运行结果如下。

```
原数据:
         性别  身高  体重
Strong   男   185   80
Tommy     女   165   60
Berry     女   156   45
Bill     男   175   70
156
156
```

iat 和 at 仅适用于标量，因此非常快。较慢的、更通用的功能是 iloc 和 loc。iat 和 at 仅给出单个值输出，而 iloc 和 loc 可以给出多行输出。

2. 布尔型索引访问

语法格式一如下。

```
DataFrame 对象名.loc[布尔型索引, 列下标]
```

语法格式二如下。

```
DataFrame 对象名[布尔型索引]
```

布尔型索引是指通过一组布尔值(True 或 False)对 DataFrame 进行取值操作，以选出满足条件的元素。通常是利用条件运算得到一组布尔值，条件表达式中可以使用关系运算符、逻辑运算符以及 Pandas 提供的条件判断方法，如表 10-1 所示。

表 10-1 Pandas 中常用的条件判断

条件	运算符或数据框对象的方法	说　明
比较	>、<、==、>=、<=、!=	比较运算(大于、小于、等于、大于或等于、小于或等于、不等于)

续表

条件	运算符或数据框对象的方法	说　明
确定范围	between(n,m)	在 n～m 范围内,包含 n 和 m
确定集合	isin(L)	属于列表 L 中的元素
空值	isnull()	是空值(NaN)
多重条件	&	与运算,两个条件同时成立,结果为 True
	|	或运算,有一个条件成立时,结果为 True
	～	非运算,对条件取反

【例 10-8】 布尔型索引的使用方法。

实现代码如下。

```
import pandas as pd
df = pd.DataFrame(data=[['Strong',185], ['Tommy',165], [ 'Berry',156],
                        ['Bill',175]],columns = ['Name','Height'])
print('查看身高(height)超过 170:\n',df[df.Height > 170])
print('查看身高(height)在 165 和 175 之间:\n',df[df.Height.between(165,175)])
```

运行结果如下。

```
查看身高(height)超过 170:
      Name  Height
0  Strong     185
3    Bill     175
查看身高(height)在 165 和 175 之间:
     Name  Height
1  Tommy     165
3   Bill     175
```

10.1.4 修改与删除 DataFrame 数据元素

通过赋值语句,可以直接修改 DataFrame 中的数据或者添加新的数据列。

【例 10-9】 修改 DataFrame 对象中的数据。

实现代码如下。

```
import pandas as pd
pd.set_option('display.unicode.east_asian_width',True)
data = [['男',185,80],['女',165,60],['女',156,45],['男',175,70]]
name = ['Strong','Tommy','Berry','Bill']
columns = ['性别', '身高','体重']
```

```
df = pd.DataFrame(data=data,index=name,columns=columns)
df.loc['Berry'] = ['女',165,55]         #修改整行数据
print('查看修改 Berry 的身高和体重:\n',df)
df.loc[:,'身高'] = df.loc[:,'身高'] +5#修改整列数据
print('查看所有人身高增加 5 厘米:\n',df)
df.loc['Berry','体重'] = 45
print('查看修改 Berry 体重为 45:\n',df)
#借助 iloc 属性指定行列位置实现修改数据
df.iloc[0,1] = 156                      #修改 Strong 身高为 156(修改某一处数据)
df.iloc[2,:] = ['女',160,65]            #修改第 3 行 Berry 数据(修改某一行的数据)
df.iloc[:,2] = [75,55,40,65]            #所有人的体重减少 5 千克(修改某一列的数据)
print('查看利用 iloc 属性修改指定数据:\n',df)
```

运行结果如下。

```
查看修改 Berry 的身高和体重:
         性别  身高  体重
Strong   男   185   80
Tommy    女   165   60
Berry    女   165   55
Bill     男   175   70
查看所有人身高增加 5 厘米:
         性别  身高  体重
Strong   男   190   80
Tommy    女   170   60
Berry    女   170   55
Bill     男   180   70
查看修改 Berry 体重为 45:
         性别  身高  体重
Strong   男   190   80
Tommy    女   170   60
Berry    女   170   45
Bill     男   180   70
查看利用 iloc 属性修改指定数据:
         性别  身高  体重
Strong   男   156   75
Tommy    女   170   55
Berry    女   160   40
Bill     男   180   65
```

若要删除行或删除列,可以使用 DataFrame 对象的 drop()方法。

语法结构如下。

```
drop(labels, axis, index, columns, inplace)
```

参数说明如下。

- labels：被删除的行索引或列索引名称，可传一个标签或标签列表。
- axis：0 表示行，1 表示列，默认为 0。
- index：被删除行的行索引。
- columns：被删除列的列索引。
- inplace：布尔型参数。默认 inplace 为 False，表示返回一个新的 DataFrame 对象，当前 DataFrame 对象不受影响；inplace 为 True 时，表示从当前 DataFrame 对象中直接删除(即原地删除，返回空对象 None)。

【例 10-10】 删除指定的数据信息。

实现代码如下。

```
import pandas as pd
pd.set_option('display.unicode.east_asian_width',True)
data = [['男',185,80],['女',165,60],['女',156,45],['男',175,70]]
name = ['Strong','Tommy','Berry','Bill']
columns = ['性别', '身高','体重']
df = pd.DataFrame(data=data,index=name,columns=columns)
drop_columns1 = df.drop(['性别'],axis=1,inplace=False)  #删除性别列(删除某列)
print('查看删除性别列结果:\n',drop_columns1)
#删除 columns 为体重的列
drop_columns2 = df.drop(columns = '体重',inplace=False)
print('查看删除 columns 为体重的列结果:\n',drop_columns2)
#删除标签为身高的列
drop_columns3 = df.drop(labels='身高',axis=1,inplace=False)
print('查看删除标签为身高的列结果:\n',drop_columns3)
df.drop(['Strong'],inplace=True)                  #删除第 1 行数据
print('查看删除 Strong 行的结果:\n',df)
df.drop(index='Tommy',inplace=True)               #删除 index 为 Tommy 的行数据
print('查看删除 index 为 Tommy 行的结果:\n',df)
df.drop(labels='Berry',axis=0,inplace=True)       #删除行标签为 Berry 的行数据
print('查看行标签为 Berry 行的结果:\n',df)
```

运行结果如下。

```
查看删除性别列结果:
        身高  体重
Strong   185    80
Tommy    165    60
Berry    156    45
Bill     175    70
```

```
查看删除 columns 为体重的列结果：
        性别  身高
Strong   男   185
Tommy    女   165
Berry    女   156
Bill     男   175
查看删除标签为身高的列结果：
        性别  体重
Strong   男    80
Tommy    女    60
Berry    女    45
Bill     男    70
查看删除 Strong 行的结果：
       性别  身高  体重
Tommy   女   165   60
Berry   女   156   45
Bill    男   175   70
查看删除 index 为 Tommy 行的结果：
       性别  身高  体重
Berry   女   156   45
Bill    男   175   70
查看行标签为 Berry 行的结果：
      性别  身高  体重
Bill   男   175   70
```

10.1.5　DataFrame 数据元素的排序

DataFrame 对象既可以按行索引或列索引排序，也可以按数值排序。

1. 按索引排序

使用 DataFrame 对象的 sort_index()方法按行索引或列索引排序。

语法结构如下。

```
sort_index(axis, ascending, inplace)
```

参数说明如下。

- axis：排序的轴向。默认 axis 为 0，按 index 排序；axis 为 1 时，按 columns 排序。
- ascending：排序方式。默认 ascending 为 True，按升序排序；ascending 为 False 时，按降序排序。
- inplace：是否为原地排序。默认 inplace 为 False，返回新的 DataFrame 对象。

【例 10-11】 演示如何按索引对 Series 和 DataFrame 分别进行排序。

实现代码如下。

```
import numpy as np
```

```
import pandas as pd
ser_obj = pd.Series(range(10, 15), index=[5, 3, 1, 3, 2])
print("原数据(Series):\n",ser_obj)
ser_obj_new1 = ser_obj.sort_index()                          #按索引进行升序排列
print("按索引进行升序排列:\n",ser_obj_new1)
ser_obj_new2 = ser_obj.sort_index(ascending = False)         #按索引进行降序排列
print("按索引进行降序排列:\n",ser_obj_new2)
df_obj = pd.DataFrame(np.arange(9).reshape(3, 3), index=[4, 3, 5])
print("原数据(DataFrame):\n",df_obj)
df_obj_new1 = df_obj.sort_index()                            #按索引升序排列
print("按索引升序排列:\n",df_obj_new1)
df_obj_new2 = df_obj.sort_index(ascending = False)           #按索引降序排列
print("按索引降序排列:\n",df_obj_new2)
```

运行结果如下。

```
原数据(Series):
5    10
3    11
1    12
3    13
2    14
dtype: int64
按索引进行升序排列:
1    12
2    14
3    11
3    13
5    10
dtype: int64
按索引进行降序排列:
5    10
3    11
3    13
2    14
1    12
dtype: int64
原数据(DataFrame):
   0  1  2
4  0  1  2
3  3  4  5
5  6  7  8
按索引升序排列:
```

```
   0  1  2
3  3  4  5
4  0  1  2
5  6  7  8
按索引降序排列:
   0  1  2
5  6  7  8
4  0  1  2
3  3  4  5
```

需要注意的是，当对DataFrame进行排序操作时，要注意轴的方向。如果没有指定axis参数的值，则默认会按照行索引进行排序；如果指定axis为1，则会按照列索引进行排序。

2. 按值项排序

使用DataFrame对象的sort_values()方法按DataFrame中的数值排序。

语法结构如下。

```
sort_values(by, axis, ascending, inplace, na_position)
```

参数说明如下。

- by：排序依据。既可以是一项数据，也可以是一个列表（表示多级排序）。
- axis：排序的轴向。默认axis为0，纵向排序；axis为1时，横向排序。
- ascending：排序方式，默认ascending为True（升序）。
- na_position：空值排列的位置。默认na_position为'last'，表示空值排在最后面；na_position为'first'时，表示空值排在最前面。

【例10-12】 按值项排序应用示例。

实现代码如下。

```
import pandas as pd
score = [[89, 90, 85],[76, 98, 46], [90, 92, 64], [78, 80, 67]]
studentlist = ['Berry', 'Jane', 'Strong', 'Stone']
course  = ['Python','database','web']
df = pd.DataFrame(score, index = studentlist, columns = course)
print("原数据:\n",df)
df1 = df.sort_index(axis=0, ascending=False)     #按行标签降序排序
print("按行标签降序排序:\n",df1)
df2 = df.sort_index(axis=1, ascending=True)      #按列标签升序排序
print("按列标签升序排序:\n",df2)
df3 = df.sort_values(by='Python', axis=0)        #按 Python 列排序
print("按 Python 列排序:\n",df3)
df4 = df.sort_values(by='Stone', axis=1)         #按 Stone 所在行排序
print("按 Stone 所在行排序:\n",df4)
```

运行结果如下。

```
原数据:
        Python  database  web
Berry       89        90   85
Jane        76        98   46
Strong      90        92   64
Stone       78        80   67
按行标签降序排序:
        Python  database  web
Strong      90        92   64
Stone       78        80   67
Jane        76        98   46
Berry       89        90   85
按列标签升序排序:
        Python  database  web
Berry       89        90   85
Jane        76        98   46
Strong      90        92   64
Stone       78        80   67
按 Python 列排序:
        Python  database  web
Jane        76        98   46
Stone       78        80   67
Berry       89        90   85
Strong      90        92   64
按 Stone 所在行排序:
        web  Python  database
Berry    85      89        90
Jane     46      76        98
Strong   64      90        92
Stone    67      78        80
```

10.2 数据分析的基本流程

数据分析是指使用适当的统计分析方法(如聚类分析、相关分析等)对收集来的大量数据进行分析,从中提取有用信息和形成结论,并加以详细研究和概括总结的过程。

数据分析的目的在于,将隐藏在一大批看似杂乱无章的数据信息中的有用数据集提炼出来,以找出所研究对象的内在规律,其实质就是利用数据分析的结果来解决遇到的问题。由此来看,根据解决问题的类型来说,数据分析可以概况为分析现状、发现原因、预测未来发展趋势三类。

一个完整的数据分析过程通常包括如图 10-3 所示的 6 个步骤。

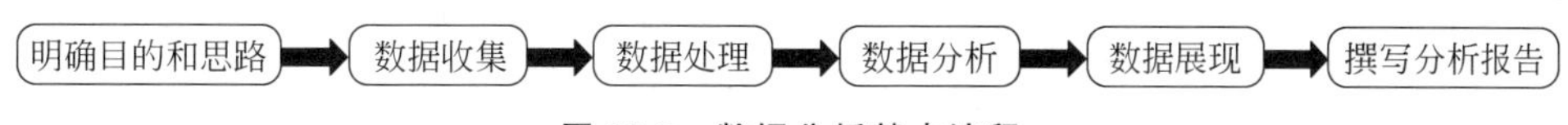

图 10-3 数据分析基本流程

关于图 10-3 中流程的相关说明具体如下。

(1) 明确目的和思路。要解决什么业务问题？以解决业务问题为中心，明确分析目的和思路，搭建分析框架。

(2) 数据收集。收集与整合数据，按照确定的分析框架收集相关数据，可以从数据库、不同格式的数据文件以及网络中收集数据。

(3) 数据处理。对数据进行清洗、加工和整理，包括数据清洗、数据转换、数据抽取、数据计算等处理方法，目的是提高数据质量，满足数据分析的要求，提升数据分析的效果。如果数据本身存在异常或者不符合数据分析的要求，那么即使采用最先进的数据分析方法，所得到的结果也是错误的，不但不具备任何参考价值，甚至还会误导决策。

(4) 数据分析。对数据进行探索与分析，采用适当的分析方法及工具对预处理过的数据进行分析，提取对解决问题有价值、有意义的信息，形成有效结论。

(5) 数据展现。用图表来展示分析结果，通常通过图表直观地表达数据之间的关系，有效地展示数据分析的结果。

(6) 撰写分析报告。诠释数据分析的起因、过程、结论和建议，数据分析报告是对分析过程和结果的总结和呈现，可以供决策者参考。

以下各节均以数据集作为分析对象，介绍从 CSV 等数据源中读取数据、预处理数据和分析数据的基本方法。

10.3 数据的导入与导出

利用 Pandas 进行数据分析，首先需要将外部数据源导入 DataFrame 数据。数据处理和数据分析的中间结果或最终结果也需要保存到文件中。

10.3.1 数据的导入

据通常可以存储在 Excel、CSV、TXT、JSON、HTML 等格式的文件中，或者存储在数据库中。Pandas 提供了导入不同文件的方法，本节主要介绍其中的几种方法。

1. 导入数据集

(1) 使用 read_excel()函数，导入 Excel 数据文件。语法结构如下。

```
read_excel(io, sheet_name, header, names, index_col, usecols)
```

功能：读入 Excel 文件中的数据并返回一个 DataFrame 对象。

参数说明如下。

- io：要读取的 Excel 文件，可以是字符串形式的文件路径。

- sheet_name：要读取的工作表，可以用序号或工作表名称表示。默认 sheet_name 为 0，表示读取第一张工作表。
- header：工作表的哪一行作为 DataFrame 对象的列名。默认 header 为 0，表示工作表的第一行（表头行）作为列名；如果工作表没有表头行，则必须显式指定 header 为 None。
- names：DataFrame 对象的列名，如果工作表没有表头行，则可以使用 names 设置列名；如果工作表有表头行，则可以使用 names 替换原来的列名。
- index_col：使用工作表的哪一列或哪几列（列序号表示）作为 DataFrame 的行索引（工作表的列序号从 0 开始）。
- usecols：读取 Excel 工作表的哪几列，默认读取工作表中的所有列。

(2) 使用 read_csv()函数，导入 CSV 格式的数据文件。语法结构如下。

```
read_csv(filepath_or_buffer, sep, header, names, index_col, usecols)
```

功能：读入 CSV 格式的文件中的数据并返回一个 DataFrame 对象。

参数说明如下。

- filepath_or_buffer：要读取的数据文件。
- sep：数据项之间的分隔符。默认是逗号 ','。

其他参数的含义与 read_excel()函数的相同。

(3) 使用 read_table()函数，导入通用分隔符格式的数据文件。

通用分隔符格式的文件是指每一行的数据项之间可以使用逗号、空格、Tab 键等通用分隔符分隔，如 TXT 格式的文件。

语法结构如下。

```
read_table(filepath_or_buffer, sep, header, names,index_col, usecols)
```

功能：读入通用分隔符格式的文件中的数据并返回一个 DataFrame 对象。

参数说明如下。

- filepath_or_buffer：要读取的数据文件。
- sep：数据项之间的分隔符。默认是 Tab 键。

其他参数的含义与 read_csv()函数的相同。

【例 10-13】 导入 Online_Retail_Data.csv 文件中的数据，生成 DataFrame 对象。

实现代码如下。

```
#import pandas as pd
#导入所有列
df_order = pd.read_csv(r'./data/Online_Retail_Data.csv')
df_order.head()                                    #查看前 5 行记录
#指定第一列(InvoiceNo)作为 DataFrame 的行索引
df_order_index = pd.read_csv(r'./data/Online_Retail_Data.csv',
```

```
                    index_col=0)
df_order_index.tail()                       #查看后 5 行记录
#导入 CSV 文件,并指定字符编码
df_order_encode = pd.read_csv(r'./data/Online_Retail_Data.csv',
                    encoding='gbk')         #指定编码
df_order_encode.head()                      #查看前 5 行记录
```

(4) 使用 read_sql()函数导入数据库表。

将数据库中的数据导入 DataFrame 需要先建立与数据库的连接。Pandas 提供了 SQLAlchemy 方式与 MySOL、PostgresSQL、Oracle、MS SQL Server、SQLite 等主流数据库建立连接。建立连接后,即可使用 read_sql()函数导入数据库中的数据。

语法结构:

```
read_sql ( sql, con, index_col)
```

功能:读入 SQL 查询结果集或数据库表中的数据并返回一个 DataFrame 对象。

参数说明如下。

- sql:SQL 查询语句或数据库表名。
- con:SQLAlchemy 连接对象。
- index_col:使用数据库表的哪一列或哪几列作为 DataFrame 的行索引。

read_sql()函数中的其他参数选项及其作用可查阅相关帮助文档。

2. 查看数据集

导入数据集后,可以使用 DataFrame 对象的相关属性和方法了解数据集的基本信息、考查数据分布情况等,常用操作如表 10-3 所示。

表 10-3 查看数据集的常用操作

方　法	功　能
shape	查看数据框的形状
head(n)	查看数据框中前 n 条记录。默认 n 为 5
tail(n)	查看数据框中最后 n 条记录。默认 n 为 5
info()	查看数据集的基本信息,包括记录数、字段数、字段名(列名)、字段数据类型、非空值数据的数量和内存使用情况等
describe()	查看数据集的分布情况。数值型字段的信息包括记录数量、均值、标准差、最小值、最大值和 4 分位数等。文本型字段的信息包括记录数量、不重复值的数量、出现次数最多的值和最多值的频数

Pandas 中的数据类型包括数字(整型、浮点型)、字符串(文本,或文本和数字的混合)、布尔型(True 或 False)、日期时间型、时间差(两个日期时间的差值)、分类(有限的文本值列表)等,如表 10-4 所示。不同类型的字段可以存储不同的数据及执行不同的操作。

表 10-4 Pandas 数据类型及其比较

Pandas 数据类型	Python 数据类型	含 义
object	str	字符串
int64	int	整型
float64	float	浮点型
bool	bool	布尔型
datetime64	datetime64[ns]	日期时间型
timedelta[ns]	NA	时间差
category	NA	分类

【例 10-14】 查看 Online_Retail_Data.csv 的 DataFrame 基本信息。

实现代码如下。

```
import pandas as pd
df_order = pd.read_csv(r'./data/Online_Retail_Data.csv')  #导入所有列
df_order.shape
df_order.head(3)                                          #前 3 条记录
df_order.info()
df_order.describe()                                       #所有数值型字段的描述信息
df_order['Country'].describe()                            #Country 字段的描述信息
```

从上述结果中可以了解到,数据集中共有 541910 条记录,每条记录有 8 列(8 个字段);object 型字段有 5 个,int 型字段有 1 个,float 型字段有 2 个;StockCode、Description、UnitPric、CustomerID、Country 字段有空值(null)。

数据集中 Quantity 和 UnitPrice 数据的分布情况是,Country 列中有 38 个不同的取值(即有 38 种不同的国家),出现次数最多的国家是 United Kingdom,共出现了 495477 次。

10.3.2 数据的导出

在数据处理和分析过程中,常常需要保存处理的中间结果或最终结果,可以将 DataFrame 对象导出为 Excel、CSV、TXT、JSON、数据库等多种格式的文件。

本节主要介绍将数据导出为 Excel 文件和 CSV 文件的方法,它们都是使用 DataFrame 对象的方法实现的。

(1) 使用 to_excel()方法,导出 Excel 文件。语法结构如下。

```
to_excel(excel_writer, sheet_name, columns, header, index)
```

功能:将 DataFrame 中的数据写入 Excel 文件的工作表。

参数说明如下。

- excel_writer：要写入的 Excel 文件。
- sheet_name：要写入的工作表。默认是 Sheetl 工作表。
- columns：Excel 工作表的列名。默认是 DataFrame 对象的列名。
- header：指定 Excel 工作表是否需要表头。默认 header 为 True。
- index：指定是否将 DataFrame 对象的行索引写入 Excel 工作表。默认 index 为 True。

to_excel()方法中的其他参数选项及其作用可查阅相关帮助文档。

(2) 使用 to_csv()方法，导出 CSV 格式的文件。语法结构如下。

```
to_csv(path_or_buf, sep, columns, header, index)
```

功能：将 DataFrame 中的数据写入 CSV 格式的文件。

参数说明如下。

- path_or_buf：要写入的 CSV 格式的文件。
- sep：数据项之间的分隔符。

其他参数的含义与 to_excel()方法的相同。to_csv()方法中的其他参数选项及其作用可查阅相关帮助文档。

【例 10-15】 将 DataFrame 中的数据保存到 CSV 格式的文件中。

实现代码如下。

```
import pandas as pd
#1.生成数据,字典形式
data = {'sno':['20220102','20220201'],'sname':['Marry','Strong'],'ssex':
['F','M'],'sage':[18,19]}
#2.将数据转为 DataFrame 形式
df_stuinfo = pd.DataFrame(data)
#3.数据导出为 CSV 文件,不带行索引
df_stuinfo.to_csv(r'./stuinfo.csv', encoding='gbk', index=False)
```

10.4　数据预处理

原始数据中可能存在不完整、不一致、有异常的数据，从而影响数据分析的结果。通过数据预处理可以提高数据的质量，满足数据分析的要求，提升数据分析的效果。

数据预处理包括数据清洗和数据加工。

数据清洗主要是发现和处理原始数据中存在的缺失值、重复值和异常值，以及无意义的数据，使原数据具有完整性、唯一性、权威性、合法性、一致性等特点。

数据加工是对原始数据的变换，通过对数据进行计算、转换、分类、重组等发现更有价值的数据形式。

无意义的数据主要是指与数据分析无关的数据，可以在导入 DataFrame 时选择不包

含这些数据列;或者在导入DataFrame后再删除这些不需要的数据列。

本节主要介绍缺失值、重复值和异常值的处理,以及一些常用的数据加工方法。

10.4.1 缺失值处理

缺失值即空值(Null),在Pandas中用NaN表示。由于人为失误或机器故障,可能会导致某些数据丢失。从统计上说,缺失的数据可能会产生有偏估计。

1. 查找缺失值

使用info()方法可以查看DataFrame中是否存在有缺失值的字段。此外,还可以使用DataFrame对象的isnull()方法判断是否有缺失值。

【例10-16】 演示通过isnull()方法来检查“电器销售数据(有缺失值).xlsx”的缺失值或空值。

实现代码如下。

```
import pandas as pd
pd.set_option('display.unicode.east_asian_width',True)
df=pd.read_excel(r'./电器销售数据(有缺失值).xlsx',sheet_name='Sheet1')
print(df.isnull())
```

运行结果如下。

```
   商品类别  北京总公司  广州分公司  上海分公司
0    False      False      True      False
1    False      False      False     False
2    False      True       False     False
3    False      False      False     False
4    False      False      True      True
5    False      False      False     False
6    False      False      False     False
```

上述示例中,使用isnull()方法,缺失值返回True;非缺失值返回False;而notnull()方法正好相反。

2. 处理缺失值

处理缺失数据一般有3种方法:忽略缺失值、删除缺失值和填充缺失值。

(1)当样本数据量很大时,可以忽略缺失值,即不对缺失值做任何处理。

(2)删除缺失值是指删除包含缺失值的整行或整列数据。如果样本数据充足,则可以采用这种处理方式。

(3)在实际应用中,还可以采用填充缺失值的处理方式,例如使用经验值、均值、中位数、众数、机器学习的预测结果或者其他业务数据集中的数据来填充缺失值。

可以使用DataFrame对象的dropna()方法删除缺失值。

dropna()方法的语法结构如下。

```
dropna(axis, how, thresh, subset, inplace)
```

功能：删除空值所在的行或列。

参数说明如下。

- axis：删除操作的轴向。默认 axis 为 0，表示删除记录；axis 为 1 时，表示删除字段。
- how：根据空值数量执行删除操作。可以设置为 'any'（默认）或 'all'。
- inplace：是否原地删除。默认 inplace 为 False，表示返回一个新的 DataFrame 对象；inplace 为 True 时，表示原地执行删除操作。

【例 10-17】 删除"电器销售数据（有缺失值）.xlsx"中的缺失值。

实现代码如下。

```
import pandas as pd
pd.set_option('display.unicode.east_asian_width',True)
df=pd.read_excel(r'./电器销售数据（有缺失值）.xlsx',sheet_name='Sheet1')
print(df)
print(df.dropna())
```

运行结果如下。

```
    商品类别    北京总公司    广州分公司    上海分公司
0     计算机      21742.0         NaN      29511.0
1       电视     596919.0    280808.0     723844.0
2       空调          NaN    296226.0     574106.0
3       冰箱     289490.0    272676.0     155011.0
4     热水器     216593.0         NaN          NaN
5     洗衣机     183807.0    106152.0     169711.0
6       合计    1308551.0    955862.0    1652183.0
    商品类别    北京总公司    广州分公司    上海分公司
1       电视     596919.0    280808.0     723844.0
3       冰箱     289490.0    272676.0     155011.0
5     洗衣机     183807.0    106152.0     169711.0
6       合计    1308551.0    955862.0    1652183.0
```

由上述运行结果来看，所有包含空值或缺失值的行已经被删除了。

还可以使用赋值操作或 DataFrame 对象的 fillna()方法填充缺失值。

fillna()方法的语法结构如下。

```
fillna(value, method, axis, inplace, limit)
```

参数说明如下。

- value：用于填充的值，可以是标量或字典、Series、DataFrame 类型的数据。
- method：填充方式。默认，使用 value 值填充。Method='pad'或 method='ffill'，表示使用前一个有效值填充缺失值；method='backfill'或 method='bfill'，表示使用缺失值后的第一个有效值填充前面的所有连续缺失值。
- axis：填充操作的轴向。
- inplace：是否原地操作。默认 inplace=False，返回一个新的 DataFrame 对象。
- limit：如果设置了参数 method，则指定最多填充多少个连续的缺失值。

【例 10-18】 用 0 填充"电器销售数据（有缺失值）.xlsx"中的缺失值。

实现代码如下。

```
import pandas as pd
pd.set_option('display.unicode.east_asian_width',True)
df=pd.read_excel(r'./电器销售数据 (有缺失值).xlsx',sheet_name='Sheet1')
print(df)
print(df.fillna(0))
```

运行结果如下。

```
     商品类别    北京总公司    广州分公司    上海分公司
0    计算机      21742.0        NaN      29511.0
1      电视     596919.0   280808.0     723844.0
2      空调          NaN   296226.0     574106.0
3      冰箱     289490.0   272676.0     155011.0
4    热水器     216593.0        NaN          NaN
5    洗衣机     183807.0   106152.0     169711.0
6      合计    1308551.0   955862.0    1652183.0
     商品类别    北京总公司    广州分公司    上海分公司
0    计算机      21742.0        0.0      29511.0
1      电视     596919.0   280808.0     723844.0
2      空调          0.0   296226.0     574106.0
3      冰箱     289490.0   272676.0     155011.0
4    热水器     216593.0        0.0          0.0
5    洗衣机     183807.0   106152.0     169711.0
6      合计    1308551.0   955862.0    1652183.0
```

通过比较两次的输出结果可知，当使用任意一个有效值替换空值或缺失值时，对象中所有的空值或缺失值都将会被替换。

如果希望填充不一样的内容，例如，"北京总公司"列缺失的数据使用数字"0"进行填充，而"广州分公司"列缺失的数据使用数字"1"来填充，那么调用 fillna()方法时传入一个字典给 value 参数，其中字典的键为列标签，字典的值为待替换的值，实现对指定列的缺失值进行替换。具体示例代码：

```
df.fillna({'北京总公司':0,'广州分公司':1})
```

如果希望使用相邻的数据来替换缺失值，例如，按从前往后的顺序填充缺失的数据，也就是说在当前列中使用位于缺失值前面的数据进行替换。

调用fillna()方法时将“ffill”传入给method参数具体示例代码：

```
df.fillna(method='ffill')
```

10.4.2 异常值处理

异常值是指样本中的个别值，其数值明显偏离其余的观测值。异常值也称为离群点，异常值的分析也称为离群点的分析。在数据分析中，需要对数据集进行异常值剔除或者修正，以便后续更好地进行信息挖掘。如人的体温大于100℃、身高大于5m、学生总数量为负数等类似数据。

1. 查找异常值

异常值的查找主要有以下三种方法。

(1) 根据给定的数据范围进行判断，不在范围内的数据视为异常值。该方法比较简单。

(2) 均方差，即标准差(记作σ)。在统计学中，如果一个数据分布近似正态分布，那么大约68%的数据值都会在均值的一个标准差(1δ)范围内，大约95%的数据值会在两个标准差(2δ)范围内，大约99.7%的数据值会在三个标准差(3δ)范围内。

(3) 箱形图，箱形图是显示一组数据分散情况资料的统计图。它可以将数据通过四分位数的形式进行图形化描述，箱形图以上限和下限作为数据分布的边界。任何高于上限或低于下限的数据都可以认为是异常值。

2. 处理异常值

检测出异常值后，通常会采用如下4种方式处理这些异常值。

(1) 直接将含有异常值的记录删除。

(2) 用具体的值来进行替换，可用前后两个观测值的平均值修正该异常值。

(3) 不处理，直接在具有异常值的数据集上进行统计分析。

(4) 视为缺失值，利用缺失值的处理方法修正该异常值。

异常数据被检测出来之后，需要进一步确认它们是否为真正的异常值，等确认完以后再决定选用哪种方法进行解决。如果希望对异常值进行修改，则可以使用Pandas中replace()方法进行替换，该方法不仅可以对单个数据进行替换，也可以多个数据执行批量替换操作。

replace()方法的语法格式如下。

```
replace(to_replace = None, value = None, inplace = False, limit = None, regex =
False, method = 'pad' )
```

参数说明如下。

- to_replace：表示查找被替换值的方式。
- value：用来替换任何匹配 to_replace 的值，默认为 None。
- limit：表示前向或后向填充的最大尺寸间隙。
- regex：接收布尔值或与 to_replace 相同的类型，默认为 False，表示是否将 to_replace 和 value 解释为正则表达式。
- method：替换时使用的方法，pad/ffill 表示用前一个非缺失值填充该缺失值，即向前填充，bfill 表示用下一个非缺失值填充该缺失值，即向后填充。

【例 10-19】 利用 replace()方法替换某学生成绩的异常值。

实现代码如下。

```
import pandas as pd
df = pd.DataFrame ({'姓名': ['申凡', '石英', '史伯', '王骏'],
                    '成绩': [98, 85, 765,88]})
new_df = df.replace(to_replace=765,value=76.5)
print(new_df)
```

运行结果如下。

```
   姓名    成绩
0  申凡  98.0
1  石英  85.0
2  史伯  76.5
3  王骏  88.0
```

10.4.3 重复值处理

重复值是指不同记录在同一个字段上有相同的取值。通常，把数据集中所有字段值都相同的记录，视为重复记录。重复值处理主要是查找并删除这些重复的记录。

Pandas 提供了两个方法专门用来处理数据中的重复值，分别为 duplicated()和 drop_duplicates()方法。

其中，前者用于标记是否有重复值，后者用于删除重复值，它们的判断标准是一样的，即只要两条数据中所有条目的值完全相等，就判断为重复值。

1. 查找重复值

使用 DataFrame 对象的 duplicated()方法可以检测重复值。

duplicated()方法的语法结构如下。

```
duplicated(subset, keep)
```

功能：按照指定的方式判断数据集中是否存在相同的记录，结果返回布尔值。

参数说明如下。

- subset：根据哪些列来判断存在重复的记录。默认情况下，所有字段值都相同的记录为重复记录。
- keep：如何标记重复值。默认 keep 为'first'时，将除第一次出现的重复数据标记为 True；keep 为'last'，将除最后一次出现的重复数据标记为 True；keep 为 False 时，将所有重复数据都标记为 True。

2. 处理重复值

对于不需要的重复记录，可以使用 DataFrame 对象的 drop_duplicates()方法将其删除。drop_duplicates()方法的语法结构如下。

```
drop_duplicates(subset=None, keep='first', inplace=False, ignore_index=
False)
```

参数说明如下。

- subset：默认为 None，去除重复项时要考虑的标签，当 subset=None 时所有标签都相同才认为是重复项
- keep 决定要保留的重复记录。可以取的值有{'first', 'last', False}，默认 keep='first'，在重复的记录中，保留第一次出现的记录，其他的均删除；keep 为'last'时，在重复的记录中，保留最后一次出现的记录，其他的均删除；keep 为 False 时，删除所有重复记录。
- inplace：布尔类型，默认为 False。
  - inplace=False 时返回去除重复项后的 DataFrame，原来的 DataFrame 不改变。
  - inplace=True 时返回空值，原来 DataFrame 被改变。
- ignore_index：布尔类型，默认为 False。
  - ignore_index=False 时，丢弃重复值之后的 DataFrame 的 index 不改变
  - ignore_index=True 时，丢弃重复值之后的 DataFrame 的 index 重新变为 0，1，…，n−1。

【例 10-20】 构建一个学生信息的 DataFrame 对象，判断是否有重复，并将重复数据删除。

实现代码如下。

```
import pandas as pd
student_info = pd.DataFrame({'id': [1, 2, 3, 4, 4, 5],
                    'name': ['申凡', '石英', '史伯', '王骏', '王骏', '朱元'],
                    'age': [18, 18, 19, 38, 38, 16],
                    'height': [160, 160, 185, 175, 175, 178],
                    'gender': ['女', '女', '男', '男', '男', '男']})
print(student_info.duplicated())
print(student_info.drop_duplicates())
```

运行结果如下。

```
0    False
1    False
2    False
3    False
4     True
5    False
dtype: bool
   id name  age  height gender
0   1  申凡  18     160      女
1   2  石英  18     160      女
2   3  史伯  19     185      男
3   4  王骏  38     175      男
5   5  朱元  16     178      男
```

从输出结果看出，name 列中的值为“王骏”的数据只出现了一次，重复的数据已经被删除了。

注意：删除重复值是为了保证数据的正确性和可用性，为后期对数据的分析提供了高质量的数据。

使用 drop_duplicates()方法去除指定列的重复数据的语法格式如下。

```
drop_duplicates(['列名'])
```

10.4.4 其他处理

根据数据分析的结果对缺失值、异常值和重复值进行处理后。可能会遇到数据类型不一致的问题。例如，通过爬虫采集到的数据都是整型的数据，在使用数据时希望保留两位小数点，这时就需要将数据的类型转换成浮点型。针对这种问题，既可以在创建 Pandas 对象时明确指定数据的类型，也可以使用 astype()方法和 to_numberic()函数进行转换。

1. 数据类型转换

通过 astype()方法可以强制转换数据的类型，其语法格式如下。

```
astype(dtype,copy = True,errors ='raise',** kwargs )
```

参数说明如下。

- dtype：表示数据类型。
- copy：是否建立副本，默认为 True。
- errors：错误时采取的处理方式，可以取值为 raise 或 ignore，默认为 raise。其中，raise 表示允许引发异常，ignore 表示抑制异常。

【例 10-21】 通过 astype()方法来强制转换数据的类型。

实现代码如下。

```
import pandas as pd
df = pd.DataFrame ({'姓名': ['申凡', '石英', '史伯', '王骏'],
                    '成绩': [98, 85, 76.5,88]})
print(df['成绩'].astype(dtype='int'))
```

运行结果如下。

```
0    98
1    85
2    76
3    88
Name: 成绩, dtype: int64
```

需要注意的是,这里并没有将所有列进行类型转换。如果有非数字类型的字符,无法将其转换为 int 类型,若强制转换会出现 ValueError 异常。

astype()方法虽然可以转换数据的类型,但是它存在着一些局限性,只要待转换的数据中存在数字以外的字符,在使用 astype()方法进行类型转换时就会出现错误,而 to_numeric()函数的出现正好解决了这个问题。

to_numeric()函数可以将传入的参数转换为数值类型,语法结构如下。

```
pandas.to_numeric(arg, errors='raise', downcast=None)
```

参数说明如下。

- arg:表示要转换的数据,可以是 list、tuple、Series。
- errors:错误采取的处理方式。

【例 10-22】 将只包含数字的字符串转换为数字类型。

实现代码如下。

```
import pandas as pd
df = pd.DataFrame ({'姓名': ['申凡', '石英', '史伯', '王骏'],
                    '成绩': ['98', '85','76.5','88']})
print(df['成绩'])
#转换 object 类型为 float 类型
print(pd.to_numeric(df['成绩'],errors='raise'))
```

运行结果如下。

```
0      98
1      85
2    76.5
```

```
3      88
Name: 成绩, dtype: object
0    98.0
1    85.0
2    76.5
3    88.0
Name: 成绩, dtype: float64
```

注意：to_numeric()函数是不能直接操作DataFrame对象的。

2. 字段拆分与抽取

字段抽取是指从一个字段中提取部分信息，并构成一个新字段。字段截取语法结构如下。

```
slice(start,stop)
```

注意：与数据结构的访问方式一样，开始位置是大于等于，结束位置是小于。

【例10-23】 利用slice()方法抽取字段数据，将手机号码分开为运营商、地区和号码段。

实现代码如下。

```
import pandas as pd
df = pd.read_csv(r'./telinfo.csv')
#若电话号码为数值型,需要利用astype()先转换为字符型
df['tel'] = df['tel'].astype(str)
#运营商
bands = df['tel'].str.slice(0, 3)
#地区
areas = df['tel'].str.slice(3, 7)
#号码段
nums = df['tel'].str.slice(7, 11)
#赋值回去
df['bands'] = bands
df['areas'] = areas
df['nums'] = nums
print(df)
```

运行结果如下。

```
           tel bands areas  nums
0  13910004812   139  1000  4812
1  13310005003   133  1000  5003
2  13510009938   135  1000  9938
```

```
3  18610006753  186  1000  6753
4  18810003721  188  1000  3721
5  13610009313  136  1000  9313
6  13910004373  139  1000  4373
```

字段拆分是指将一个字段分解为多个字段,类似于 Excel 中的分列功能。例如,将用“省市县”表示的“地址”字段拆分为“省”“市”“县”3 个字段。字符分割语法结构如下。

```
split(sep,n,expand=False)
```

参数说明如下。

- sep:用于分割的字符串。
- n:分割为多少列(不分割 n 为 0,分割为两列 n 为 1,以此类推)。
- expand:是否展开为数据框,默认为 False,一般都设置为 True。

返回值:

- 如果 expand 为 True,则返回 DataFrame。
- 如果 expand 为 False,则返回 Series。

【例 10-24】 将 name 列拆分为 brand 和 name 两列。

实现代码如下。

```
import pandas as pd
df = pd.read_csv(r'./brandnameinfo.csv')
new_df = df['name'].str.split(' ', 1, True)
new_df.columns = ['band', 'name']
print(new_df)
```

运行结果如下。

```
  band                                    name
戴尔(DELL)  旗舰店游匣 G15-5515 锐龙 15.6 英寸游戏高端性能电竞笔记本电脑
荣耀 50   Pro 1 亿像素超清影像 5G 6.72 英寸超曲屏 100W 超级快充 前置视频双摄
联想 ThinkPad  P15V 移动工作站 轻薄居家办公网课设计 15.6 英寸 P620 笔记本电脑
华为笔记本电脑 MateBook  D 14 SE 版 14 英寸 11 代酷睿 i5 锐炬显卡 8GB+512GB
Apple  MacBook Air 13.3 八核 M1 芯片(7 核图形处理器) 8GB 256GB SSD
```

10.5 数据分析方法

数据分析方法是以目的为导向的,通过目的选择数据分析的方法。

10.5.1 基本统计分析

基本统计分析又叫描述性统计分析,是指运用制表和分类、图形以及计算概括性数据来描述数据特征的各项活动。描述性统计分析要对调查总体中所有变量的有关数据进行统计性描述，主要包括数据的频数分析、集中趋势分析、离散程度分析、分布以及一些基本的统计图形。

数据的中心位置是我们最容易想到的数据特征。借由中心位置，我们可以知道数据的一个平均情况，如果要对新数据进行预测，那么平均情况是非常直观的选择。数据的中心位置可分为均值(Mean)、中位数(Median)和众数(Mode)。其中均值和中位数用于定量的数据，众数用于定性的数据。对于定量数据(Data)来说，均值是总和除以总量N，中位数是数值大小位于中间(奇偶总量处理不同)的值，均值相对中位数来说，包含的信息量更大，但是容易受异常的影响。

利用DataFrame对象的describe()方法可以查看DataFrame中各个数值型字段的最小值、最值、均值、标准差等统计信息。此外，Pandas还提供了其他常用的描述统计方法，如表10-5所示。

表10-5 常用的描述统计方法

方法	含义	方法	含义
min()	最小值	max()	最大值
mean()	均值	sum()	求和
median()	中位数	count()	非空值数目
mode()	众数	ptp()	极差
var()	方差	std()	标准差
quantile()	四分位数	cov()	协方差
skew()	样本偏度	kurt()	样本峰度
sem()	标准误差	mad()	平均绝对离差
describe()	描述统计	value_counts()	频数统计

describe()方法的语法格式如下。

```
describe(percentiles=None, include=None, exclude=None)
```

参数说明如下。

- percentiles：输出中包含的百分数，位于[0,1]之间。如果不设置该参数，则默认为[0.25,0.5,0.75]，返回25%、50%、75%分位数。
- include、exclude：指定返回结果的形式。

【例10-25】 读取“./大数据211班成绩表.xlsx”的10位同学4门课成绩，进行统计描述。

实现代码如下。

```
import pandas as pd
df = pd.read_excel(r'./大数据 211 班成绩表.xlsx').head(10)
```

```
df_new = df.iloc[:,0:6]
#解决数据输出时列名不对齐的问题
pd.set_option('display.unicode.ambiguous_as_wide',True)
pd.set_option('display.unicode.east_asian_width', True)
df_obj = df_new.describe()
print(df_obj)
```

运行结果如下。

```
Python    程序设计      数据库       数据结构     数据处理
count     10.000000    10.000000    10.000000    10.000000
mean      80.900000    84.400000    46.700000    88.000000
std       16.079317    12.020353    29.911165     9.977753
min       54.000000    64.000000     2.000000    66.000000
25%       70.250000    75.250000    30.750000    83.250000
50%       81.000000    85.000000    39.500000    91.000000
75%       96.000000    94.250000    65.250000    94.500000
max       98.000000   100.000000   100.000000    98.000000
```

10.5.2 分组分析

分组分析是指根据分组字段将分析对象划分成不同的组，以对比分析各组之间差异性的一种分析方法。常用的统计指标有计数、求和、平均值。

在 Pandas 中，groupby()函数用于将数据集按照某些标准(按照一列或多列)划分成若干个组，一般与计算函数结合使用，实现数据的分组统计，该方法的语法格式如下。

```
groupby(by=None, axis=0, level=None, as_index=True, sort=True,group_keys=
True, squeeze=False, observed=False, **kwargs)
```

参数说明如下。

- by：用于确定进行分组的依据。对于参数 by，如果传入的是一个函数，则对索引进行计算并分组；如果传入的是字典或 Series，则用字典或 Series 的值作为分组依据；如果传入的是 NumPy 数组，则用数据元素作为分组依据；如果传入的是字符串或字符串列表，则用这些字符串所代表的字段作为分组依据。
- axis：表示分组轴的方向，可以为 0(表示按行)或 1(表示按列)，默认为 0。
- level：如果某个轴是一个 Multilndex 对象(索引层次结构)，则会按特定级别或多个级别分组。
- as_index：表示聚合后的数据是否以组标签作为索引的 DataFrame 对象输出，接收布尔值，默认为 True。
- sort：表示是否对分组标签进行排序，接收布尔值，默认为 True。

数据分组后返回数据的数据类型，它不再是一个数据框，而是一个 Groupby 对象。可以调用 Groupby 对象的方法，如 size()方法，返回一个含有分组大小的 Series，或是 mean()方法，返回每个分组数据的均值。

1. 按照一列(列名)分组统计

在 Pandas 对象中，如果它的某一列数据满足不同的划分标准，则可以将该列当作分组键来拆分数据集。DataFrame 数据的列索引名可以作为分组键，但需要注意的是，用于分组的对象必须是 DataFrame 数据本身，否则会因搜索不到索引名称而报错。

【例 10-26】 读取“./电器销售数据.xlsx”数据，按照“商品类别”分组统计销量和销售额。

实现代码如下。

```
import pandas as pd
#设置数据显示的列数和宽度
pd.set_option('display.max_columns',100)
pd.set_option('display.width',1000)
#解决数据输出时列名不对齐问题
pd.set_option('display.unicode.east_asian_width',True)
df = pd.read_excel(r'./电器销售数据.xlsx',sheet_name='Sheet1')
#抽取数据
df_new = df[['商品类别','销量','销售额']]
#分组统计求和
print(df_new.groupby(by=['商品类别']).sum())
```

运行结果如下。

```
商品类别    销量          销售额
冰箱        1142     1970850.00
洗衣机      1703     1351470.00
热水器      1597     2597186.00
电视        1215     3662101.00
空调        1171     2780335.00
计算机      3496    18242811.05
```

2. 按照多列分组统计

分组键还可以是长度与 DataFrame 行数相同的列表或元组，相当于将列表或元组看作 DataFrame 的一列，然后将其分组。

【例 10-27】 读取“./电器销售数据.xlsx”数据，按照“销售渠道”“商品类别”(一级分类、二级分类)分组统计销量和销售额。

实现代码如下。

```
import pandas as pd
```

```
#设置数据显示的列数和宽度
pd.set_option('display.max_columns',100)
pd.set_option('display.width',1000)
#解决数据输出时列名不对齐问题
pd.set_option('display.unicode.east_asian_width',True)
df = pd.read_excel(r'./电器销售数据.xlsx',sheet_name='Sheet1')
#抽取数据
df_new = df[['销售渠道','商品类别','销量','销售额']]
#分组统计求和
print(df_new.groupby(by=['销售渠道','商品类别']).sum())
```

运行结果如下。

```
销售渠道    商品类别
实体店      冰箱        1142      1970850.00
            洗衣机        81       104875.00
            热水器      1015      1709759.00
            电视        1215      3662101.00
            空调        1171      2780335.00
            计算机      1079      5139157.32
网店        洗衣机      1622      1246595.00
            热水器       582       887427.00
            计算机      2417     13103653.73
```

groupby()可将列名直接当作分组对象，分组中，数值列会被聚合，非数值列会从结果中排除，当 by 不止一个分组对象(列名)时，需要使用列表。

3. 分组并按照指定列进行数据计算

对上述示例按照“商品类别”(二级分类)进行汇总，关键代码如下。

```
df_new.groupby('商品类别')['销量'].sum()
```

4. 对分组数据进行迭代处理

通过 for 循环对分组统计数据进行迭代(遍历分组数据)。

按照“销售渠道”(一级分类)分组，并输出每一类商品的销量和销售额，关键代码如下。

```
for source,type in df_new.groupby('销售渠道'):
    print(source)
    print(type)
```

10.5.3　分布分析

分布分析是指根据分析的目的，将数据(定量数据)进行等距或不等距的分组，研究各组分布规律的一种分析方法。

【例 10-28】 利用分布分析方法,对成绩进行分段分析。

实现代码如下。

```
import pandas as pd
import numpy as np
#设置数据显示的列数和宽度
pd.set_option('display.max_columns',100)
pd.set_option('display.width',1000)
#解决数据输出时列名不对齐问题
pd.set_option('display.unicode.east_asian_width',True)
df = pd.read_excel(r'./大数据 211 班成绩表.xlsx').head(10)
#计算每个学生的总成绩
df['总成绩'] = df.Python 程序设计+df.数据库+df.数据结构+df.数据处理+df.数据可视
化+df.军训+df.体育
#查看总成绩的统计描述,df['总成绩']为 object 需要转换
print("查看总成绩的统计描述:\n",df['总成绩'].astype(float).describe())
#将总成绩离散化,根据四分位数分为四段
bins = [min(df['总成绩'])-1,498,568,595,max(df['总成绩'])+1]
#给三段数据贴标签
labels = ['498 及其以下','498 到 568','568 到 595','595 及其以上']
#总分层
df['总分层'] = pd.cut(df.总成绩,bins,labels=labels)
df_new = df.groupby(by=['总分层']).agg({'总成绩':np.size}).rename(columns=
{'总成绩':'人数'})
print(df_new)
```

运行结果如下。

```
查看总成绩的统计描述:
count      10.000000
mean      551.600000
std        64.534573
min       452.000000
25%       498.500000
50%       568.000000
75%       595.750000
max       655.000000
Name: 总成绩, dtype: float64
总分层          人数
498 及其以下      3
498 到 568       3
468 到 595       1
595 及其以上      3
```

10.5.4 交叉分析

交叉分析通常用于分析两个或两个以上分组变量之间的关系，以交叉表形式进行变量间关系的对比分析。一般分为定量与定量分组交叉、定量与定性分组交叉、定性与定型分组交叉。

数据交叉分析函数 pivot_table()语法格式如下。

```
pivot_table (values, index, columns, aggfunc, fill_value)
```

参数说明如下。

- values：数据透视表中的值。
- index：数据透视表中的行。
- columns：数据透视表中的列。
- aggfunc：统计函数。
- fill_value：NA(不可用)值的统一替换。

返回值：数据透视表的结果。

使用 DataFrame 对象的 pivot_table()方法可以实现数据透视表功能。数据透视表是对 DataFrame 中的数据进行快速分类汇总的一种分析方法，可以根据一个多个字段，在行和列的方向对数据进行分组聚合，以多种不同的方式灵活地展示数据的特征，从不同角度对数据进行分析。

若要使用数据透视表功能，则 DataFrame 必须是长表形式，即每列都是不同属性的数据项。

【例 10-29】 利用 pivot_table()方法制作数据透视表，分析每周各商品的订购总金额。

实现代码如下。

```
df  =  pd.read_excel (r './ order.xlsx ' )
#解决数据输出时列名与数据不对齐的问题
pd.set_option('display.unicode.east_asian_width',True)
df_p = df.pivot_table(values='金额', index='周次', columns='商品名称',
         aggfunc='sum', margins=True)
print(df_p)
```

运行结果如下。

```
商品名称        T恤     休闲鞋        卫衣       围巾     运动服        All
周次
5         16963.24   7435.8   55123.55   3429.00   38850.0  121801.59
6         44898.63  18297.9   45534.91   1979.64   38671.5  149382.58
7         25708.06   5670.0     379.50   7666.92   21168.0   60592.48
8              NaN  58376.7     126.50   6767.28   21325.5   86595.98
All       87569.93  89780.4  101164.46  19842.84  120015.0  418372.63
```

默认对所有的数据列进行透视，非数值列自动删除，也可选取部分列进行透视。

10.5.5 结构分析

结构分析是在分组以及交叉的基础上，计算各组成部分所占的比重进而分析总体的内部特征的一种分析方法。

这个分组主要是指定性分组，定性分组一般看结构，它的重点在于占总体的比重。

【例 10-30】 对“大数据班成绩表.xlsx”中的数据按照班级，查看男女生各占多少。

实现代码如下。

```
import pandas as pd
import numpy as np
df = pd.read_excel('./大数据班成绩表.xlsx')
df_pt = df.pivot_table(values=['学号'],index=['班级'],
        columns=['性别'],aggfunc=[np.count_nonzero])
print(df_pt)
new_df = df_pt.div(df_pt.sum(axis=1),axis=0)
print(new_df)
new_df = df_pt.div(df_pt.sum(axis=0),axis=1)
print(new_df))
```

运行结果如下。

```
       count_nonzero
               学号
性别             女   男
班级
大数据 01         2   8
大数据 02         1  10
大数据 03         3   7
       count_nonzero
               学号
性别             女         男
班级
大数据 01    0.200000  0.800000
大数据 02    0.090909  0.909091
大数据 03    0.300000  0.700000
       count_nonzero
               学号
性别             女      男
班级
大数据 01    0.333333  0.32
大数据 02    0.166667  0.40
大数据 03    0.500000  0.28
```

10.5.6 相关分析

相关分析研究现象之间是否存在某种依存关系，并对具体有依存关系的现象探讨其相关方向以及相关程度，是研究随机变量之间的相关关系的一种统计方法。

判断两个变量是否具有线性相关关系的最简单方法是直接绘制散点图，看变量之间是否符合某个变化规律。当需要同时考察多个变量间的相关关系时，一一绘制它们间的简单散点图是比较麻烦的。此时可以利用散点矩阵图同时绘制各变量间的散点图，从而快速发现多个变量间的主要相关性，这在进行多元回归时显得尤为重要。

为了更加准确地描述变量之间的线性相关程度，通过计算相关系数来进行相关分析，在二元变量的相关分析过程中，比较常用的有 Pearson 相关系数、Spearman 秩相关系数和判定系数。Pearson 相关系数一般用于分析两个连续品变量之间的关系，要求连续变量的取值服从正态分布。不服从正态分布的变量、分类或等级变量之间的关联性可采用 Spearman 秩相关系数(也称等级相关系数)来描述。相关系数可以用来描述定量变量之间的关系。相关系数与相关程度如表 10-6 所示。

表 10-6 相关系数与相关程度的关系

关系数 $\|r\|$ 取值范围	相关程度
$0\leqslant\|r\|<0.3$	低度相关
$0.3\leqslant\|r\|<0.8$	中度相关
$0.8\leqslant\|r\|\leqslant1$	高度相关

相关分析函数如下：

```
DataFrame.corr()
Series.corr (other)
```

如果由 DataFrame 调用 corr()方法，那么将会计算每列两两之间的相似度。如果由序列调用 corr()方法，那么只计算该序列与传入的序列之间的相关度。

返回值：DataFrame 调用，返回 DataFrame；Series 调用，返回一个数值型，大小为相关度。

【例 10-31】 利用相关分析函数，计算“农产品产量与降雨量.xlsx”数据集中“亩产量(kg)”和“年降雨量(mm)”的相关系数。

实现代码如下。

```
import pandas as pd
df = pd.read_excel('./农产品产量与降雨量.xlsx')
df['亩产量(kg)'].corr(df['年降雨量(mm)'])
```

运行结果如下。

```
0.9999974941310077
```

从运行结果来看,“亩产量(kg)”和“年降雨量(mm)”之间属于高度相关。

10.6 DataFrame对象的合并与连接

10.6.1 DataFrame对象的合并

DataFrame对象的合并是指两个DataFrame对象在纵向或横向进行堆叠,合并为一个DataFrame对象。

使用Pandas中的concat()函数可以完成DataFrame对象的合并操作。语法结构如下。

```
concat(objs, axis, ignore_index)
```

参数说明如下。

- objs:要合并的对象,是包含多个Series或DataFrame对象的序列。
- axis:沿哪个轴合并。默认axis为0,表示合并记录;axis为1,表示合并字段。
- ignore_index:是否忽略原索引,按新的DataFrame对象重新组织索引。默认为False。

concat()函数中的其他参数选项及其作用可查阅相关帮助文档。

【例10-32】 合并两份订单记录(order_1.xlsx和order_2.xlsx),按新DataFrame对象重新组织索引,并保存合并后的数据(order.xlsx)。

实现代码如下。

```
df_1 = pd.read_excel(r'./order_1.xlsx')
df_2 = pd.read_excel(r'./order_2.xlsx')
print(df_1.shape)
print(df_2.shape)
df = pd.concat([df_1, df_2], ignore_index=True)
print(df.shape)
df.to_excel(r'./order.xlsx', index=False)
```

运行结果如下。

```
(150, 7)
(165, 7)
(315, 7)
```

10.6.2 DataFrame对象的连接

进行数据分析时,如果需要同时从两个DataFrame对象中查询相关数据,则可以使

用 Pandas 中的 merge()函数将两个 DataFrame 对象连接在一起。语法结构如下。

```
merge(left, right, how, on, left_on, right_on, suffixes)
```

参数说明如下。

- left、right：要连接的两个 DataFrame 对象。
- how：两个 DataFrame 对象中的记录如何连接在一起，有多个选项。默认 how='inner'，表示将连接字段值相同的记录连接在一起。
- on：连接字段。如果没有指定连接字段，默认会根据两个 DataFrame 对象的同名字段进行连接；如果不存在同名字段，则报错。
- left_on、right_on：当两个 DataFrame 对象中存在语义相同但名称不同的字段时，使用这两个参数分别指定连接字段。
- suffixes：两个 DataFrame 对象中同名字段的后缀。默认 suffixes=('_x', '_y')。

merge()函数中的其他参数选项及其作用可查阅相关帮助文档。

【例 10-33】 根据 order.xlsx，统计每种商品的订购总数量，然后再将统计结果中的记录与 goods.csv 中的记录进行连接查询，以便能够同时查看每种商品的订购信息和商品的详细信息。

实现代码如下。

```
import pandas as pd
#解决数据输出时列名与数据不对齐的问题
pd.set_option('display.unicode.east_asian_width',True)
df = pd.read_excel(r'./order.xlsx')
df_sum = df.groupby('商品名称').agg({'数量': 'sum'}).reset_index()
df_sum.columns = ['商品名称', '订购总数量']
print("商品订购总量:\n",df_sum)
df_goods = pd.read_csv(r'./goods.csv',encoding='gbk')
print("商品信息:\n",df_goods)
new_df = pd.merge(df_sum,df_goods,on='商品名称')
print("商品订购总量与商品详细信息:\n",new_df)
```

运行结果如下。

```
商品订购总量:
   商品名称  订购总数量
0      T恤       1460
1    休闲鞋        598
2      卫衣        872
3      围巾       1019
4    运动服        633
商品信息:
```

```
     商品名称  进价  产地  库存   销售价
0      围巾   15  江苏   50   21.6
1     运动服  130  北京   20  210.0
2      T恤   38  上海  125   65.8
3      卫衣   90  广东   62  126.5
4     休闲鞋  110  广东  210  162.0
5     运动鞋  152  福建   48  237.0
6     太阳帽   11  浙江   10   22.0
商品订购总量与商品详细信息:
     商品名称  订购总数量  进价  产地  库存   销售价
0      T恤     1460   38  上海  125   65.8
1     休闲鞋      598  110  广东  210  162.0
2      卫衣      872   90  广东   62  126.5
3      围巾     1019   15  江苏   50   21.6
4     运动服      633  130  北京   20  210.0
```

本章小结

(1) Pandas 有两个主要的数据结构对象：Series 和 DataFrame 对象。

(2) 数据分析是为了提取有用信息和形成结论，而有针对性地收集、加工、整理数据，并采用统计方法或数据挖掘技术分析和解释数据的过程。

(3) 进行数据分析时通常通过导入 Excel、CSV、TXT 等格式的数据文件创建 DataFrame 对象。

(4) Pandas 提供了强大的数据预处理功能，介绍了查找和处理缺失值、异常值、重复值以及对原始数据进行加工提取新特征的基本方法。

(5) Pandas 提供了常用的数据分析方法：分组分析、分布分析、交叉分析、结构分析以及相关分析等。

(6) DataFrame 对象的合并是指两个 DataFrame 对象在纵向或横向进行堆叠，合并为一个 DataFrame 对象。如果需要同时从两个 DataFrame 对象中查询相关数据，则可以使用 Pandas 中的 merge()函数将两个 DataFrame 对象连接在一起。

思考与练习

1. Pandas 中有哪两种主要的数据结构对象？各有什么特点？

2. 请简述数据分析的基本流程。

3. 请简述数据预处理方式都有哪些？

4. 完成创建学生消费支出信息的数据集，并对该数据集进行增、删、改、查的操作。

(1) 创建一个包含有 5 位学生的姓名、性别、年龄和月消费支出的数据集，该数据集中的数据可以自拟。

(2) 选择数据集中月消费支出列的数据。

(3) 增加一位学生的消费支出信息，数据为(孟欣怡，女，18，1500)。

(4) 将姓名为“李光”的学生月消费支出修改为1000。

(5) 删除第2位学生的数据。

(6) 筛选出月学生消费支出大于2000元的学生的数据。

5. 在“商品销售.xls”文件中包含了用户ID、商品信息、单价、数量和电话等数据字段，现要求完成下列分类统计计算。

(1) 按品牌分类统计商品销售数量。

(2) 按商品种类分类统计商品销售数量。

(3) 按地区分类统计商品销售数量。

6. 在“商品销售.xls”文件中包含了用户ID、商品信息、单价、数量和电话等数据字段，现要求完成下列记录抽取。

(1) 筛选出单价在3000～5000元的商品。

(2) 筛选出商品信息为空的记录。

(3) 筛选出商品信息中含有“空调”文字的记录。

7. 导入Excel成绩表grade.xls中的grade表，完成以下操作。

(1) 查看该表前5行的缺失值，分别用常数0和字典填充缺失值，但不修改原数据。

(2) 分别指定不同的method参数，观察填充缺失值情况。

(3) 将normal属性的缺失值用中位数替换，exam属性的缺失值用均值替换。

(4) 用常数0填充缺失值，并修改原数据。

8. Pandas中常见的数据分析方法有哪些？各有什么特点？

第 11 章 Matplotlib 库与数据可视化

数据可视化通过对真实数据的采集、清洗、预处理、分析等过程建立数据模型，并最终将数据转换为各种图形，清晰而直观地呈现数据的特征、趋势或关系等，实现较好的视觉效果，辅助数据分析和展示数据分析的结果。

本章主要介绍使用 Matplotlib 库和 Pandas 库中用于绘制直方图、折线图、条形图、饼图、散点图、箱线图等基本图形的方法，并通过示例展示数据可视化的效果。

11.1 数据可视化概述

11.1.1 常见的数据可视化图表类型

数据可视化最常见的应用是一些统计图表，比如直方图、散点图、饼图等，这些图表作为统计学的工具，创建了一条快速了解数据集的途径，并成为令人信服的沟通手段，所以可以在大量的方案、新闻中见到这些统计图形。

接下来，我们来介绍一些数据分析中比较常见的图表。

1. 直方图

直方图，又称为质量分布图，它是一种统计报告图，由一系列高度不等的纵向条纹或线段表示数据分布的情况，一般用横轴表示数据的类型，纵轴表示分布情况。直方图示例如图 11-1 所示。

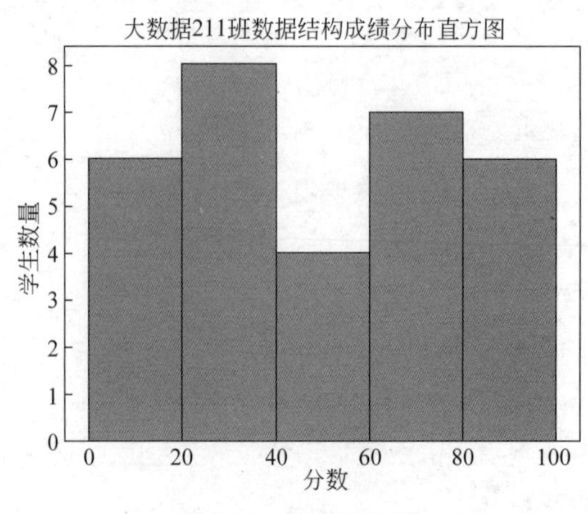

图 11-1 直方图示例

通过观察可以发现，直方图可以利用方块的高度来反映数据的差异。不过，直方图只适用于中小规模的数据集，不适用于大规模的数据集。

2. 折线图

折线图是用直线段将各数据点连接起来而组成的图形，以折线的方式显示数据的变化趋势。折线图可以显示随时间（根据常用比例设置）变化的连续数据，适用于显示在相等时间间隔下数据的趋势。折线图示例如图 11-2 所示。

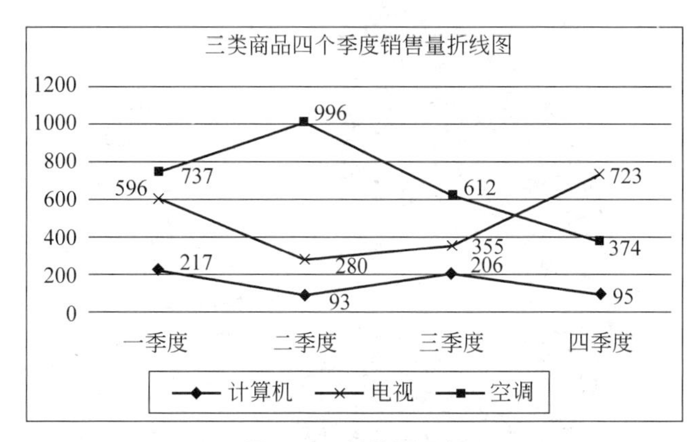

图 11-2 折线图示例

上述折线图中，分别用三条不同颜色的线段和标记，描述了每个季度计算机、电视、空调的销售数量。折线图很容易可以反映出数据变化的趋势，比如哪个季度销售的数量变多，哪个季度销售的数量变少，通过折线的倾斜程度都能一览无余。另外，多条折线对比还能看出哪种产品销售得比较好，更受欢迎。

3. 条形图

条形图是用宽度相同的条形的高度或者长短来表示数据多少的图形，可以横置或纵置，纵置时也称为柱形图。条形图示例如图 11-3 所示。

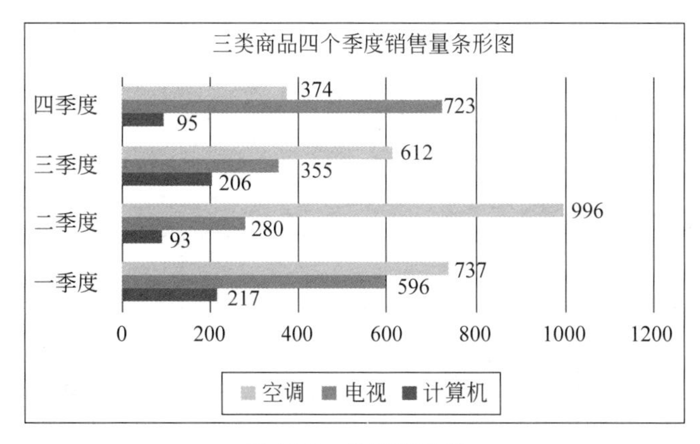

图 11-3 条形图示例

图 11-3 中，通过条形的长短，可以比较四个季度中这三种商品的销售情况。

4. 饼图

饼图可以显示一个数据序列(图表中绘制的相关数据点)中各项的大小与各项总和的比例,每个数据序列具有唯一的颜色或图形,并且与图例中的颜色是相对应的。饼图示例如图 11-4 所示。

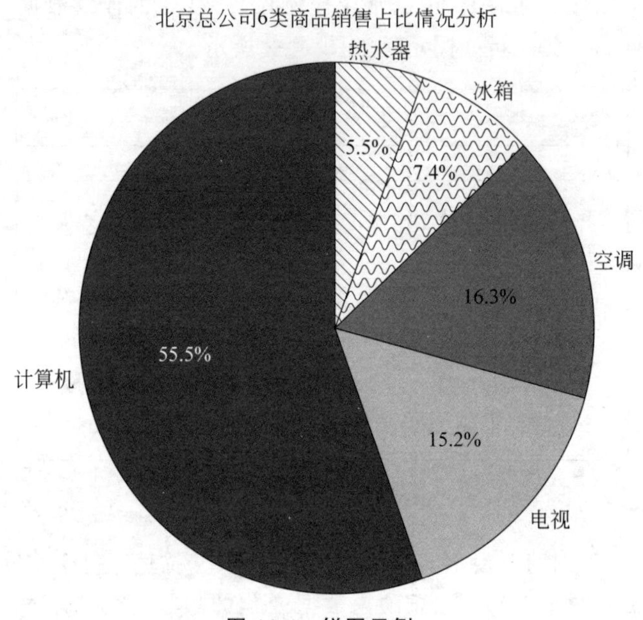

图 11-4　饼图示例

饼图中的数据点由圆环图的扇面表示,相同颜色的扇面是一个数据系列,并用所占的百分比进行标注。饼图可以很清晰地反映出各数据系列的百分比情况。

5. 散点图

在回归分析中,散点图是指数据点在直角坐标系平面上的分布图,通常用于比较跨类别的数据。散点图包含的数据点越多,比较的效果就会越好。散点图示例如图 11-5 所示。

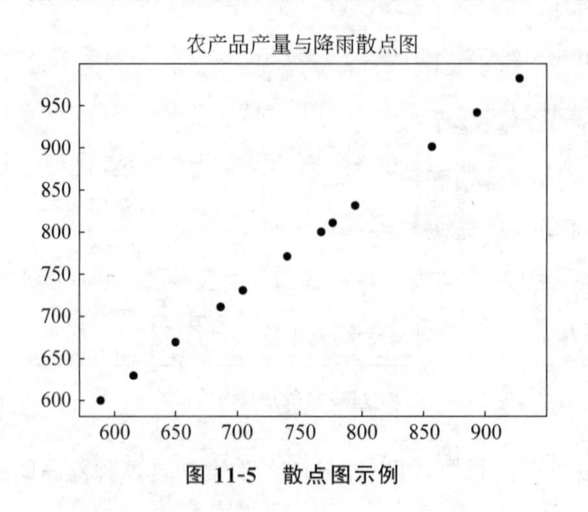

图 11-5　散点图示例

散点图中每个坐标点的位置是由变量的值决定的，用于表示因变量随自变量而变化的大致趋势，以判断两种变量的相关性(分为正相关、负相关、不相关)。例如，身高与体重、降雨量与产量等。

散点图适合显示若干数据序列中各数值之间的关系，以判断两变量之间是否存在某种关联。对于处理值的分布和数据点的分簇，散点图是非常理想的。

6. 箱形图

箱形图又称为盒须图、盒式图或箱线图，是一种用作显示一组数据分散情况的统计图，因形状如箱子而得名，在各种领域中也经常被使用，常见于品质管理。箱形图示例如图 11-6 所示。

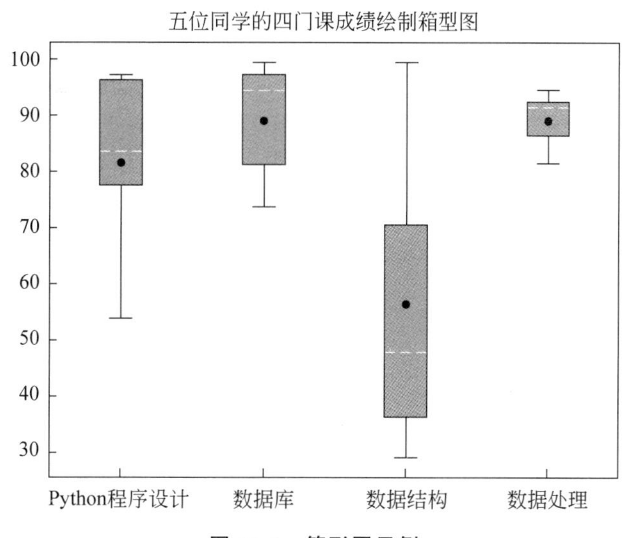

图 11-6 箱形图示例

箱形图包含了 6 个数据节点，会将一组数据按照从大到小的顺序排列，分别计算出它的上边缘、上四分位数、中位数、下四分位数、下边缘以及一个异常值。箱形图提供了一种只用 5 个点对数据集做简单总结的方式。

综上所述，上述几种常用的图表分别适用于如下应用场景：

(1) 直方图：适于比较数据之间的多少。

(2) 折线图：反映一组数据的变化趋势。

(3) 条形图：显示各个项目之间的比较情况，与直方图有类似的作用。

(4) 饼图：用于表示一个样本(或总体)中各组成部分的数据占全部数据的比例，对于研究结构性问题十分有用。

(5) 散点图：显示若干数据系列中各数值之间的关系，类似 x 轴、y 轴，用于判断两变量之间是否存在某种关联。

(6) 箱形图：识别异常值方面有一定的优越性。

11.1.2 数据可视化图表的基本构成

数据分析图表有很多种，但每一种图表的组成部分是基本相同的。图表由画布(figure)和轴域(axes)两个对象构成。画布表示一个绘图容器，画布上可以划分为多个轴域。一张完整的图表一般包括画布、图表标题、绘图区、数据系列、坐标轴、坐标轴标题、图例、文本标签、网格线等，如图 11-7 所示。

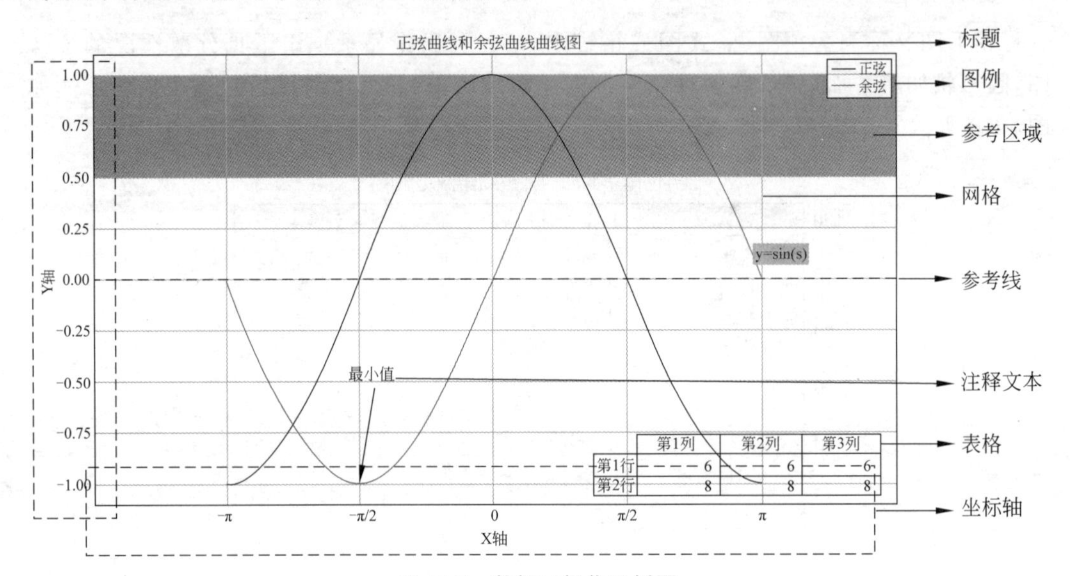

图 11-7　数据可视化示例图

下面将详细介绍各个组成部分的功能。

(1) 画布：图中最大的白色区域，作为其他图表元素的容器。

(2) 图表标题：用来概况图表内容的文字，常用的功能有设置字体、字号及字体颜色等。

(3) 绘图区：画布中的一部分，即显示图形的矩形区域，可改变填充颜色、位置，以便为图表展示更好的图形效果。

(4) 数据系列：在数据区域中，同一列(或同一行)数值数据的集合构成一组数据系列，也就是图表中相关数据点的集合。图表中可以有一组到多组的数据系列，多组数据系列之间通常采用不同的图案、颜色或符号来区分。

(5) 坐标轴及坐标轴标题：坐标轴是标识数值大小及分类的垂直组和水平线，上面有标定数据值的标志(刻度)。一般情况下，水平轴(X 轴)表示数据的分类；坐标轴标题用来说明坐标轴的分类及内容，分为水平坐标轴和垂直坐标轴。

(6) 图例：是指示图表中系列区域的符号、颜色或形状定义数据系列所代表的内容。图例由两部分构成：图例标识代表数据系列的图案，即不同颜色的小方块；图例项是与图例标识对应的数据系列名称，一种图例标识只能对应一种图例项。

(7) 文本标签：用于为数据系列添加说明文字。

(8) 标签：用于为数据系列添加说明文字。

(9) 网格线：贯穿绘图区的线条，类似标尺可以衡量数据系列数值的标准。常用的功能有设置网格线宽度、样式、颜色、坐标轴等。

图表由画布(Figure)和轴域(Axes)两个对象构成。画布表示一个绘图容器，画布上可以划分为多个轴域，如图 11-8 所示。轴域表示一个带坐标系的绘图区域，如图 11-9 所示。

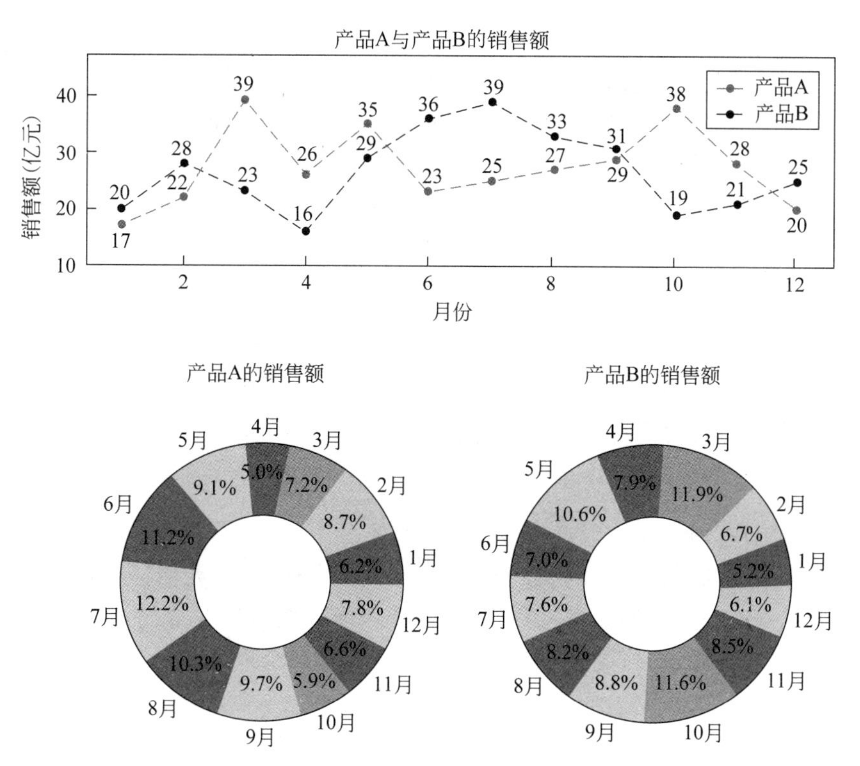

图 11-8 带有 3 个轴域的画布

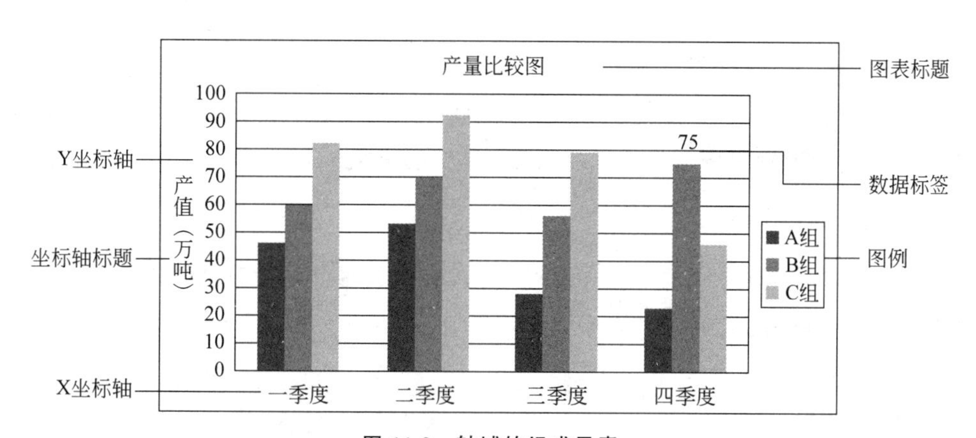

图 11-9 轴域的组成元素

11.1.3 数据可视化方式选择依据

数据可视化图形的表达需要配合展示用户的意图和目标，即要表达什么思想就应该选择对应的数据可视化展示方式。

数据可视化要展示的信息内容按主题可分为4种：趋势、对比、结构和关系。

1. 趋势

趋势是指事物的发展趋势，如走势的高低、状态好坏的变化等，通常用于按时间发展的眼光来评估事物的场景。例如，按日的用户数量趋势、按周的订单量趋势、按月的转化率趋势等。

趋势常用的数据可视化图形是折线图，在时间项较少的情况下，也可以使用柱形图展示。

2. 对比

对比是指不同事物之间或同一事物在不同时间下的对照，可直接反映事物的差异性。例如，新用户与老用户的单价对比、不同广告来源渠道的订单量和利润率对比等。

对比常用的数据可视化图形有直方图、条形图和雷达图等。

3. 结构

结构也可以称为成分、构成或内容组成，是指一个整体由哪些元素组成，以及各个元素的影响因素或程度的大小。例如，不同品类的利润占比、不同类型客户的销售额占比的影响因素或程度的大小。例如，结构常用的数据可视化图形一般使用饼图或与饼图类型相似的图形，如玫瑰图、扇形图、环形图等；如果要查看多个周期或分布下的结构，可使用面积图。

4. 关系

关系是指不同事物之间的相互联系，这种联系可以是多种类型和结构。例如，微博转发路径属于一种扩散关系；用户频繁一起购买的商品属于频繁发生的交叉销售关系；用户在网页上先后浏览的页面属于基于时间序列的关联关系等。

关系常用的数据可视化图形，会根据不同的数据可视化目标选择不同的图形，如关系图、树形图、漏斗图、散点图等。

11.1.4 常见的数据可视化库

Python作为数据分析的重要语言，它为数据分析的每个环节都提供了很多库。常见的数据可视化库包括Matplotlib、Seaborn、ggplot、Bokeh、Pygal、PyEcharts，下面将逐一介绍。

1. Matplotlib

Matplotlib是Python中众多数据可视化库的鼻祖，其设计风格与20世纪80年代设计的商业化程序语言MATLAB十分接近，具有很多强大且复杂的可视化功能。Matplotlib包含多种类型的API(Application Program Interface，应用程序接口)，可以采用多种方式绘制图表并对图表进行定制。

2. Seaborn

Seaborn 是基于 Matplotlib 进行高级封装的可视化库，它支持交互式界面，使绘制图表的功能变得更简单，且图表的色彩更具吸引力，可以画出丰富多样的统计图表。

3. ggplot

ggplot 是基于 Matplotlib 并旨在以简单方式提高 Matplotlib 可视化感染力的库，它采用叠加图层的形式绘制图形。例如，先绘制坐标轴所在的图层，再绘制点所在的图层，最后绘制线所在的图层，但它并不适用于个性化定制图形。此外，ggplot2 为 R 语言准备了一个接口，其中的一些 API 虽然不适用于 Python，但适用于 R 语言，并且功能十分强大。

4. Bokeh

Bokeh 是一个交互式的可视化库，它支持使用 Web 浏览器展示，可使用快速简单的方式将大型数据集转换成高性能的、可交互的、结构简单的图表。

5. Pygal

Pygal 是一个可缩放矢量图表库，用于生成可在浏览器中打开的 SVC（Scalable Vector Graphics）格式的图表，这种图表能够在不同比例的屏幕上自动缩放，方便用户交互。

6. PyEcharts

PyEcharts 是一个生成 ECharts（Enterprise Charts，商业产品图表）的库，它生成的 ECharts 凭借良好的交互性、精巧的设计得到了众多开发者的认可。

尽管 Python 在 Matplotlib 库的基础上封装了很多轻量级的数据可视化库，但万变不离其宗，掌握基础库 Matplotlib 的使用既可以使读者理解数据可视化的底层原理，也可以使读者具备快速学习其他数据可视化库的能力。本章主要详细介绍 Matplotlib 库的功能。

11.2 Matplotlib 库的概述

Matplotlib 是利用 Python 进行数据分析的一个重要的可视化工具，它依赖于 NumPy 模块和 Tkinter 模块，只需要少量代码就能够快速绘制出多种形式的图形，如折线图、直方图、饼图、散点图等。

11.2.1 Matplotlib 库的导入与设置

Matplotlib 库提供了一种通用的绘图方法，其中应用最广泛的是 matplotlib.pyplot 模块，导入该模块后，即可直接调用其中的各种绘图功能。

使用 Matplotlib 绘图，需要导入 matplotlib.pyplot 模块。

```
import matplotlib.pyplot as plt                    #导入 Matplotlib 绘图包
```

Matplotlib 使用 rc 参数定义图形的各种默认属性，如画布大小、线条样式、坐标轴、文本、字体等，rc 参数存储在字典变量中，根据需要可以修改默认属性。例如，使用以下设置语句可以在图表中正常显示中文或坐标轴的负号刻度。

```
plt.rcParams['font.sans-serif'] = ['SimHei']          #设置字体正常显示中文
plt.rcParams['axes.unicode_minus'] = False            #设置坐标轴正常显示负号
```

11.2.2 Matplotlib 库绘图的层次结构

假设想画一幅素描，首先需要在画架上放置并固定一个画板，然后在画板上放置并固定一张画布，最后在画布上画图。

同理，使用 Matplotlib 库绘制的图形并非只有一层结构，它也是由多层结构组成的，以便对每层结构进行单独设置。使用 Matplotlib 绘制的图形主要由三层组成：容器层、图像层和辅助显示层。

1. 容器层

容器层主要由 Canvas 对象、Figure 对象、Axes 对象组成，其中 Canvas 对象充当画板的角色，位于底层；Figure 对象充当画布的角色，它可以包含多个图表，位于 Canvas 对象的上方，也就是用户操作的应用层的第一层；Axes 对象充当画布中绘图区域的角色，它拥有独立的坐标系，可以将其看作一个图表，位于 Figure 对象的上方，也就是用户操作的应用层的第二层。Canvas 对象、Figure 对象、Axes 对象的层次关系如图 11-10 所示。

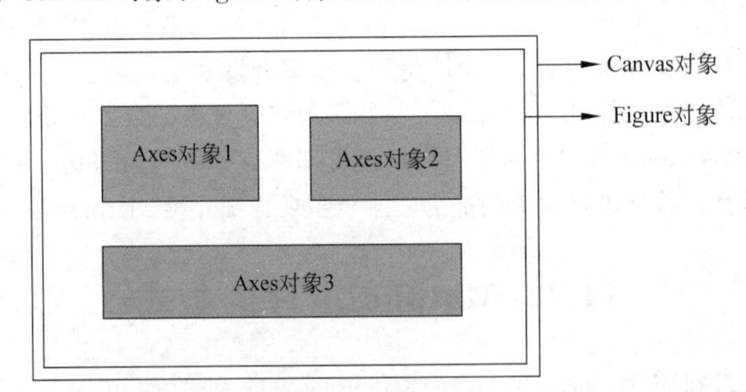

图 11-10　Canvas 对象、Figure 对象、Axes 对象的层次关系

需要说明的是，Canvas 对象无须用户创建。Axes 对象拥有属于自己的坐标系，它可以是直角坐标系，即包含 X 轴和 Y 轴的坐标系，也可以是三维坐标系（Axes 的子类 Axes3D 对象），即包含 X 轴、Y 轴、Z 轴的坐标系。

2. 图像层

图像层是指绘图区域内绘制的图形。例如，本节中使用 plot()方法根据数据绘制的直线。

3. 辅助显示层

辅助显示层是指绘图区域内除所绘图形之外的辅助元素，包括坐标轴（Axis 类对象，包括轴脊和刻度,其中轴脊是 Spine 类对象,刻度是 Ticker 类对象)、标题(Text 类对象)、图例(Legend 类对象)、注释文本(Text 类对象)等。辅助元素可以使图表更直观、更容易被用户理解,但是又不会对图形产生实质的影响。

需要说明的是,图像层和辅助显示层所包含的内容都位于 Axes 类对象之上,都属于图表的元素。

11.3　Matplotlib 库绘图的基本流程

11.3.1　创建简单图表的基本流程

通过 pip install matplotlib 命令进行自动安装 Matplotlib 库后,用 Matplotlib 绘图一般需要如下 5 个流程:导入模块、创建画布、绘制图表、添加各类标签和图例(美化图片)、保存并显示图表。接下来详细讲解各个流程。

1. 导入 matplotlib.pyplot 模块

matplotlib.pytplot 包含了一系列类似于 MATLAB 的画图函数。导入模块语法格式如下。

```
import matplotlib.pyplot as plt
```

2. 利用 figure()创建画布

由于 Matplotlib 的图像均位于绘图对象中,在绘图前,先要创建绘图对象。如果不创建就直接调用绘图 plot()函数,Matplotlib 会自动创建一个绘图对象。创建 Figure 对象的函数语法格式如下。

```
def figure(num=None, figsize=None, dpi=None, facecolor=None, edgecolor=
None, frameon=True, FigureClass=Figure, clear=False, **kwargs)
```

参数说明如下。

- num:接收 int 或 string,是一个可选参数,既可以给参数也可以不给参数。可以将 num 理解为窗口的属性 id,即该窗口的身份标识。如果不提供该参数,则创建窗口的时候该参数会自增,如果提供的话则该窗口会以该 num 为 id。
- figsize:可选参数。整数元组,默认是无。提供整数元组则会以该元组为长宽,若不提供,默认为 rcfiuguer.figsize。例如(4,4)即以长 4 英寸、宽 4 英寸的大小创建一个窗口。
- dpi:可选参数,整数。表示该窗口的分辨率,如果没有提供则默认为 rcfiuguer.dpi。
- facecolor:可选参数,表示窗口的背景颜色,如果没有提供则默认为 rcfiuguer.facecolor。其中颜色的设置是 RGB,范围是'#000000'~'#FFFFFF',即用 2 个字节(16 位)表示 RGB 的 0~255。例如'#FF0000'表示 R:255 G:0 B:0(即红色)。
- edgecolor:可选参数,表示窗口的边框颜色,如果没有提供则默认为 figure.

edgecolor。

- frameon：可选参数，表示是否绘制窗口的图框，默认是 True。
- FigureClass：从 matplotlib.figure.Figure 派生的类，可选，使用自定义图形实例。
- clear：可选参数，默认是 False，如果提供参数则为 True，并且该窗口存在的话，则该窗口内容会被清除。

3. 绘制图表

通过调用 plot()函数可实现在当前绘图对象中绘制图表，plot()函数的语法格式如下。

```
plt.plot (x, y, label, color, linewidth, linestyle)
```

或

```
plt.plot (x, y, fmt,label)
```

参数说明如下。

- x、y：表示所绘制的图形中各点位置在 X 轴和 Y 轴上的数据，用数组表示。
- label：给所绘制的曲线设置一个名字，此名字在图例中显示。只要在字符串前后添加“$”符号，Matplotlib 就会使用其内嵌的 LaTeX 引擎来绘制数学公式。
- color：指定曲线的颜色。
- linewidth：指定曲线的宽度。
- linestyle：指定曲线的样式。
- fmt：指定曲线的颜色和线型，如“b--”，其中 b 表示蓝色，“--”表示线型为虚线，该参数也称为格式化参数。

调用 plot()函数前，先定义所绘制图形的坐标，即图形在 X 轴和 Y 轴上的数据。

4. 添加各类标签和图例

在调用 plot()函数完成绘图后，还需要为图表添加各类标签和图例。pyplot 模块中添加各类标签和图例的函数如下。

(1) plt.xlabel()：在当前图形中指定 X 轴的名称，可以指定位置、颜色、字体大小等参数。

(2) plt.ylabel()：在当前图形中指定 Y 轴的名称，可以指定位置、颜色、字体大小等参数。

(3) plt.title()：在当前图形中指定图表的标题，可以指定标题名称、位置、颜色、字体大小等参数。

(4) plt.xlim()：指定当前图形 X 轴的范围，只能输入一个数值区间，不能使用字符串。

(5) plt.ylim()：指定当前图形 Y 轴的范围，只能输入一个数值区间，不能使用字符串。

（6）plt.xticks()：指定 X 轴刻度的数目与取值。

（7）plt.yticks()：指定 Y 轴刻度的数目与取值。

（8）plt.legend()：指定当前图形的图例，可以指定图例的大小、位置和标签。

5. 保存并显示图表

在完成图表绘制，添加各类标签和图例后，下一步所要完成的任务是将图表保存为图片，并显示图表。保存和显示图表的函数如下。

（1）plt.savefig()：保存绘制的图表为图片，可以指定图表的分辨率、边缘和颜色等参数。

（2）plt.show()：显示图表。

【例 11-1】 利用 Matplotlib 绘制折线图，展现北京一周的天气，比如从星期一到星期日的天气温度：8℃、7℃、8℃、9℃、11℃、7℃、5℃。

实现代码如下。

```
#1.导入模块
import matplotlib.pyplot as plt
#2.创建画布
plt.figure(figsize=(10, 10), dpi=100)
#3.绘制折线图
plt.plot([1, 2, 3, 4, 5, 6 ,7], [8,7,8,9,11,7,5])
#4.添加标签
plt.xlabel("Week")
plt.ylabel("Temperature")
#5.显示图像
plt.show()
```

运行结果如图 11-11 所示。

11.3.2　绘制子图的基本流程

在 Matplotlib 中，可以将一个绘图对象分为几个绘图区域，在每个绘图区域中可以绘制不同的图像，这种绘图形式称为创建子图。创建子图可以使用 subplot()函数，该函数的语法格式如下。

```
subplot(numRows,numCols,plotNum)
```

参数说明如下。

- numRows：表示将整个绘图区域等分为 numRows 行。
- numCols：表示将整个绘图区域等分为 numCols 列。
- plotNum：表示当前选中要操作的区域。

subplot()函数的作用就是将整个绘图区域等分为 numRows(行)×numCols(列)个子区域，然后按照从左到右、从上到下的顺序对每个子区域进行编号，左上的子区域的编

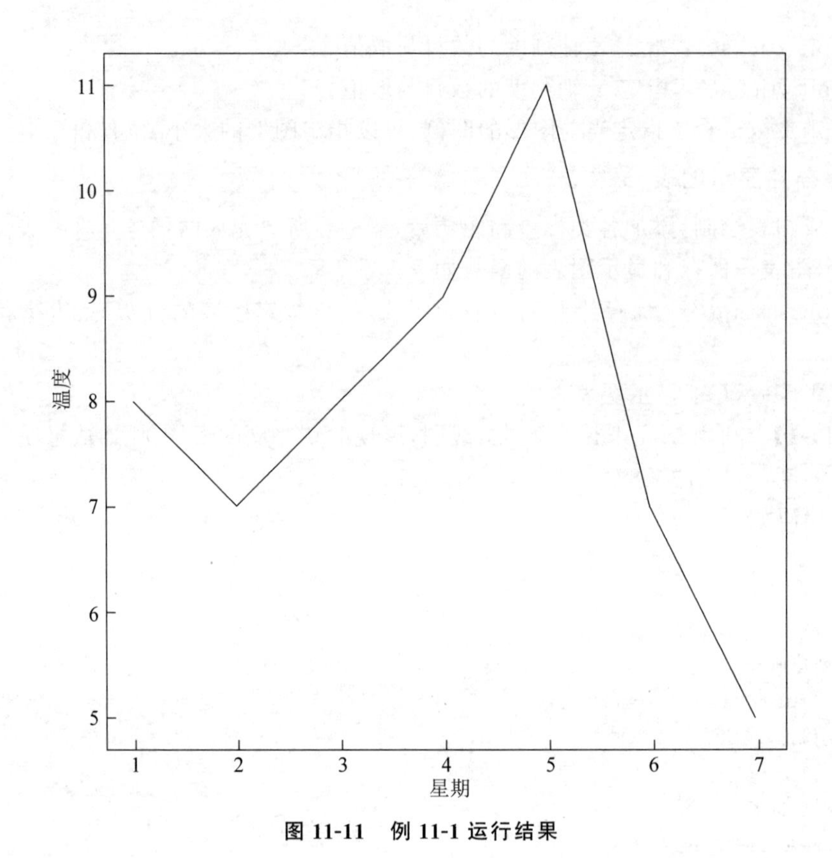

图 11-11　例 11-1 运行结果

号为 1。如果 numRows、numCols 和 plotNum 这 3 个数都小于 10,可以把它们缩写为一个整数,例如 subplot(223)和 subplot(2,2,3)是相同的。subplot()在 plotNum 指定的区域中创建图形。如果新创建的图形和先前创建的图形重叠,则先前创建的图形将被删除。

【例 11-2】 创建 3 个子图,分别绘制正弦函数、余弦函数和线性函数。

实现代码如下。

```
#1.导入模块
import matplotlib.pyplot as plt
import numpy as np
x = np.linspace(0,10,80)
y = np.sin(x)
z = np.cos(x)
k = x
#第一行的左图
plt.subplot(221)
plt.plot(x,z,"r--",label="$cos(x)$")
#第一行的右图
plt.subplot(222)
plt.plot(x,y,label="$sin(x)$",color="blue",linewidth=2)
```

```
#整个第二行
plt.subplot(212)
plt.plot(x,k,"g--",label="$x$")
plt.legend()
plt.savefig("image.png",dpi=100)
plt.show()
```

运行结果如图 11-12 所示。

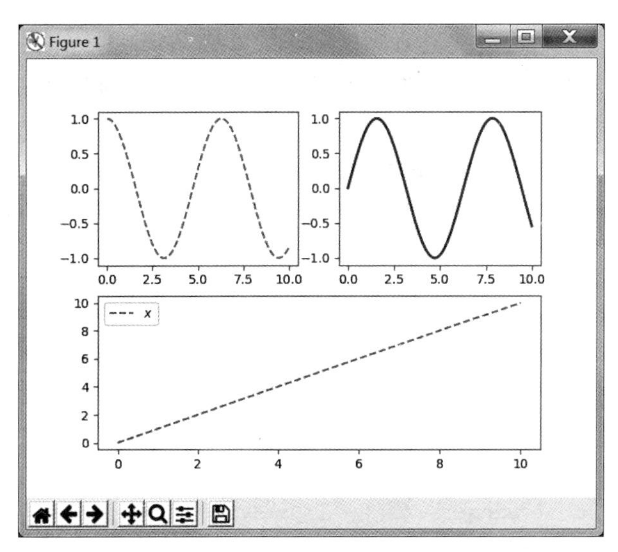

图 11-12 同一个画布上创建 3 个子图

11.4 使用 Matplotlib 库绘制常用图表

常用图表的绘制主要包括直方图、折线图、柱形图、饼图、散点图、面积图、热力图、箱形图、绘制 3D 图、绘制多个子图表以及图表的保存。

11.4.1 绘制直方图

直方图(Histogram)又称质量分布图,是统计报告图的一种,由一系列高度不等的纵向条纹或线段表示数据分布的情况,一般用横轴表示数据所属类别,纵轴表示分布情况(数量或占比)。

用直方图可以比较直观地看出产品质量特性的分布状态,便于判断其总体质量分布情况。直方图可以发现分布表无法发现的数据模式、样本的频率分布和总体的分布。

pyplot 模块的 hist()函数用于绘制直方图,其语法格式如下。

```
matplotlib.pyplot.hist(x,bins = None, range = None, density = None,histtype=
'bar',color = None,label = None, ..., ** kwargs)
```

参数说明如下。

- x：数据集，最终的直方图将对数据集进行统计。
- bins：统计数据的区间分布，一般为绘制条柱的个数。若给定一个整数，则返回 bins+1 个条柱，默认为 10。
- range：元组类型，显示 bins 的上下范围(最大和最小值)。
- density：布尔型，显示频率统计结果，默认值为 None。设置值为 False 不显示频率统计结果；设置值为 True 则显示频率统计结果。频率统计结果=区间数目/(总数 * 区间宽度)。
- histtype：可选参数，设置值为 bar、barstacked、step 或 stepfilled，默认值为 bar，推荐使用默认配置，step 使用的是梯状，stepfilled 则会对梯状内部进行填充，效果与 bar 参数类似。
- color：表示条柱的颜色，默认为 None。

【例 11-3】 利用 hist()函数绘制“大数据 211 班成绩表.xlsx”中“数据结构”成绩分布的直方图。

实现代码如下。

```
import pandas as pd
import matplotlib.pyplot as plt
df = pd.read_excel("./大数据 211 班成绩表.xlsx")
x = df['数据结构']
plt.rcParams['font.sans-serif'] = ['SimHei']
plt.xlabel('分数')
plt.ylabel('学生数量')
#显示图表题
plt.title("大数据 211 班数据结构成绩分布直方图")
plt.hist(x,bins=[0, 20, 40, 60, 80, 100]
,facecolor='b',edgecolor='black',alpha=0.5)
plt.show()
```

运行结果如图 11-13 所示。

11.4.2 绘制散点图

散点图(Scatter Diagram)又称为散点分布图，是以一个特征为横坐标、另一个特征为纵坐标、使用坐标点(散点)的分布形态反映特征间统计关系的一种图形。

散点图是指在回归分析中，数据点在直角坐标系平面上的分布图，用两组数据构成多个坐标点，判断两变量之间是否存在某种关联或总结坐标点的分布模式。

散点图将序列显示为一组点。值由点在图表中的位置表示。类别由图表中的不同标记表示。散点图通常用于比较跨类别的聚合数据。

散点图主要是用来查看数据的分布情况或相关性，一般用在线性回归分析中，查看数据点在坐标系平面上的分布情况。散点图表示因变量而变化的大致趋势，因此可以选择

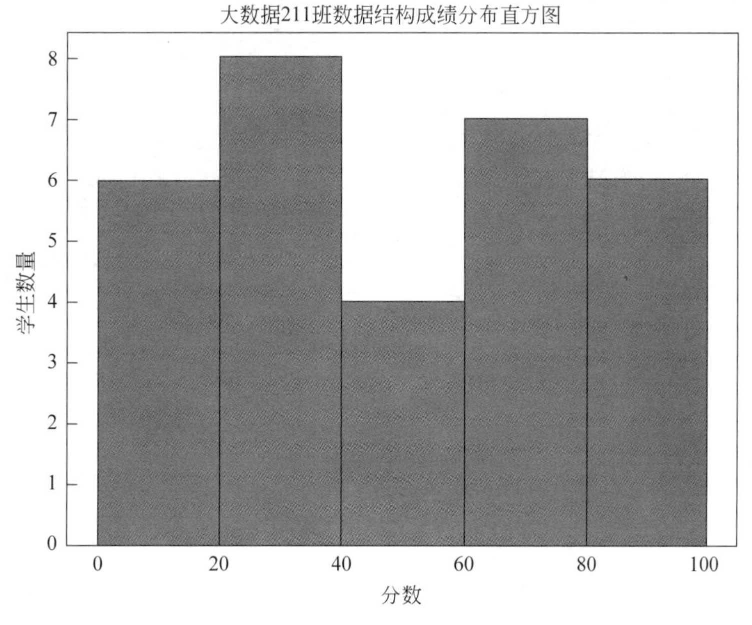

图 11-13　例 11-3 运行结果

合适的函数对数据点进行拟合。

散点图与折线图类似，也是一个个点构成的。但不同之处在于，散点图的各点之间不会按照前后关系以线条连接起来。散点图以某个特征为横坐标，以另外一个特征为纵坐标，通过散点的疏密程度和变化趋势表示两个特征的数量关系。

散点图通常用于显示和比较数值，例如科学数据、统计数据和工程数据。

Matplotlib 绘制散点图使用 plot() 函数和 scatter() 函数都可以实现，这里使用 scatter() 函数绘制散点图，scatter() 函数专门用于绘制散点图，使用方式和 plot() 函数类似，区别在于前者具有更高的灵活性，可以单独控制使得每个散点与数据匹配，并让每个散点具有不同的属性。scatter() 函数的语法格式如下。

```
matplotlib.pyplot.scatter(x, y, s=None, c=None, marker=None, alpha=None,
linewidths=None, ..., **kwargs)
```

参数说明如下。

- x、y：表示 X 轴和 Y 轴对应的数据，可选值。
- s：指定点的大小(也就是面积)，默认 20。若传入的是一维数组，则表示每个点的大小。
- c：点的颜色或颜色序列，默认蓝色。若传入的是一维数组，则表示每个点的颜色。
- marker：标记样式，表示绘制的散点类型，可选值，默认是圆点。
- alpha：表示点的透明度，接收 0～1 之间的小数。
- linewidths：设置标记边框的宽度。

【例 11-4】 利用 scatter ()函数绘制农产品产量与降雨量的散点图。

实现代码如下。

```
import pandas as pd
import matplotlib.pyplot as plt
df = pd.read_excel("./农产品产量与降雨量.xlsx")
plt.rcParams['font.sans-serif'] = ['SimHei']     #解决中文乱码问题
x = df['亩产量(公斤)']
y = df['年降雨量(毫米)']
plt.title('农产品产量与降雨量散点图')
plt.scatter(x,y,color='b')
plt.show()
```

运行结果如图 11-14 所示。

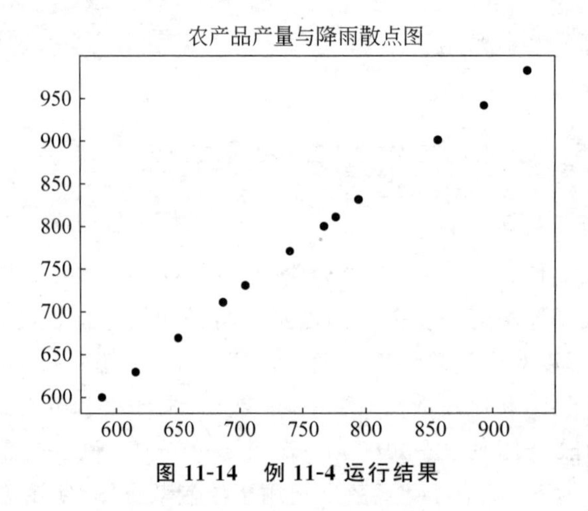

图 11-14 例 11-4 运行结果

11.4.3 绘制柱形图

柱形图,又称长条图、柱状图、条状图等,是一种以长方形的长度为变量的统计图表,它由一系列高度不等的纵向条纹表示数据分布的情况。柱形图用来比较两个或以上(不同时间或者不同条件),只有一个变量,通常用于较小的数据集分析。

pyplot 模块中用于绘制柱状图的函数为 bar(),其语法格式如下。

```
bar(x, height, width, bottom=None, *, align='center',data=None, **kwargs)
```

参数说明如下。

- x:表示 X 轴的数据。
- height:表示条形的高度,即 Y 轴数据。
- width:表示条形的宽度,默认为 0.8,也可以指定固定值。
- *:星号本身不是参数。星号表示其后面的参数为命名关键字参数,命名关键字参数必须传入参数名,否则程序会出现错误。

- align：对齐方式,如 center(居中)和 edge(边缘),默认值为 center。
- data：数据关键字参数。如果给定一个数据参数,所有位置和关键字参数将被替换。
- **kwargs：关键字参数,其他为可选参数,如 color(颜色)、alpha(透明度)、label(每个柱子显示的标签)等。

bar()函数可以绘制出各种类型的柱形图,如基本柱形图、多柱形图、堆叠柱形图等,通过对 bar()函数的主要参数设置可以实现不同的效果。

【例 11-5】 绘制多柱状图。

实现代码如下。

```
import pandas as pd
import matplotlib.pyplot as plt
import numpy as np
df = pd.read_excel("./电器销售数据.xlsx",sheet_name='Sheet2',index_col=0)
df = df.iloc[1:4]                                        #获取第二行开始的数据
dfT=df.T                                                 #对数据进行转置处理
plt.rcParams['font.sans-serif'] = ['SimHei']             #解决中文乱码问题
xlabel =   ['北京总公司','广州分公司','南宁分公司','上海分公司','长沙分公司','郑州分公司','重庆分公司']
x=np.arange(len(xlabel))
width = 0.25
plt.bar(x-width,dfT['电视'],width = width,color='r')
plt.bar(x ,dfT['空调'],width = width,color='g')
plt.bar(x+width ,dfT['冰箱'],width = width,color='b')
for m,n in zip(x-width,dfT['电视']):
    #设置一个柱子的文本标签,format(n,',')格式化数据为千位分隔符格式
    plt.text(m,n,format(n,','),ha='center',va='bottom',fontsize=8)
plt.legend(['电视','空调','冰箱',])
plt.xticks(x,xlabel)
plt.show()
```

运行结果如图 11-15 所示。

11.4.4 绘制折线图

折线图(Line Chart)是一种将数据点按照顺序连接起来的图形,也可以看作是将散点图按照 X 轴坐标顺序连接起来的图形。折线图的主要功能是查看因变量 y 随着自变量 x 改变的趋势,最适合用于显示随时间(根据常用比例设置)而变化的连续数据。同时,还可以看出数量的差异、增长趋势的变化。如天气温度的变化、公众号日访问统计图等,都可以用折线图体现。

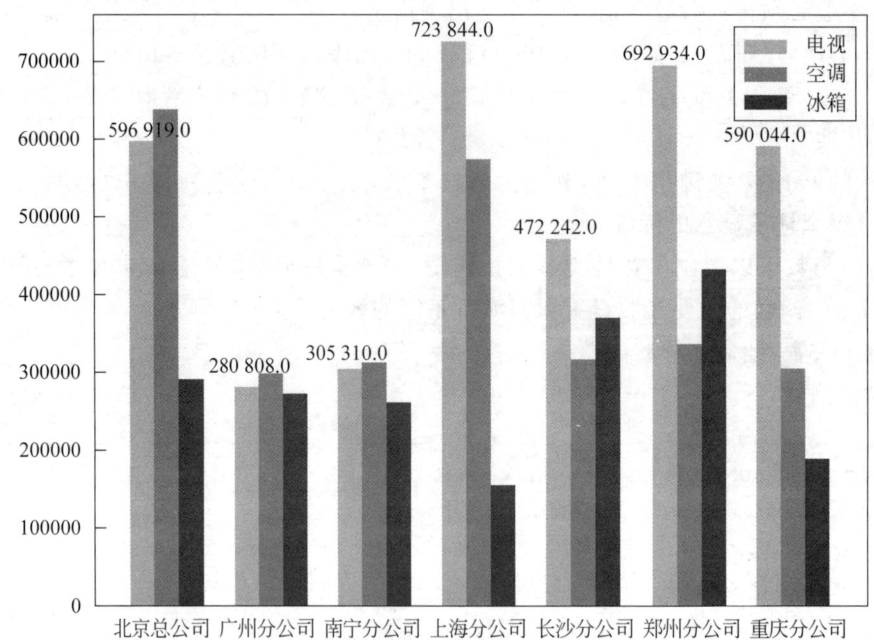

图 11-15　例 11-5 运行结果

在折线图中,类别数据沿水平轴均匀分布,所有值的数据沿垂直轴均匀分布。

Matplotlib 绘制折线图主要使用 plot()函数,能够绘制一些简单的折线图,下面尝试绘制多折线图。

【例 11-6】 从"大数据 211 班成绩表.xlsx"中读取五位同学的"Python 程序设计""数据库""数据处理"成绩,绘制折线图。

实现代码如下。

```
import pandas as pd
import matplotlib.pyplot as plt
df = pd.read_excel("./大数据 211 班成绩表.xlsx").head()
                                        #head( )函数只读取前五行数据
name = df['姓名']
python = df['Python 程序设计']
database = df['数据库']
dataprocess = df['数据处理']
plt.rcParams['font.sans-serif'] = ['SimHei']     #解决中文乱码问题
plt.rcParams['ytick.direction'] = 'in'           #Y 轴的刻度线向内显示
plt.rcParams['xtick.direction'] = 'out'          #X 轴的刻度线向外显示
plt.title("前五位同学三门课成绩对比折线图",fontsize='16')
plt.plot(name,python,label='Python 程序设计',color='r',marker='p')
plt.plot(name,database,label='数据库',color='g',marker='*')
```

```
plt.plot(name,dataprocess,label='数据处理',color='b',marker='+')
plt.ylabel('分数')
plt.legend(['Python 程序设计','数据库','数据处理',])
plt.show()
```

运行结果如图 11-16 所示。

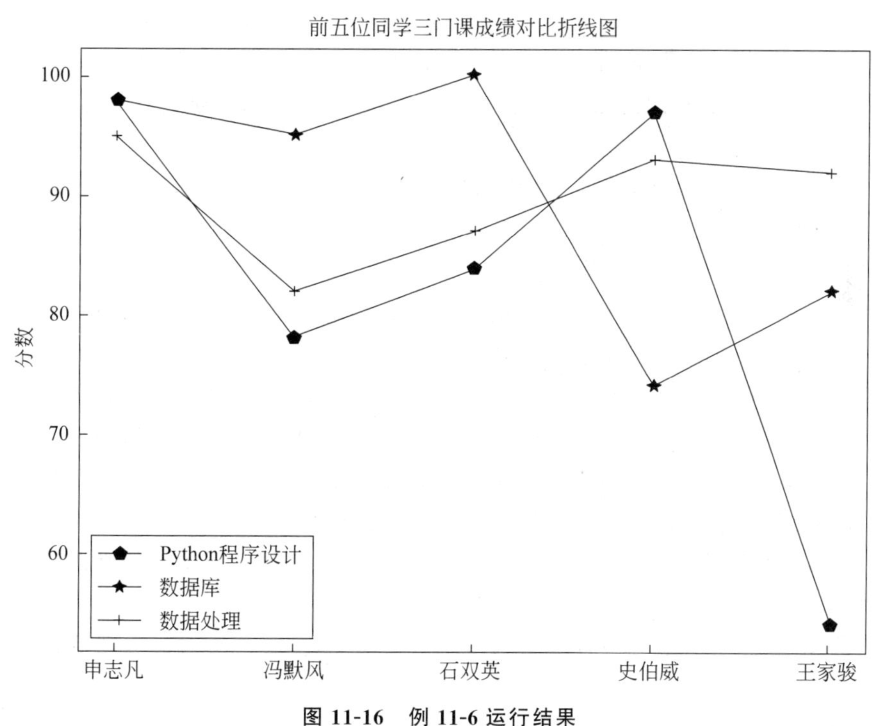

图 11-16　例 11-6 运行结果

11.4.5　绘制饼图

饼图(Pie Graph)用于表示不同分类的占比情况,通过弧度大小来对比各种分类。饼图可以比较清楚地反映出部分与部分、部分与整体之间的比例关系,易于显示每组数据相对于总数的大小,而且显现方式直观。

例如,在工作中如果遇到需要计算总费用或金额的各个部分构成比例的情况,一般通过各个部分与总额相除来计算,但是这种比例表示方法很抽象,而通过饼形图将直接显示各个组成部分所占比例,一目了然。

Matplotlib 绘制饼形图主要使用 pie()方法,其语法格式如下。

```
pie(x, explode=None, labels=None, colors=None, autopct=None,
        pctdistance=0.6, shadow=False, labeldistance=1.1, startangle=None,
        radius=None, counterclock=True, wedgeprops=None, textprops=None,
        center=(0, 0), frame=False, rotatelabels=False, hold=None, data=None)
```

参数说明如下。

- x：(每一块)饼形图的比例，如果 sum(x) > 1，会使用 sum(x)归一化。
- explode：(每一块)离开中心的距离。
- labels：(每一块)饼图外侧显示的说明文字。
- autopct：控制饼图内百分比设置，可以使用 format 字符串或者 format function '%1.1f'指小数点前后位数(没有用空格补齐)。
- pctdistance：类似于 labeldistance，指定 autopct 的位置刻度，默认值为 0.6。
- shadow：在饼图下面画一个阴影。默认值为 False，即不画阴影。
- labeldistance：标记的绘制位置，相对于半径的比例，默认值为 1.1，如小于 1 则绘制在饼图内侧。
- startangle：起始绘制角度，默认图是从 X 轴正方向逆时针画起，如设定＝90 则从 Y 轴正方向画起。
- radius：控制饼图半径，默认值为 1。
- counterclock：指定指针方向；布尔值，可选参数，默认为 True，即逆时针。将值改为 False 即可改为顺时针。
- wedgeprops：字典类型，可选参数，默认值为 None。参数字典传递给 wedge 对象用来绘制一个饼图。例如 wedgeprops＝{'linewidth'：3}设置线宽为 3。
- textprops：设置标签和比例文字的格式，字典类型，可选参数，默认值为 None。
- center：浮点类型的列表，可选参数，默认值为(0,0)，即图标的中心位置。
- frame：布尔类型，可选参数，默认值为 False。如果为 True，则绘制带有表的轴框架。
- rotatelabels：布尔类型，可选参数，默认为 False。如果为 True，则旋转每个标签到指定的角度。

【例 11-7】 从"电器销售数据.xlsx"读取前 5 行，第 1 列，绘制北京总公司产品的销售额的饼状图。

实现代码如下。

```
import pandas as pd
import matplotlib.pyplot as plt
df = pd.read_excel("./电器销售数据.xlsx",sheet_name='Sheet2',index_col=0)
df = df.iloc[0:5, [0]]                          #读取前 5 行，第 1 列
plt.rcParams['font.sans-serif']=['SimHei'] #解决中文乱码问题
labels = df.index
sizes = df['北京总公司']
colors= ['red', 'yellow','green','pink', 'gold', 'blue']
plt.pie(sizes,                                  #绘图数据
        labels=labels,                          #添加区域水平标签
        colors=colors,                          #设置饼图的自定义填充色
        labeldistance=1.02,                     #设置各扇形标签(图例)与圆心的距离
```

```
        autopct='%.1f%%',                        #设置百分比的格式,保留一位小数
        startangle=90,                           #设置饼图的初始角度
        radius = 0.5,                            #设置饼图的半径
        center = (0.2,0.2),                      #设置饼图的原点
        textprops = {'fontsize':9, 'color':'k'},  #设置文本标签的属性值
        pctdistance=0.6)                         #设置百分比标签与圆心的距离
plt.axis('equal')          #设置 X、Y 轴刻度一致,也就是使饼图长宽相等,保证饼图为圆形
plt.title('北京总公司 5 类商品销售占比情况分析')
plt.show()
```

运行结果如图 11-17 所示。

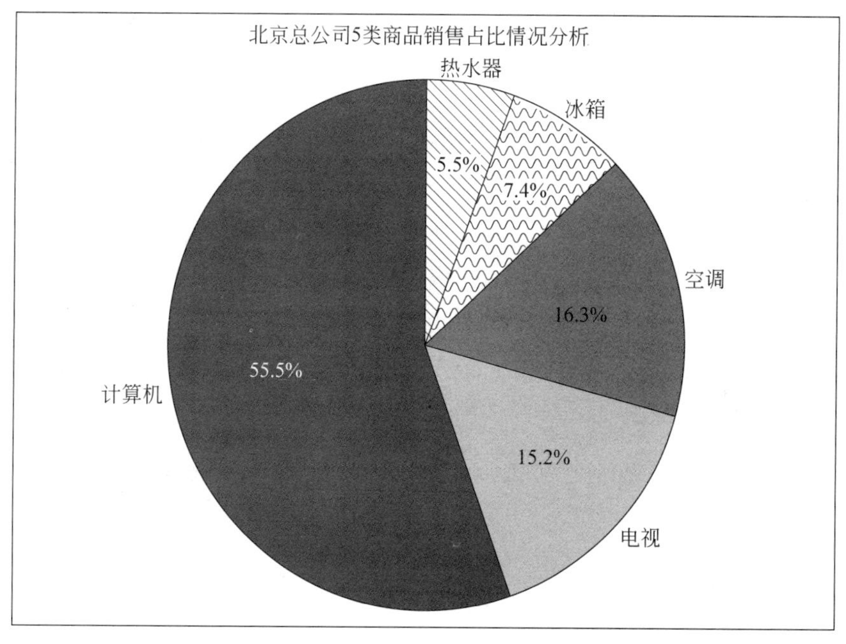

图 11-17　例 11-7 运行结果

饼形图也存在各种类型,主要包括基础饼形图、分裂饼形图、立体感带阴影的饼形图、环形图等。

分裂饼形图是将认为主要的饼形图部分分裂出来,以达到突出显示的目的。分裂饼形图主要通过设置 explode 参数实现,该参数用于设置饼形图离开中心的距离,需要将哪块饼图分裂出来,就设置它与中心的距离即可。例如,explode = (0.1, 0, 0, 0, 0)。

立体感带阴影的饼形图主要通过 shadow 参数实现,设置该参数值为 True 即可,关键代码如下:

```
shadow= True
```

环形图是由两个及两个以上大小不一的饼形图叠在一起,去除中间的部分所构成的

图形，这里还是通过 pie()函数实现，一个关键参数 wedgeprops，字典类型，用于设置饼形图内外边界的属性，如环的宽度、环边界颜色和宽度，关键代码如下：

```
wedgeprops= {'width':0.3,'edgecolor':'blue'}
```

内嵌环形图实际是双环形图，绘制内嵌环形图需要注意以下 3 点：

(1) 要连续使用两次 pie()函数。

(2) 通过 wedgeprops 参数设置环形边界。

(3) 通过 radius 参数设置不同的半径。

另外，由于图例内容比较长，为了使图例能够正常显示，图例代码中引入了两个主要参数：frameon 参数设置图例有无边框；bbox_to_anchor 参数设置图例位置。

【例 11-8】 从"电器销售数据.xlsx"读取前 5 行，第 1 列，绘制北京总公司、广州分公司产品的销售额的环形饼状图。

实现代码如下。

```
import pandas as pd
import matplotlib.pyplot as plt
df = pd.read_excel("./电器销售数据.xlsx",sheet_name='Sheet2',index_col=0)
df = df.iloc[0:5,[0,1]]                              #读取前 5 行,第 1、2 列
plt.rcParams['font.sans-serif']=['SimHei']           #解决中文乱码问题
labels = df.index
x1 = df['北京总公司']
x2 = df['广州分公司']
colors= ['red', 'yellow','green','pink', 'gold', 'black']
#外环
plt.pie (x1, autopct = '%.1f ', radius = 1, pctdistance = 0.85, colors = colors,
wedgeprops=dict(linewidth=2,width=0.3,edgecolor='w'))
#内环
plt.pie(x2, autopct = '%.1f ', radius = 0.7, pctdistance = 0.7, colors = colors,
wedgeprops=dict(linewidth=2,width=0.3,edgecolor='w'))
#图例
legend_text = labels = df.index
#设置图例标题、位置、去掉图例边框
plt.legend(legend_text,title='商品类别', frameon=False, bbox_to_anchor=
(0.2,0.5))
#设置 X、Y 轴刻度一致,保证饼图为圆形
plt.axis('equal')
plt.title('北京总公司与广东分公司 5 类商品销售占比情况分析')
plt.show()
```

运行结果如图 11-18 所示。

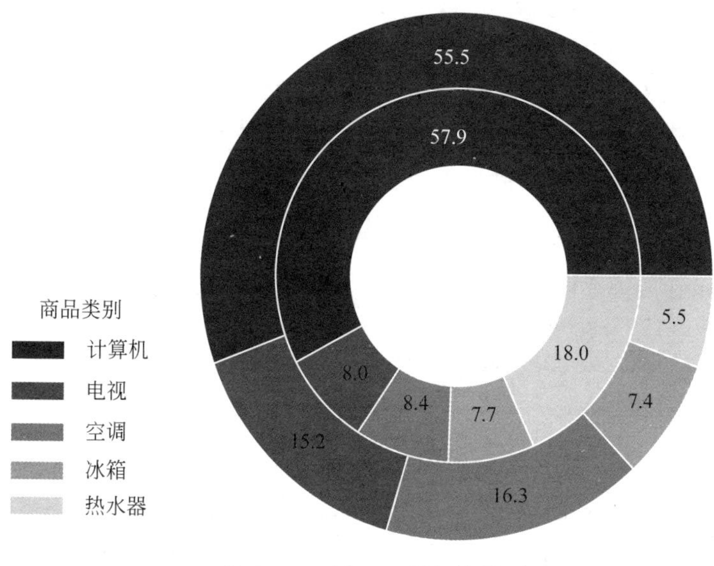

图 11-18 例 11-8 运行结果

11.4.6 绘制面积图

面积图用于体现数量随时间而变化的程度，也可用于引起人们对总值趋势的注意。例如，表示随时间而变化的利润的数据，可以绘制在面积图中以强调总利润。

Matplotlib 绘制面积图主要使用 stackplot() 函数，语法格式如下。

```
matplotlib.pyplot.stackplot(x,y, *args, labels=(), colors=None, baseline=
'zero', data=None, **kwargs)
```

参数说明如下。

- x：形状为(N,)的类数组结构，即尺寸为 N 的一维数组，必备参数。
- y：形状为(M,N)的类数组结构，即尺寸为(M,N)的二维数组，必备参数。y 参数有两种应用方式。
  - ◆ stackplot(x, y)：y 的形状为(M, N)。
  - ◆ stackplot(x, y1, y2, y3)：y1、y2、y3、y4 均为一维数组且长度为 N。
- labels：为每个数据系列指定标签。长度为 N 的字符串列表。
- colors：每组面积图所使用的颜色，循环使用。颜色列表或元组。
- baseline：基线。字符串，取值范围为{'zero', 'sym', 'wiggle', 'weighted_wiggle'}。默认值为'zero'。可选参数。
  - ◆ 'zero'：以 0 为基线，比如绘制简单的堆积面积图。
  - ◆ 'sym'：以 0 上下对称，有时称为主题河流图。
  - ◆ 'wiggle'：所有序列的斜率平方和最小。

- 'weighted_wiggle'：类似于'wiggle'，但是增加各层的大小作为权重。绘制出的图形也称为流图。
- **kwargs：Axes.fill_between 支持的关键字参数。

stackplot()函数的作用是绘制堆积面积图、主题河流图和流图。

【例 11-9】 读取 1860 年～2005 年美国各年龄段人口占总人口的百分比，然后把各年龄段的人口数据堆叠起来，绘制一个面积图。

实现代码如下。

```
import pandas as pd
from matplotlib import pyplot as plt
population=pd.read_excel(r"./1860 年~2005 年美国各年龄段人口占总人口的百分比.
xlsx",index_col=0)
plt.rcParams['font.sans-serif'] = ['SimHei']
p1=population.iloc[0:16]                    #提取有效数据
year=p1.index.astype(int)                   #提取年份,并转换为整数类型
v1=p1["Under 5"].values                     #提取 5 岁以下的数据
v2=p1["5 to 19"].values                     #提取 5~19 岁的数据
v3=p1["20 to 44"].values                    #提取 20~44 岁的数据
v4=p1["45 to 64"].values                    #提取 45~64 岁的数据
v5=p1["65+"].values                         #提取 65 岁以上的数据
plt.stackplot(year,v1,v2,v3,v4,v5)
plt.legend(p1.loc[0:4],loc='best')
plt.xlabel('年份')
plt.ylabel('人口比率')
plt.show()
```

运行结果如图 11-19 所示。

可以看出，大的趋势是：年轻人口比重在逐年减少，老年人口比重则逐年增高。

11.4.7 绘制热力图

热力图是通过密度函数进行可视化，用于表示地图中点的密度的热图。它使人们能够独立于缩放因子感知点的密度。热力图可以显示不可点击区域发生的事情。利用热力图可以看数据表里的多个特征中的两两内容的相似度。例如，以特殊高亮的形式显示访客热衷的页面区域和访客所在的地理区域的图示。

热力图是数据分析的常用方法，通过色差、亮度来展示数据的差异、易于理解。热力图在网页分析、业务数据分析等其他领域也有较为广泛的应用。

【例 11-10】 从“大数据 211 班成绩表.xlsx”中读取五位同学的“Python 程序设计”“数据库”“数据结构”“数据处理”成绩，绘制热力图对比分析。

实现代码如下。

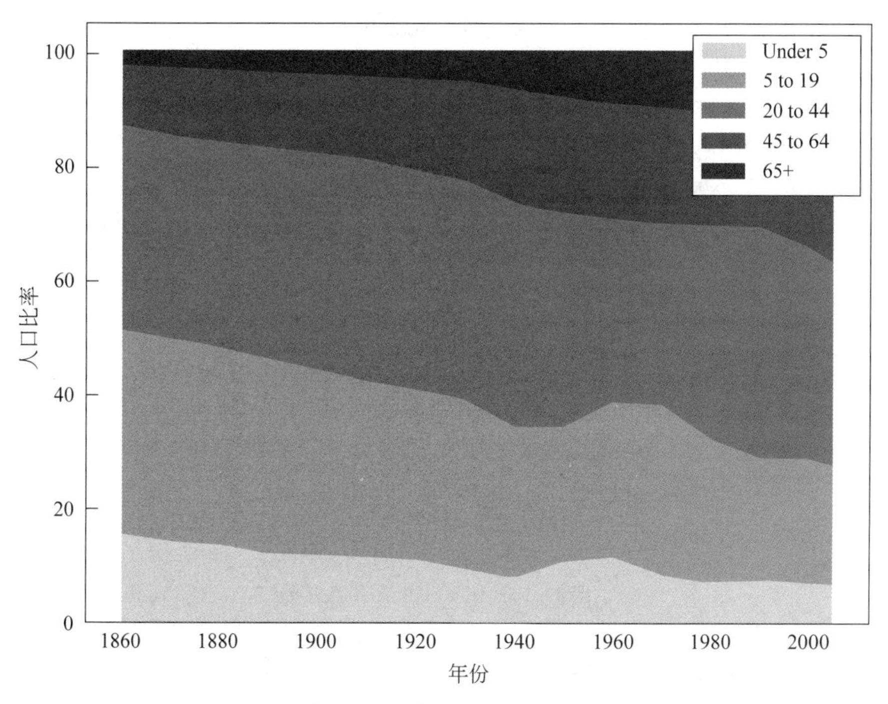

图 11-19 例 11-9 运行结果

```
import pandas as pd
import matplotlib.pyplot as plt
df = pd.read_excel("./大数据 211 班成绩表.xlsx").head()
name = df['姓名']
x = df.loc[:,'Python 程序设计':'数据处理']
plt.rcParams['font.sans-serif'] = ['SimHei']      #解决中文乱码问题
plt.imshow(x)
plt.xticks(range(0,4,1),['Python 程序设计','数据库','数据结构','数据处理'])
plt.yticks(range(0,5,1),name)
plt.colorbar()
plt.title('五名学生的四科成绩统计热力图')
plt.show()
```

运行结果如图 11-20 所示。

11.4.8 绘制箱形图

箱形图(Box plot)也称盒须图,通过绘制反映数据分布特征的统计量,提供有关数据位置和分散情况的关键信息,尤其在比较不同特征时,更可表现其分散程度差异。

箱形图最大的优点就是不受异常值的影响(异常值也称为离群值),可以以一种相对稳定的方式描述数据的离散分布情况,因此在各种领域也经常被使用。另外,箱形图也常用于异常值的识别。

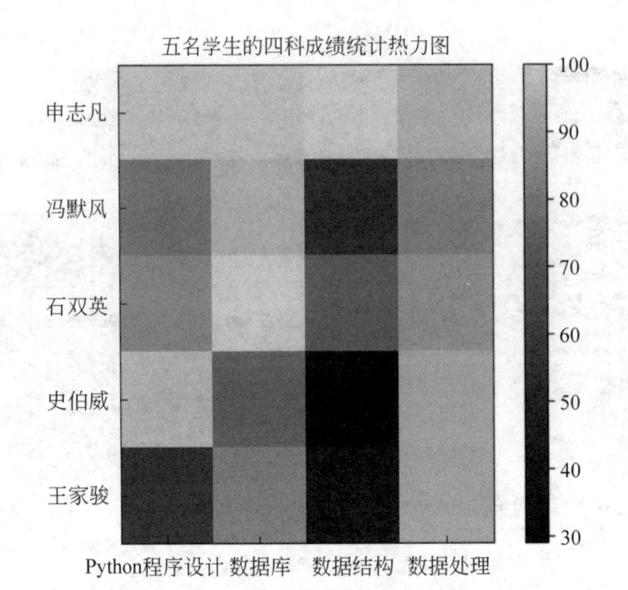

图 11-20 例 11-10 运行结果

箱形图通过数据的四分位数来展示数据的分布情况。例如,数据的中心位置、数据间的离散程度、是否有异常值等。

把数据从小到大进行排列并等分成四份,第一分位数(Q1)、第二分位数(Q2)和第三分位数(Q3)分别为数据的第 25%、50%和 75%的数字。

```
I--------I o I---------I o I--------I o I--------I
         Q1            Q2          Q3
  (lower quartile)  (median)  (upper quartile)
```

四分位间距(Interquartile range(IQR))=上分位数(upper quartile)-下分位数(lower quartile)

箱形图分为两部分,分别是箱(box)和须(whisker)。箱用来表示从第一分位到第三分位的数据,须用来表示数据的范围。

箱形图从上到下各横线分别表示:数据上限(通常是 Q3+1.5×IQR),第三分位数(Q3),第二分位数(中位数),第一分位数(Q1),数据下限(通常是 Q1-1.5×IQR)。有时还有一些圆点,位于数据上下限之外,表示异常值(outliers)。

Matplotlib 绘制箱形图主要使用 boxplot()函数,语法格式如下。

```
matplotlib.pyplot.boxplot(x, notch=None, sym=None, vert=None, whis=None,
positions=None, widths=None, patch_artist=None, bootstrap=None, usermedians
=None, conf_intervals=None, meanline=None, showmeans=None, showcaps=None,
showbox=None, showfliers=None, boxprops=None, labels=None, filerprops=
None, medianprops=None, meanprops=None, capprops=None, whiskerprops=None,
manage_ticks=True, autorange=False, zorder=None, *, data=None)
```

参数说明如下。

- x：指定要绘制箱形图的数据。
- notch：是否以凹口的形式展现箱形图。
- sym：指定异常点的形状。
- vert：是否需要将箱形图垂直摆放。
- whis：指定上下须与上下四分位的距离。
- positions：指定箱形图的位置。
- widths：指定箱形图的宽度。
- patch_artist：是否填充箱体的颜色。
- meanline：是否用线的形式表示均值。
- showmeans：是否显示均值。
- showcaps：是否显示箱形图顶端和末端的两条线。
- showbox：是否显示箱形图的箱体。
- showfliers：是否显示异常值。
- boxprops：设置箱体的属性，如边框色、填充色等。
- labels：为箱形图添加标签。
- filerprops：设置异常值的属性。
- medianprops：设置中位数的属性。
- meanprops：设置均值的属性。
- capprops：设置箱形图顶端和末端线条的属性。
- whiskerprops：设置线的属性。

箱形图也可以绘制成横向的，在 boxplot 命令里加上参数 vert=False 即可。

【例 11-11】 从"大数据 211 班成绩表.xlsx"中读取前五位同学的"Python 程序设计""数据库""数据结构""数据处理"成绩，绘制箱形图。

实现代码如下。

```
import pandas as pd
import matplotlib.pyplot as plt
df = pd.read_excel("./大数据 211 班成绩表.xlsx").head()
name = df['姓名']
x = df.loc[:,'Python 程序设计':'数据处理']
plt.rcParams['font.sans-serif'] = ['SimHei'] #解决中文乱码问题
plt.boxplot(x ,                                #指定绘制箱形图的数据
            whis = 1.5,                        #指定 1.5 倍的四分位差
            widths = 0.3,                      #指定箱形图中箱子的宽度为 0.3
            patch_artist = True,               #填充箱子颜色
            showmeans = True,                  #显示均值
            boxprops = {'facecolor':'RoyalBlue'},  #指定箱子的填充色为宝蓝色
            flierprops = {'markerfacecolor':'red', 'markeredgecolor':'red',
```

```
                'markersize':3},          #指定异常值的填充色、边框色和大小
        meanprops = {'marker':'h','markerfacecolor':'black',
                'markersize':8},  #指定均值点的标记符号(六边形)、填充色和大小
        #指定中位数的标记符号(虚线)和颜色
        medianprops = {'linestyle':'--','color':'orange'},
        labels=['Python程序设计','数据库','数据结构','数据处理']
)
plt.title('五位同学的四门课成绩绘制箱形图')
plt.show()
```

运行结果如图 11-21 所示。

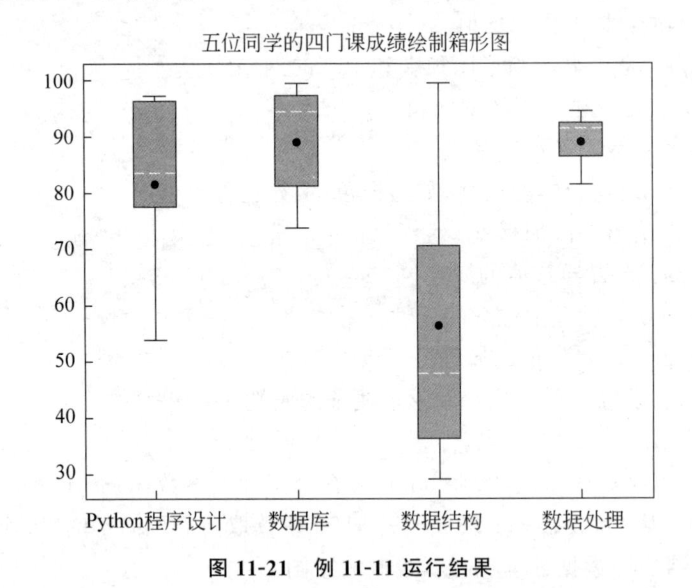

图 11-21 例 11-11 运行结果

箱形图将数据切割分离(实际上就是将数据分为四大部分),如图 11-22 所示。

下面介绍箱形图的每部分具体含义以及如何通过箱形图识别异常值。

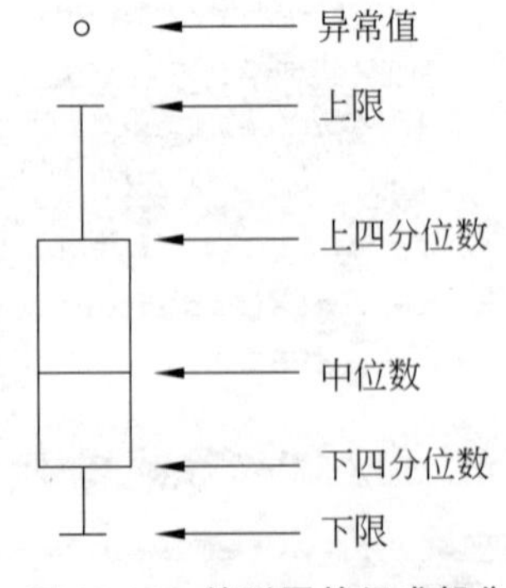

图 11-22 箱形图的组成部分

(1) 下四分位数:图中的下四分位数指的是数据的 25% 分位点所对应的值(Q1)。计算分位数可以使用 Pandas 的 quantile()函数。

(2) 中位数:中位数即为数据的 50%分位点所对应的值(Q2)。

(3) 上四分位数:上四分位数则为数据的 75%分位点所对应的值(Q3)。

(4) 上限:上限的计算公式为:Q3+1.5*(Q3-Q1)。

(5) 下限:下限的计算公式为:Q1-1.5*(Q3-Q1)。

其中,Q3-Q1 表示四分位差。如果使用箱形图识别异常值,其判断标准是,当变量

的数据值大于箱形图的上限或者小于箱形图的下限时，就可以将这样的数据判定为异常值。判断异常值的算法，如下：

判 断 标 准	结　论
x> Q1 + 1.5 * (Q3−Q1)或者 x< Q1−1.5 * (Q3−Q1)	异常值
x> Q1 + 3 * (Q3−Q1)或者 x< Q1−3 * (Q3−Q1)	极端异常值

判断上述示例异常值的关键代码如下：

```
Q1 = x.quantile(q=0.25)                    #计算下四分位数
Q3 = x.quantile(q=0.75)                    #计算上四分位数
#基于 1.5 的四分位数差计算上下限对应的值
low_limit = Q1 - 1.5 * (Q3-Q1)
up_limit = Q3 + 1.5 * (Q3-Q1)
#查找异常值
val = x[(x > up_limit) |( x <low_limit)]
print("异常值如下:")
print(val)
```

11.4.9　绘制雷达图

雷达图也称为网络图、星图、蜘蛛网图、不规则多边形、极坐标图等。雷达图是以在同一点开始的轴上表示的三个或更多个变量的二维图表的形式显示多变量数据的图形方法。轴的相对位置和角度通常是无信息的。雷达图相当于平行坐标图，为轴径向排列。

【例 11-12】 从“大数据 211 班成绩表.xlsx”中读取前五位同学的“数据结构”“数据可视化”“高数”“英语”“软件工程”“组成原理”“C 语言”“体育”成绩，绘制雷达图。

实现代码如下。

```
import matplotlib.pyplot as plt
import numpy as np
#%matplotlib inline
#某学生的课程与成绩
courses = ['数据结构', '数据可视化', '高数', '英语', '软件工程',
           '组成原理', 'C 语言', '体育']
scores = [82, 95, 78, 85, 45, 88, 76, 88]
dataLength = len(scores)                   #数据长度
#angles 数组把圆周等分为 dataLength 份
angles = np.linspace(0, 2 * np.pi, dataLength, endpoint=False)
scores.append(scores[0])
angles = np.append(angles, angles[0])      #闭合
#绘制雷达图
```

```
plt.polar(angles,                                #设置角度
          scores,                                #设置各角度上的数据
          'rv--',                                #设置颜色、线型和端点符号
          linewidth=2)                           #设置线宽
#设置角度网格标签
plt.thetagrids(angles * 180/np.pi, courses, fontproperties='simhei',
               fontsize=12)
#填充雷达图内部
plt.fill(angles, scores, facecolor='r', alpha=0.2)
plt.show()
```

运行结果如图 11-23 所示。

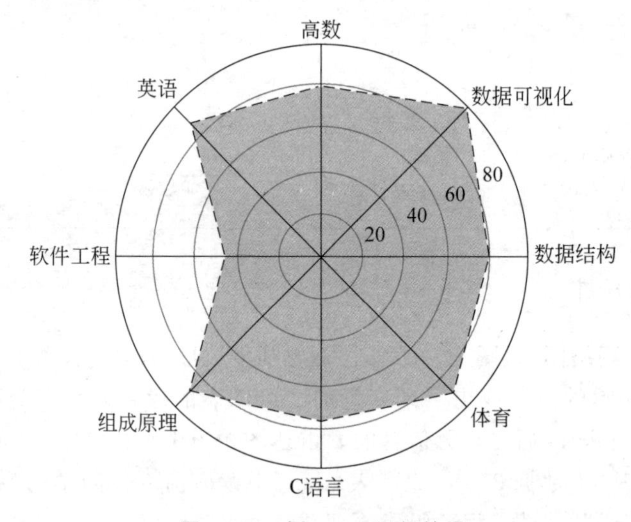

图 11-23　例 11-12 运行结果

11.4.10　绘制 3D 图

3D 图有立体感也比较美观,看起来更加“高大上”。下面介绍两种 3D 图：三维柱形图和三维曲面图。

绘制 3D 图,依旧使用 Matplotlib,但需要安装 mpl_toolkits 工具包,使用如下 pip 安装命令：

```
pip install -upgrade matplotlib
```

安装好这个模块后,即可调用 mpl_tookits 下的 mplot3d 类进行 3D 图的绘制。

【例 11-13】 绘制 3D 柱形图。

实现代码如下。

```
import matplotlib.pyplot as plt
from mpl_toolkits.mplot3d.axes3d import Axes3D
import numpy as np
fig = plt.figure()
axes3d = Axes3D(fig)
zs = [1, 5, 10, 15, 20]
for z in zs:
    x = np.arange(0, 10)
    y = np.random.randint(0, 40, size=10)
    axes3d.bar(x, y, zs=z, zdir='x', color=['r', 'green', 'black', 'b'])
plt.show()
```

运行结果,如图 11-24 所示。

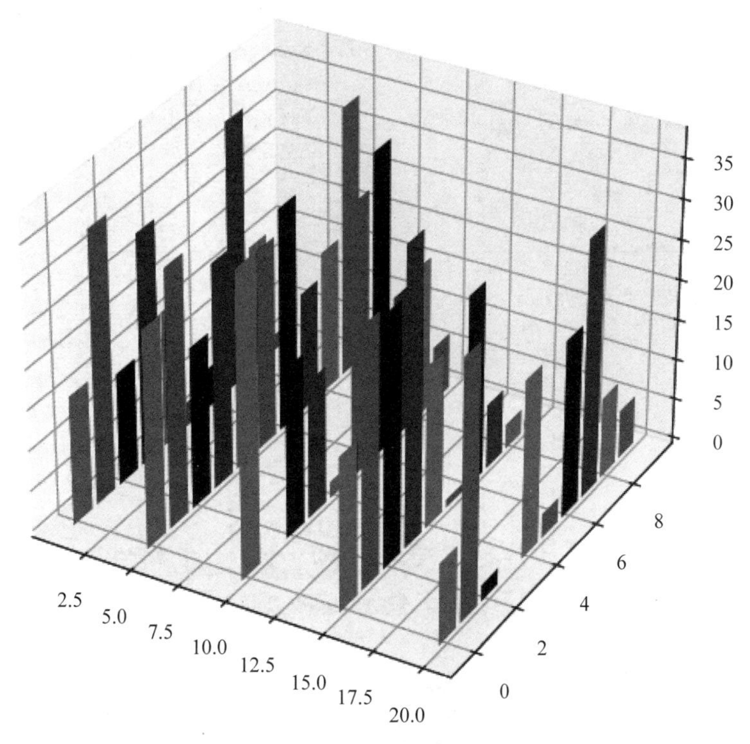

图 11-24　例 11-13 运行结果

【例 11-14】 绘制 3D 曲面图。

实现代码如下。

```
import matplotlib.pyplot as plt
import numpy as np
from mpl_toolkits.mplot3d import Axes3D
```

```
fig = plt.figure()
ax = Axes3D(fig)
delta = 0.125
#生成代表 X 轴数据的列表
x = np.arange(-4.0, 4.0, delta)
#生成代表 Y 轴数据的列表
y = np.arange(-3.0, 4.0, delta)
#对 x、y 数据执行网格化
X, Y = np.meshgrid(x, y)
Z1 = np.exp(-X**2 - Y**2)
Z2 = np.exp(-(X - 1)**2 - (Y - 1)**2)
#计算 Z 轴数据(高度数据)
Z = (Z1 - Z2) * 2
#绘制 3D 图曲面图
ax.plot_surface(X, Y, Z,
    rstride=1,                          #rstride(row)指定行的跨度
    cstride=1,                          #cstride(column)指定列的跨度
    cmap=plt.get_cmap('rainbow'))       #设置颜色映射
#设置 Z 轴范围
ax.set_zlim(-2, 2)
plt.show()
```

运行结果,如图 11-25 所示。

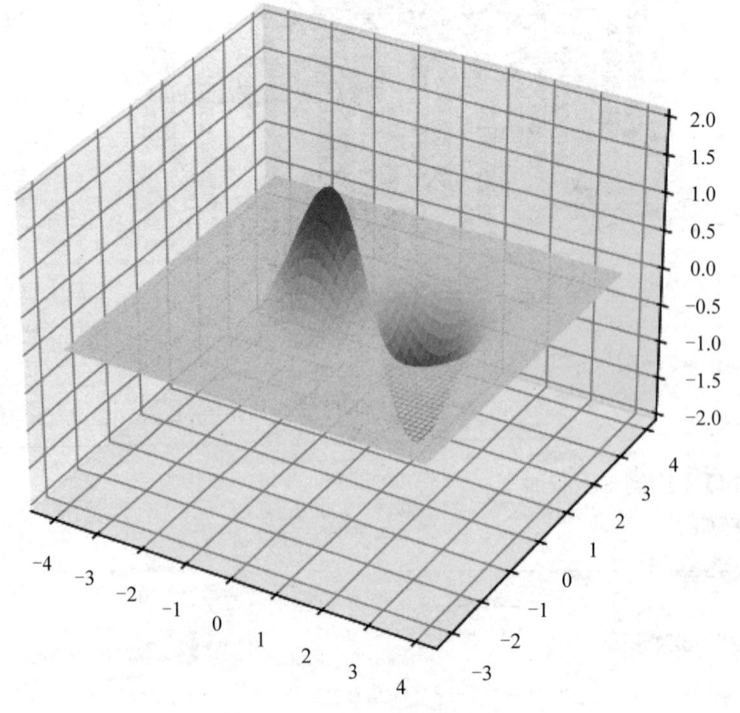

图 11-25　例 11-14 运行结果

11.5 图表辅助元素的设置

11.4 节使用 Matplotlib 绘制了一些常用的图表，并通过这些图表直观地展示了数据，但这些图表还有一些不足。例如，折线图中的多条折线因缺少标注而无法区分折线的类别，柱形图中的矩形条因缺少数值标注而无法知道准确的数据等。因此，需要添加一些辅助元素来准确地描述图表。Matplotlib 提供了一系列定制图表辅助元素的函数或方法，可以帮助用户快速且正确地理解图表。本节将对图表辅助元素的定制进行详细介绍。

图表的辅助元素是指除根据数据绘制的图形之外的元素，常用的辅助元素包括坐标轴、标题、图例、网格、参考线、参考区域、注释文本和表格，它们都可以对图形进行补充说明。

(1) 坐标轴：分为单坐标轴和双坐标轴，单坐标轴按不同的方向又可分为水平坐标轴（又称 X 轴）和垂直坐标轴（又称 Y 轴）。

(2) 标题：表示图表的说明性文本。

(3) 图例：用于指出图表中各组图形采用的标识方式。

(4) 网格：从坐标轴刻度开始的、贯穿绘图区域的若干条线，用于作为估算图形所示值的标准。

(5) 参考线：标记坐标轴上特殊值的一条直线。

(6) 参考区域：标记坐标轴上特殊范围的一块区域。

(7) 注释文本：表示对图形的一些注释和说明。

(8) 表格：用于强调比较难理解数据的表格。

坐标轴是由刻度标签、刻度线（主刻度线和次刻度线）、轴脊和坐标轴标签组成。刻度线上方的横线为轴脊。

需要说明的是，Matplotlib 的次刻度线默认是隐藏的。

另外，不同的图表具有不同的辅助元素。例如，饼图是没有坐标轴的，而折线图是有坐标轴的，可根据实际需求进行定制。

11.5.1 设置坐标轴的标签、刻度范围和刻度标签

坐标轴对数据可视化效果有着直接的影响。坐标轴的刻度范围过大或过小、刻度标签过多或过少，都会导致图形显示的比例不够理想。

Matplotlib 提供了设置 X 轴和 Y 轴标签的方式，下面分别进行介绍。

1. 设置坐标轴的标签

(1) 设置 X 轴的标签。Matplotlib 中可以直接使用 pyplot 模块的 xlabel()函数设置 X 轴的标签，xlabel()函数的语法格式如下。

```
xlabel(xlabel, fontdict=None, labelpad=None, **kwargs)
```

参数说明如下。

- xlabel：表示 X 轴标签的文本。
- fontdict：表示控制标签文本样式的字典。
- labelpad：表示标签与 X 轴轴脊间的距离。

此外，Axes 对象使用 xlabel()方法也可以设置 X 轴的标签。

(2) 设置 Y 轴的标签。Matplotlib 中可以直接使用 pyplot 模块的 ylabel()函数设置 Y 轴的标签，ylabel()函数的语法格式如下。

```
ylabel(pylabel, fontdict=None, labelpad=None, **kwargs)
```

该函数的 ylabel 参数表示 Y 轴标签的文本，参数说明如下，其余参数与 xlabel()函数的参数的含义相同，此处不再赘述。

- pylabel：表示 Y 轴标签的文本。
- fontdict：表示控制标签文本样式的字典。
- labelpad：表示标签与 Y 轴轴脊的距离。

此外，Axes 对象使用 set_ylabel()函数也可以设置 Y 轴的标签。

2. 设置刻度范围和刻度标签

当绘制图表时，坐标轴的刻度范围和刻度标签都与数据的分布有着直接的联系，即坐标轴的刻度范围取决于数据的最大值和最小值。在使用 Matplotlib 绘图时若没有指定任何数据，X 轴和 Y 轴的范围均为 0.05～1.05，刻度标签均为[−0.2, 0. 0, 0.2, 0.4, 0.6, 0.8, 1. 0, 1.2]；若指定了 X 轴和 Y 轴的数据，刻度范围和刻度标签会随着数据的变化而变化。Matplotlib 提供了重新设置坐标轴的刻度范围和刻度标签的方式，下面分别进行介绍。

(1) 设置刻度范围。使用 pyplot 模块的 xlim()和 ylim()函数分别可以设置或获取 X 轴和 Y 轴的刻度范围。xlim()函数的语法格式如下。

```
xlim(left=None, right=None, emit=True, auto=False, *,
     xmin=None, xmax=None)
```

参数说明如下。

- left：表示 X 轴刻度取值区间的左位数。
- right：表示 X 轴刻度取值区间的右位数。
- emit：表示是否通知限制变化的观察者，默认为 True。
- auto：表示是否允许自动缩放 X 轴，默认为 True。

此外，Axes 对象可以使用 set_xlim()和 set_ylim()函数分别设置 X 轴和 Y 轴的刻度范围。

(2) 设置刻度标签。使用 pyplot 模块的 xticks()和 yticks()函数分别可以设置或获取 X 轴和 Y 轴的刻度线位置和刻度标签。xticks()函数的语法格式如下。

```
xticks(ticks=None, labels=None, **kwargs)
```

该函数的 ticks 参数表示刻度显示的位置列表，它还可以设为空列表，以此禁用 X 轴的刻度；labels 表示指定位置刻度的标签列表。

此外，Axes 对象可以使用 set_xticks()或 set_yticks()函数分别设置 X 轴或 Y 轴的刻度线位置，使用 set_xticklabels()或 set_yticklabels()函数分别设置 X 轴或 Y 轴的刻度标签。

11.5.2　添加标题和图例

1. 添加标题

图表的标题代表图表名称，一般位于图表的顶部且与图表居中对齐，可以迅速地让读者理解图表要说明的内容。Matplotlib 中可以直接使用 pyplot 模块的 title()函数添加图表标题，title()函数的语法格式如下。

```
title(label, fontdict=None, loc='center', pad=None, **kwargs)
```

参数说明如下。

- label：表示标题的文本。
- fontdict：表示控制标题文本样式的字典。
- loc：表示标题的对齐样式。
- pad：表示标题与图表顶部的距离，默认为 None。

此外，Axes 对象还可以使用 set_title()函数添加图表的标题。

2. 添加图例

图例是一个列举各组图形数据标识方式的方框图，它由图例标识和图例项两个部分构成，其中图例标识是代表各组图形的图案；图例项是与图例标识对应的名称（即说明文本）。当 Matplotlib 绘制包含多组图形的图表时，可以在图表中添加图例，帮助用户明确每组图形代表的含义。

Matplotlib 中可以直接使用 pyplot 模块的 legend()函数添加图例，legend()函数的语法格式如下。

```
legend(handles, labels, loc, bbox_to_anchor, ncol, title, shadow, fancybox,
* args, **kwargs)
```

参数说明如下。

- handles 和 labels 参数：handles 参数表示由图形标识构成的列表，labels 参数表示由图例项构成的列表。需要注意的是，handles 和 labels 参数应接收相同长度的列表，若接收的列表长度不同，则会对较长的列表进行截断处理，使较长列表与较短列表长度相等。
- loc 参数：用于控制图例在图表中的位置，该参数支持字符串和数值两种形式的取值，每种取值及其对应的图例位置的说明如表 11-1 所示。

表 11-1 loc 参数的取值及其对应的图例位置

位　　置	位置字符串	位置编码
右上	upper right	1
左上	upper left	2
左下	lower left	3
右下	lower right	4
正右	right	6
中央偏左	center left	7
中央偏右	center right	8
中央偏下	lower center	9
中央偏上	upper center	
正中央	center	10

具体在图中的位置,如图 11-26 所示。

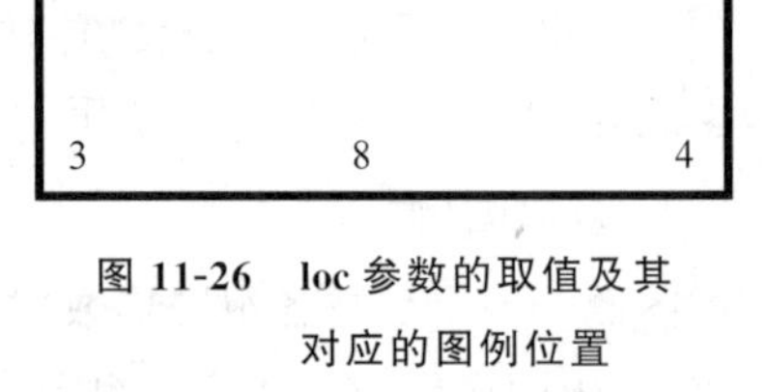

图 11-26 loc 参数的取值及其对应的图例位置

- bbox_to_anchor 参数:用于控制图例的布局,该参数接收一个包含两个数值的元,其中第一个数值用于控制图例显示的水平位置,值越大则说明图例显示的位置越偏右;第二个数值用于控制图例的垂直位置,值越大则说明图例显示的位置越偏上。
- ncol 参数:表示图例的列数,默认值为 1。
- title 参数:表示图例的标题,默认值为 None。
- shadow 参数:控制是否在图例后面显示阴影,默认值为 None。
- fancybox 参数:控制是否为图例设置圆角边框,默认值为 None。

若使用 pyplot 绘图函数绘图时已经预先通过 label 参数指定了显示于图例的标签,则后续可以直接调用 legend()函数添加图例;若未预先指定应用于图例的标签,则后续在调用 legend()函数时为参数 handles 和 labels 传值即可。

11.5.3 显示网格

网格是从刻度线开始延伸,贯穿至整个绘图区域的辅助线条,它能帮助人们轻松地查看图形的数值。网格按不同的方向可以分为垂直网格和水平网格,这两种网格既可以单独使用,也可以同时使用,常见于添加图表精度、分辨图形细微差别的场景。

Matplotlib 中可以直接使用 pyplot 模块的 grid()函数显示网格,grid()函数的语法格式如下。

```
grid(b=None, which='major', axis='both', **kwargs)
```

参数说明如下。

- b：表示是否显示网格。
- which：表示显示网格的类型，默认为 major。
- axis：表示显示哪个方向的网格，默认为 both。

此外，还可以使用 Axes 对象的 grid()方法显示网格。需要说明的是，坐标轴若没有刻度，就无法显示网格。

11.5.4　添加参考线和参考区域

1. 添加参考线

参考线是一条或多条贯穿绘图区域的线条，用于为绘图区域中图形数据之间的比较提供参考依据，比如目标线、平均线、预算线等。参考线按方向的不同可分为水平参考线和垂直参考线。Matplotlib 中提供了 axhline()和 axvline()函数，分别用于添加水平参考线和垂直参考线，具体介绍如下。

(1) 使用 axhline()绘制水平参考线。axhline()函数的语法格式如下。

```
axhline(y=0, xmin=0, xmax=1, linestyle='-', **kwargs)
```

参数说明如下。

- y：表示水平参考线的纵坐标。
- xmin：表示水平参考线的起始位置，默认为 0。
- xmax：表示水平参考线的终止位置，默认为 1。
- linestyle：表示水平参考线的类型，默认为实线。

(2) 使用 axvline()绘制垂直参考线。axvline()函数的语法格式如下。

```
axvline(x=0, ymin=0, ymax=1, linestyle='-', **kwargs)
```

参数说明如下。

- x：表示垂直参考线的横坐标。
- ymin：表示垂直参考线的起始位置，默认为 0。
- ymax：表示垂直参考线的终止位置，默认为 1。
- linestyle：表示垂直参考线的类型，默认为实线。

2. 添加参考区域

pyplot 模块中提供了 axhspan()和 axvspan()函数，分别用于为图表添加水平参考区域和垂直参考区域，具体介绍如下。

(1) 使用 axhspan()绘制水平参考区域。axhspan()函数的语法格式如下。

```
axhspan(ymin, ymax, xmin=0, xmax=1, **kwargs)
```

参数说明如下。

- ymin：表示水平跨度的下限，以数据为单位。
- ymax：表示水平跨度的上限，以数据为单位。
- xmin：表示垂直跨度的下限，以轴为单位，默认为0。
- xmax：表示垂直跨度的上限，以轴为单位，默认为1。

(2) 使用axvspan()绘制垂直参考区域。axvspan()函数的语法格式如下。

```
axvspan(xmin, xmax, ymin=0, ymax=1, **kwargs)
```

参数说明如下。

- xmin：表示垂直跨度的下限。
- xmax：表示垂直跨度的上限。

11.5.5 添加注释文本

1. 添加指向型注释文本

注释文本是图表的重要组成部分，它能够对图形进行简短地描述，有助于用户理解图表。注释文本按注释对象的不同主要分为指向型注释文本和无指向型注释文本，其中指向型注释文本一般是针对图表某一部分的特定说明，无指向型注释文本一般是针对图表整体的特定说明。

下面将介绍添加指向型注释文本和无指向型注释文本的方法。

指向型注释文本是指通过指示箭头的注释方式对绘图区域的图形进行解释的文本，它一般使用线条连接说明点和箭头指向的注释文字。pyplot模块中提供了annotate()函数为图表添加指向型注释文本，该函数的语法格式如下。

```
annotate(s, xy, * args, arrowprops, bbox, **kwargs)
```

参数说明如下。

- s：表示注释文本的内容。
- xy：表示被注释的点的坐标位置，接收元组(x,y)。
- arrowprops：表示指示箭头的属性字典。
- bbox：表示注释文本的边框属性字典。

arrowprops参数接收一个包含若干键的字典，通过向字典中添加键值对来控制箭头的显示。常见的控制箭头的键包括width、headwidth、headlength、shrink、arrowstyle等，其中键arrowstyle代表箭头的类型，该键对应的值及对应的类型如图11-27所示。

2. 添加无指向型注释文本

无指向型注释文本是指仅使用文字的注释方式对绘图区域的图形进行说明的文本。pyplot模块中提供了text()函数为图表添加无指向型注释文本，该函数的语法格式如下。

取值	类型	取值	类型
-	——	<->	⟷
->	→	<|-	◂—
-[	—[	<|-|>	◂—▸
|-|	|—|	fancy	➡
-|>	—▸	simple	➡
<-	←	wedge	▬

图 11-27　arrowstyle 的取值及对应的类型

```
plt.text(x, y, s, fontsize, verticalalignment,horizontalalignment,rotation ,
**kwargs)
```

参数说明如下。

- x、y：表示注释文本的位置，注释文本内容所在位置的横坐标和纵坐标，默认是根据坐标轴的数据来度量的，是绝对值，也就是说图中点所在位置的对应的值，特别的，如果你要变换坐标系的话，要用到 transform=ax.transAxes 参数。
- s：表示注释文本的内容。
- fontsize：加标签字体大小，取整数。
- verticalalignment：垂直对齐方式，可选 center、top、bottom 和 baseline 等。
- horizontalalignment：水平对齐方式，可以填 center、right 和 left 等。
- rotation：标签的旋转角度，以逆时针计算，取整。
- **kwargs：其他可变参数。

11.5.6　添加表格

Matplotlib 可以绘制各种各样的图表，以便用户发现数据间的规律。为了更加突显数据间的规律与特点，便于用户从多元分析的角度深入挖掘数据潜在的含义，可将图表与数据表格结合使用，使用数据表格强调图表某部分的数值。Matplotlib 中提供了为图表添加数据表格的 table()函数，该函数的语法格式如下。

```
table(cellText=None, cellColours=None, cellLoc='right', colWidths=None,
      rowLabels=None, rowLoc=None, colLabels=None, colColours=None,
      colLoc =None, loc=None, …, **kwargs)
```

参数说明如下。

- cellText：表示表格单元格中的数据，可以是一个二维列表。
- cellColours：表示单元格的背景颜色。

- cellLoc：表示单元格文本的对齐方式，支持'left'、'center'、'right'三种取值，默认值为'right'。
- colWidths：表示每列的宽度。
- rowLabels：表示行标题的文本。
- rowLoc：表示行标题的对齐方式。
- colLabels：表示列标题的文本。
- colColours：表示列标题所在单元格的背景颜色。
- colLoc：表示列标题的对齐方式。
- loc：表示表格对于绘图区域的对齐方式。

此外，还可以使用 Axes 对象的 table()方法为图表添加数据表格，此方法与 table()函数的用法相似，此处不再赘述。

11.5.7 图表辅助元素设置综合应用

【例 11-15】 根据本节讲述的图表辅助元素的设置，绘制函数 y=sin(x)，y=cos(x)，x = np.linspace(-np.pi，np.pi，256，endpoint=True)的图形。

要求如下绘制填充区域。

- 紫色区域：(−2.5<x)&(x<−0.5)。
- 绿色区域：np.abs(x)<0.5，sinx>0.5。
- 紫色的设置：color='purple'。

实现代码如下。

```
import matplotlib.pyplot as plt                          #导入模块
import numpy as np
plt.rcParams['font.sans-serif']=['SimHei']               #用于正常显示中文标签
plt.rcParams['axes.unicode_minus']=False                 #用来正常显示负号
#创建 X 轴数据,从-pi 到 pi 平均取 256 个点
x = np.linspace(-np.pi,np.pi,256,endpoint=True) #获取 X 坐标
#创建 Y 轴数据,根据 X 的值,求正弦和余弦函数
sin,cos = np.sin(x),np.cos(x)                            #获取 Y 坐标
#绘制正弦、余弦函数图,并将图形显示出来
#设置正弦函数曲线的颜色为蓝色(blue),线型为实线,线宽为 2.5mm
#余弦函数曲线的颜色为红色(red),线型为实线,线宽为 2.5mm
plt.plot(x,sin,"b-",lw=2.5,label="正弦")
#x:X 轴;sin:Y 轴;b-:color="blue",linestyle="-"的简写
#lw:linewidth;label:线条的名称,可用于后面的图例
plt.plot(x,cos,"r-",lw=2.5,label="余弦")              #cos:Y 轴;r-:color="red"
#设置坐标轴的范围,将 X 轴、Y 轴同时拉伸 1.5 倍
plt.xlim(x.min() * 1.5,x.max() * 1.5)
plt.ylim(cos.min() * 1.5,cos.max() * 1.5)
#设置 X 轴、Y 轴的坐标刻度,显示结果如图 11-27 所示
plt.xticks([-np.pi,-np.pi/2,0,np.pi/2,np.pi],
           [r'$-π$',r'$-π/2$',r'$0$',r'$π/2$',r'$π$'])
```

```
plt.yticks([-1,0,1])
#为图表添加标题,标题内容为"图表辅助元素设置示例"
#字体大小设置为 16,字体颜色设置为绿色(green)
plt.title("图表辅助元素设置示例",fontsize=16,color="green")
#在图表右下角位置添加备注标签,标签文本为"日期:2022 年 4 月"
#文本大小为 16,文本颜色为紫色(purple)
plt.text(+2.1,-1.4,"日期:2022 年 4 月",fontsize=16,color="purple")
#获取 Axes 对象,并隐藏右边界和上边界
ax=plt.gca()                                  #获取 Axes 对象
ax.spines['right'].set_color('none')          #隐藏右边界
ax.spines['top'].set_color('none')            #隐藏上边界
#将 X 坐标轴的坐标刻度设置在坐标轴下侧,坐标轴平移至经过零点(0,0)的位置
ax.xaxis.set_ticks_position('bottom')         #X 轴坐标刻度设置在坐标轴下面
#X 轴坐标轴平移至经过零点(0,0)位置
ax.spines['bottom'].set_position(('data',0))
#将 Y 坐标轴的坐标刻度设置在坐标轴左侧,坐标轴平移至经过零点(0,0)的位置
ax.yaxis.set_ticks_position('left')           #Y 轴坐标刻度设置在坐标轴下面
ax.spines['left'].set_position(('data',0))    #Y 轴坐标轴平移至经过零点(0,0)位置
#添加图例,图例位置为左上角,图例文字大小为 12,
plt.legend(loc="upper left",fontsize=12)
#在正弦函数曲线上找出 x=(2π/3)的位置,并作出与 X 轴垂直的虚线
#线条颜色为蓝色(blue),线宽设置为 1.5mm
#在余弦函数曲线上找出 x=-π 的位置,并作出与 X 轴垂直的虚线
#线条颜色为红色(red),线宽设置为 1.5mm
t1 = 2 * np.pi/3                              #设定第一个点的 X 轴值
t2 = -np.pi                                   #设定第二个点的 X 轴值
plt.plot([t1,t1],[0,np.sin(t1)],color ='b',linewidth=1.5,linestyle="--")
#第一个列表是 X 轴坐标值,第二个列表是 Y 轴坐标值
#这两个点坐标分别为(t1,0)和(t1,np.sin(t1)),根据两点画直线
plt.plot([t2,t2],[0,np.cos(t2)],color ='r',linewidth=1.5,linestyle="--")
#这两个点坐标分别为(t2,0)和(t2,np.cos(t2)),根据两点画直线
#用绘制散点图的方法在正弦,余弦函数上标注这两个点的位置
#设置点大小为 50,设置相应的点颜色
plt.scatter([t1,],[np.sin(t1),], 50, color ='b')
plt.scatter([t2,],[np.cos(t2),], 50, color ='r')
#为图表添加注释
plt.annotate(r'$sin(2π/3)$',
             xy=(t1,np.sin(t1)),              #点的位置
             xycoords='data',                 #注释文字的偏移量
             xytext=(+10,+30),                #文字离点的横纵距离
             textcoords='offset points',
             fontsize=14,                     #注释的大小
             #箭头指向的弯曲度
             arrowprops=dict(arrowstyle="->",
                        connectionstyle="arc3,rad=.2"))
plt.annotate(r'$cos(-π)$',
             xy=(t2,np.cos(t2)),              #点的位置
```

```
            xycoords='data',                                    #注释文字的偏移量
            xytext=(0,-40),                                     #文字离点的横纵距离
            textcoords='offset points',
            fontsize=14,                                        #注释的大小
            arrowprops=dict(arrowstyle="->",
            connectionstyle="arc3,rad=.2"))                     #箭头指向的弯曲度
#获取 X,Y 轴的刻度,并设置字体;
for label in ax.get_xticklabels()+ax.get_yticklabels():         #获取刻度
    label.set_fontsize(18)                                      #设置刻度字体大小
#使用".set_bbox"可以给刻度文本添加边框,如果给全局文本添加边框
#可以将此放在循环里;如果对单个刻度文本进行设置,可以放在循环外部
for label in ax.get_xticklabels()+ax.get_yticklabels():         #获取刻度
    label.set_fontsize(18)                                      #设置刻度字体大小
    #set_bbox 为刻度添加边框,facecolor:背景填充颜色
    #edgecolor:边框颜色,alpha:透明度
    label.set_bbox(dict(facecolor='r',edgecolor='g',alpha=0.5))
#绘制填充区域
plt.fill_between(x,np.abs(x)<0.5,sin,sin>0.5,color='g',alpha=0.8)
#设置正弦函数的填充区域,颜色为绿色(green),其中的一种方式
plt.fill_between(x,cos,where=(-2.5<x)&(x<-0.5),color='purple')
#设置余弦函数的填充区域,颜色为紫色(purple),另外一种方式
#绘制网格线
plt.grid()
plt.show()                                                      #显示图表
#保存图表,保存为"shili.PNG",dpi 设置为 300;
plt.savefig("C:\shili.PNG",dpi=300)
```

运行结果,如图 11-28 所示。

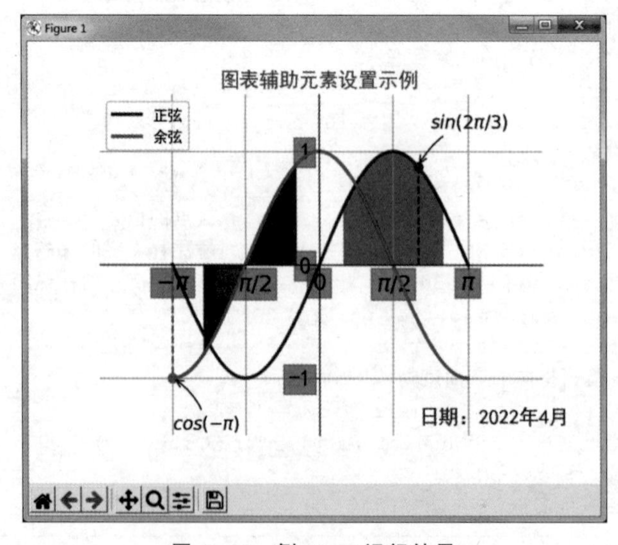

图 11-28　例 11-15 运行结果

本章小结

本章介绍了 Matplotlib 库和 Pandas 扩展库中常用的绘图方法，主要内容如下。

(1) 介绍了常用可视化图表类型及其作用。

(2) 绘图时应根据数据可视化的目标，选择数据源和图表类型，再调用 Matplotlib 库或 Pandas 库中的绘图方法，最后还可以将图表保存为图形文件。

(3) Matplotlib 库提供了一种通用的绘图方法。利用 Pandas 中的 plot()函数绘图方法实现数据的可视化。

(4) 除了绘制基本的图形，还可以根据需要设置图表标题、坐标轴标题、图例、网格线等图表元素，进一步修饰和美化图表，方便对图表的理解和查看。

思考与练习

1. 常见的可视化图表类型有哪些？各有啥特点？

2. 可视化图表的基本构成元素有哪些？

3. 请简述 Matplotlib 库绘图的基本流程。

4. 在利用 Matplotlib 绘制图表时，常见的辅助元素有哪些？

5. 已知某中学对全体高三学生实行高考前的第一次模拟考试，分别计算了全体男生、女生的平均成绩，统计结果如表 11-2 所示。

表 11-2　全校高三男生、女生的平均成绩

学　科	平均成绩(男)	平均成绩(女)
语文	115	118
数学	123	105
英语	104	116
政治	79	85
历史	87	80
地理	89	88

按照以下要求绘制图表。

(1) 绘制柱形图。柱形图的 X 轴为学科，Y 轴为平均成绩。

(2) 设置 Y 轴的标签为“平均成绩(分)”。

(3) 设置 X 轴的刻度标签位于两组柱形中间。

(4) 添加标题为“高三男生、女生的平均成绩”。

(5) 添加图例。

(6) 向每个柱形的顶部添加注释文本，标注平均成绩。

6. 某电商平台在 2022 年 6 月对平台上所有子类目的销售额进行了统计，结果如

表 11-3 所示。

表 11-3　电商平台子类目的销售额

子　类　目	销售额(亿)
计算机	4623
家居	5623
美妆	1892
手机	3976
箱包	987

按照以下要求绘制图表。

(1) 绘制平台子类目占比情况的饼图。

(2) 添加标题为“电商平台子类目的销售额”。

(3) 添加图例,以两列的形式进行显示。

(4) 添加表格,说明子类目的销售额。

第 12 章 学生成绩数据处理与分析实战

对学生成绩数据进行处理分析，有利于任课教师对学生学习状态的了解。本章以A～E组的4次综合实践成绩进行分析，体验从Python编程到Pandas库等进行数据处理与分析知识的应用。

12.1 数据集准备

数据集又称为资料集、数据集合或资料集合，是一种由数据组成的集合，可以简单理解成一个Excel表格。

数据集：score.csv。各列说明如下。

- name：学生的姓名，该列没有重复值，一个学生一行，即一条数据，共102条。
- team：所在的团队、班级，这个数据会重复。
- No1～No4：4个小组的成绩，可能会有重复值。

12.2 编程实现数据处理分析

12.2.1 数据探索

通过直接读取文件，显示前5行数据。

```
import csv
f = open("score.csv", "r")
reader = csv.reader(f)
content = []
for row in reader:
    content.append(row)
f.close()
for i in range(5):
    print(content[i])
```

运行结果如下。

```
['name', 'team', 'No1', 'No2', 'No3', 'No4']
['李博', 'A', '99', '68', '59', '77']
```

```
['李明发', 'A', '41', '50', '62', '92']
['寇忠云', 'B', '96', '94', '99', '']
['李欣', 'C', '48', '51', '94', '99']
```

如果要查看其他数据信息,还必须进行更复杂的编程。

12.2.2 处理数据

(1) 查看总共分了几组。

```
team_list = []
for row in content[1:]:
    team_list.append(row[1])
team_count = set(team_list)
print("学生共有%d组,分别是:%r"%(len(team_count),team_count))
```

运行结果如下。

```
学生共有5组,分别是:{'B', 'A', 'D', 'C', 'E'}
```

(2) 按学生分5组,统计在每个组的学生人数。

```
content_dict = {}
for row in content[1:]:
    team_name = row[1]
    if team_name not in content_dict.keys():
        content_dict[team_name] = [row]
    else:
        content_dict[team_name].append(row)
for key in content_dict:
    print(key,":",len(content_dict[key]))
```

运行结果如下。

```
A : 18
B : 23
C : 22
D : 19
E : 20
```

(3) 以元组的形式,统计在每组的人数。

```
number_tuple = []
for key, value in content_dict.items():
```

```
    number_tuple.append((key, len(value)))
print (number_tuple)
```

运行结果如下。

```
[('A', 18), ('B', 23), ('C', 22), ('D', 19), ('E', 20)]
```

(4) 统计每组同学的第一次成绩的均值,并保留一位小数。

```
mean_list = []
for key, value in content_dict.items():
    sum= 0
    for row in value:
        sum += float(row[2])
    mean_list.append((key, sum/len(value)))
for item in mean_list:
    print(item[0],":",round(item[1],1))
```

运行结果如下。

```
A : 65.4
B : 69.7
C : 61.6
D : 64.7
E : 64.4
```

从上述运行结果来看,虽然实现了相关的要求,但并没有对数据进行预处理。通过 Python 编程实现数据的处理分析,还是比较复杂的。接下来,将利用 Pandas 库实现成绩数据的处理与分析。

12.3 Pandas 库实现成绩数据处理与分析

12.3.1 数据探索

1. 导入数据

导入 Pandas 库,别名为 pd。

```
import pandas as pd
```

接下来就可以通过 pd 调用 Pandas 的所有功能。

```
df = pd.read_csv('./score.csv',sep=',')
print(df)
```

运行结果如下。

```
     name team  No1   No2  No3   No4
0     李博    A   99  68.0   59  77.0
1    李明发    A   41  50.0   62  92.0
2    寇忠云    B   96  94.0   99   NaN
3     李欣    C   48  51.0   94  99.0
4     石璐    D   64  79.0   54  65.0
..    ...  ...  ...   ...  ...   ...
97    李慧    A   73  73.0   85  53.0
98    陈晨    C   40  65.0   71  54.0
99   杨小传    A  100  70.0   55  90.0
100   赵敏    C   97  93.0   65  88.0
101  黄宏军    E   51  88.0   55  68.0

[102 rows x 6 columns]
```

2. 查看 5 条数据

(1) 查看前 5 条数据。

```
df.head()
```

(2) 查看最后 5 条数据。

```
df.tail()
```

(3) 随机查看 5 条数据。

```
df.sample()
```

上述 3 条语句,括号内可以写明要查看的条数,比如查看 10 条,df.head(10)。

3. 验证数据

(1) 查看数据行数和列数。

```
df.shape          #(102, 6)
```

(2) 查看各列的数据类型。

```
print(df.dtypes)
```

运行结果如下。

```
name     object
team     object
No1       int64
No2     float64
No3       int64
No4     float64
dtype: object
```

（3）查看数据行和列名。

```
print(df.axes)
```

运行结果如下。

```
[RangeIndex(start=0, stop=102, step=1), Index(['name', 'team', 'No1', 'No2',
'No3', 'No4'], dtype='object')]
```

（4）显示列名。

```
print(df.columns)
```

运行结果如下。

```
Index(['name', 'team', 'No1', 'No2', 'No3', 'No4'], dtype='object')
```

（5）查看索引、列的数据类型和内存信息。

```
print(df.info())
```

运行结果如下。

```
<class 'pandas.core.frame.DataFrame'>
RangeIndex: 102 entries, 0 to 101
Data columns (total 6 columns):
 #   Column  Non-Null Count  Dtype
---  ------  --------------  -----
 0   name    102 non-null    object
 1   team    102 non-null    object
 2   No1     102 non-null    int64
 3   No2     100 non-null    float64
 4   No3     102 non-null    int64
 5   No4     99 non-null     float64
dtypes: float64(2), int64(2), object(2)
memory usage: 4.9+ KB
None
```

4. 建立索引

从上述输出结果来看,可以将 name 列成为索引。

```
df.set_index('name',inplace=True)
```

其中可选参数 inplace=True 会把指定好索引的数据赋给 df 使得索引生效,否则索引不会生效。

注意:这里并没有修改原数据集,读取数据后就与原数据集没有关系了,所处理的是内存中的 df 变量。

利用 print(df.head())的运行结果如下。

```
name  team  No1   No2  No3   No4
李博        A   99  68.0   59  77.0
李明发      A   41  50.0   62  92.0
寇忠云      B   96  94.0   99   NaN
李欣        C   48  51.0   94  99.0
石璐        D   64  79.0   54  65.0
```

从运行结果来看,将 name 建立索引后,就没有从 0 开始的数字索引了。

12.3.2 数据预处理

由于学生成绩数据中可能包含缺失值、重复值和异常值,下面分别为大家介绍如何根据实际情况对数据中的缺失值、重复值、异常值进行检测与处理。

1. 缺失值处理

(1) 采取已有数据填充:由 df.info()的显示结果可以看出,No1 列和 No4 列中存在缺失值,可以通过 df.fillna(method='ffill',inplace=True)对缺失值填充。

(2) 对无意义的数据进行删除:若缺失值不影响数据分析结果,使用 df.dropna()删除 No1 列和 No4 列中包含缺失值的数据。

2. 重复值处理

使用 duplicated()方法先检测数据中是否有重复值。由于被检测的数据量较大,在 duplicated()返回的结果对象中无法了解哪些行被标记为 True,因此可以筛选出结果对象中值为 True 的数据,即包含重复项的数据,代码如下。

```
print(df[df.duplicated()])
```

运行结果如下。

```
    name  team  No1  No2   No3  No4
63  赵雨霏     A   70  73.0   75  87.0
82  沈洁宇     B  100  80.0   68  80.0
```

从输出结果来看，数据中包含 2 重复行。

重复行被检测出来后，可将重复行删除，代码如下。

```
new_df =  df.drop_duplicates(ignore_index=True)
print(new_df)
```

运行结果如下。

```
   name  team  No1   No2  No3   No4
0    李博     A   99  68.0   59  77.0
1   李明发    A   41  50.0   62  92.0
2   寇忠云    B   96  94.0   99   NaN
3    李欣     C   48  51.0   94  99.0
4    石璐     D   64  79.0   54  65.0
..   ...   ...  ...   ...  ...   ...
95   李慧     A   73  73.0   85  53.0
96   陈晨     C   40  65.0   71  54.0
97  杨小传    A  100  70.0   55  90.0
98   赵敏     C   97  93.0   65  88.0
99  黄宏军    E   51  88.0   55  68.0

[100 rows x 6 columns]
```

从输出结果可以看出，删除重复项以后，数据又少了 2 行，剩余 100 行。

3. 异常值处理

缺失值和重复值处理完之后，还需检测各列中是否包含异常值。

```
import pandas as pd
from matplotlib import pyplot as plt
df = pd.read_csv('./score.csv',sep=',')
df.fillna(method='ffill',inplace=True)
new_df =  df.drop_duplicates(ignore_index=True)
data = new_df.loc[:,'No1':'No4']
box = data.boxplot()
plt.show()
```

运行结果如图 12-1 所示。

箱形图中的 No3 列有一个异常值。对于被检测出来的异常值，需要先查看具体是哪些数据，之后再决定是否删除。

定义一个用于获取异常值及其索引的函数 box_outliers()。

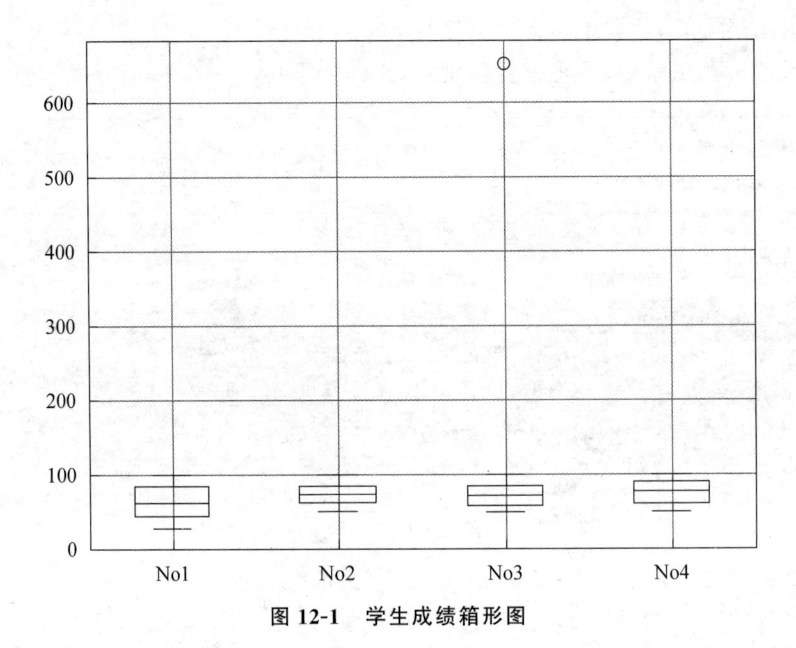

图 12-1 学生成绩箱形图

```
def box_outliers(ser):
    #对需要检测的数据集进行排序
    new_ser = ser.sort_values()
    #判断数据的总数量是奇数还是偶数
    if new_ser.count() % 2 == 0:
        #分别计算 Q3、Q1、IQR
        Q3 = new_ser[int(len(new_ser) / 2):].median()
        Q1 = new_ser[:int(len(new_ser) / 2)].median()
    elif new_ser.count() % 2 != 0:
        Q3 = new_ser[int((len(new_ser)-1) / 2):].median()
        Q1 = new_ser[:int((len(new_ser)-1) / 2)].median()
    IQR = round(Q3 - Q1, 1)
    rule = (round(Q3+1.5 * IQR, 1)<ser) | (round(Q1-1.5 * IQR, 1) > ser)
    index = np.arange(ser.shape[0])[rule]
    #获取包含异常值的数据
    outliers = ser.iloc[index]
    return outliers
```

依次获取 No3 列的数据，并使用 box_outliers()函数检测数据中是否包含异常值，返回数据中的异常值及其对应的索引。

```
outliers_ser = box_outliers(new_df['No3'])
print("异常值的索引和值:",outliers_ser)
```

运行结果如下。

```
异常值的索引和值: 25    650
```

由于 650 这个数据属于分数多输入一个 0,直接修改即可。

```
outliers_ser[25]  = 65        #修改异常值
```

如果在处理异常值时,出现值无法修改或者对分析结果影响不大时,可以通过 drop()函数删除即可。

12.3.3　数据选取

数据预处理之后,接下来,对数据进行一些筛选操作。

1. 选择列

(1) 选择一列。选择列的方法如下,比如选择 No1,就可以表达为:

```
df['No1']     #查看指定的列
```

或者

```
df.No1        #功能同上
```

运行结果如下。

```
0       99
1       41
2       96
3       48
4       64
      ...
95      73
96      40
97     100
98      97
99      51
Name: No1, Length: 100, dtype: int64
```

这里返回的是一个 Series 类型数据,可以理解为数列,它也是带索引的。此时可以看到,索引在这里已经发挥了作用,否则索引就是一个数字,无法知道与之对应的数据。

(2) 选择多列。选择多列的可以用以下方法。

```
df[['team','No1']]                          #只看这两列,注意括号
df.loc[:,['team','No1']]                    #与上一行效果一样
```

df.loc[x,y]是一个非常强大的数据选择函数，其中 x 代表行，y 代表列，行和列都支持条件表达式，也支持类似列表那样的切片（如果要用自然索引，需要用 df.iloc[]）。

2. 选择行

选择行的方法如下。

（1）通过索引选取行。

```
#用指定索引选取
df[df.index == '李慧' ]                    #首先保证 name 列为索引列,然后指定姓名
```

（2）通过自然索引选取行，用自然索引选择，类似列表的切片。

```
df[0:3]                                    #取前三行
df[0:10:2]                                 #在前 10 个中每两个取一个
df.iloc[:10,:]                             #前 10 个
```

3. 指定行和列

同时给定行和列的显示范围。

```
df.loc['石璐','No1':'No4']                  #只看"石璐"的四次的成绩
df.loc['李慧':'赵敏','team':'No4']           #查看从"李慧"到"赵敏"指定区间数据
```

运行结果如下。

```
 name    team  No1   No2   No3   No4
李慧      A    73   73.0   85   53.0
陈晨      C    40   65.0   71   54.0
杨小传    A   100   70.0   55   90.0
赵敏      C    97   93.0   65   88.0
```

4. 条件选择

按一定的条件显示数据。

（1）单一条件选择数据。

```
df[df.No1 > 90]                            #No1 列大于 90
df[df.team == 'C']                         #team 列为'C'的
df[df.index == '管彤']                      #指定索引即原数据中的 name
```

运行结果如下。

```
name     team  No1   No2    No3   No4
管彤       E    100   83.0   76    78.0
```

(2) 组合条件选择数据。

```
df[(df.No1 > 90) & (df.team == 'C')]          #"&"表示与的关系
df[df['team'] == 'C'].loc[df.No1>90]          #多重筛选
```

运行结果如下。

```
name     team  No1   No2    No3   No4
任昭阳    C     98    50.0   62    50.0
赵敏      C     97    93.0   65    88.0
```

12.3.4 数据分析

1. 排序

在进行数据分析时,经常用的是排序,然后观察数据。

```
df.sort_values(by = 'No1')                      #按 No1 列数据升序排序,默认为升序
df.sort_values(by = 'No1',ascending=False)      #降序
df.sort_values(['team','No1'],ascending=[True,False])   #team 升序,No1 降序
```

运行结果如下。

```
name    team  No1   No2   No3    No4
杨小传    A   100   70.0   55    90.0
李博      A    99   68.0   59    77.0
柴心怡    A    87   74.0   53   100.0
王安然    A    84   64.0   91    84.0
王炜哲    A    81   78.0   76    93.0
...     ...   ...   ...   ...    ...
徐占聪    E    36   74.0   52    95.0
董纯纯    E    35   97.0   72    75.0
宋承俪    E    35   82.0   65    81.0
姜偲倩    E    32   69.0   64    96.0
王志萌    E    30   91.0   56    88.0

[100 rows x 5 columns]
```

2. 分组聚合

对数据分组查看,会用到 groupby()方法。

```
df.groupby('team').sum()                    #按小组分组对应列相加
df.groupby('team').mean()                   #按小组分组对应列求平均
#不同列不同的计算方法
```

```
df.groupby('team').agg({
    'No1':sum,                              #总和
    'No2':'count',                          #总数
    'No3':'mean',                           #平均
    'No4':max                               #最大值
})
```

运行结果如下。

```
team  No1  No2         No3    No4
A     1107  17  103.470588  100.0
B     1504  22   76.545455   95.0
C     1355  22   64.409091   99.0
D     1230  19   77.210526  100.0
E     1288  20   75.100000  100.0
```

3. 数据转换

对数据表进行转置,以 A-No1、E-No4 两点连成的折线为轴对数据进行翻转。

```
df.groupby('team').sum().T
```

运行结果如下。

```
team   A       B       C       D       E
No1   1107.0  1504.0  1355.0  1230.0  1288.0
No2   1298.0  1701.0  1471.0  1466.0  1449.0
No3   1759.0  1684.0  1417.0  1467.0  1502.0
No4   1323.0  1579.0  1631.0  1388.0  1642.0
```

读者也可以试试以下代码,看有什么效果:

```
df.groupby('team').sum().stack()
df.groupby('team').sum().unstack()
```

4. 增加列

用 Pandas 增加一列非常方便,就与新定义一个字典的键值一样。

```
df['year'] = 2022                            #增加一个固定值的列,比如增加一个年份列
df['total'] = df.No1 + df.No2 + df.No3 + df.No4   #增加四次总成绩列
#将计算得来的结果赋值给新列
df['total'] = df.loc[:,'NO1':'No4'].apply(lambda x:sum(x),axis=1)
df['total'] = df.sum(axis=1)                 #可以把所有为数字的列相加
df['avg'] = df.total /4                      #增加平均成绩
```

5. 统计分析

根据数据分析目标,试着使用以下函数,看看能得到什么结论。

```
df.mean()                                    #返回所有列的均值
df.mean(1)                                   #返回所有行的均值
df.corr()                                    #返回列与列之间的相关系数
df.count()                                   #返回每一列中的非空值的个数
df.max()                                     #返回每一列的最大值
df.min()                                     #返回每一列的最小值
df.median()                                  #返回每一列的中位数
df.std()                                     #返回每一列的标准差
df.var()                                     #方差
df.mode()                                    #众数
```

12.3.5 数据可视化

Pandas 可以利用 plot()调用 Matplotlib 快速绘制出数据可视化图形。注意,第一次使用 plot()时可能需要执行两次才能显示图形。

可以使用 plot()快速绘制折线图。

```
df['No1'].plot()                             #No1 成绩的折线分布
```

可以先选择要展示的数据,再绘图。

```
df.loc['李慧','No1':'No4'].plot()            #李慧四次的成绩变化
```

可以使用 plot.bar 绘制柱状图。

```
df.loc['李慧','No1':'No4'].plot.bar()        #柱状图
df.loc['李慧','No1':'No4'].plot.barh()       #横向柱状图
```

如果想绘制横向柱状图,可以将 bar 更换为 barh。

对数据聚合计算后,可以绘制成多条折线图。

```
#各组四次总成绩趋势
df.groupby('team').sum().T.plot()
```

也可以用饼图。

```
#各组人数对比
df.groupby('team').count().No1.plot.pie()
```

12.3.6 数据输出

对于处理后的数据,可以非常轻松地导出 Excel 和 CSV 文件。

```
df.to_csv('score_new.csv')                    #导出 CSV 文件
df.to_excel(' score_new.xlsx' )               #导出 Excel 文件
```

导出的文件位于工程文件的同一目录下,可以打开看看。

本章小结

本章主要通过编程和 Pandas 库对成绩数据处理与分析进行了讲解,涉及数据分析全过程知识点。

思考与练习

请根据淘宝 APP 2014 年 11 月 18 日至 2014 年 12 月 18 日的大约 1200 万条用户行为数据集作数据的处理与分析。

参 考 文 献

[1] 李辉. Python程序设计基础案例教程[M]. 北京：清华大学出版社. 2020.

[2] 嵩天，礼欣，黄天羽. Python语言程序设计基础[M]. 2版. 北京：高等教育出版社. 2017.

[3] 李辉，刘洋. Python程序设计：编程基础、Web开发及数据分析[M]. 北京：机械工业出版社. 2020.

[4] 江红，余青松. Python编程从入门到实践[M]. 北京：清华大学出版社. 2021.

[5] 陈洁，刘姝. Python编程与数据分析基础[M]. 北京：清华大学出版社. 2021.

图书资源支持

感谢您一直以来对清华版图书的支持和爱护。为了配合本书的使用，本书提供配套的资源，有需求的读者请扫描下方的“书圈”微信公众号二维码，在图书专区下载，也可以拨打电话或发送电子邮件咨询。

如果您在使用本书的过程中遇到了什么问题，或者有相关图书出版计划，也请您发邮件告诉我们，以便我们更好地为您服务。

我们的联系方式：

地　　址：北京市海淀区双清路学研大厦 A 座 714

邮　　编：100084

电　　话：010-83470236　010-83470237

客服邮箱：2301891038@qq.com

QQ：2301891038（请写明您的单位和姓名）

资源下载：关注公众号“书圈”下载配套资源。

资源下载、样书申请

书圈

图书案例

清华计算机学堂

观看课程直播